内共振下运动梁与平动板横向振动分析

张登博　梁儒全　唐有绮　著

中国科学技术出版社
·北　京·

图书在版编目（CIP）数据

内共振下运动梁与平动板横向振动分析 / 张登博，梁儒全，唐有绮著 . -- 北京 : 中国科学技术出版社，2025. 7. -- ISBN 978-7-5236-1526-3

Ⅰ. O32

中国国家版本馆 CIP 数据核字第 2025UF4841 号

责任编辑	王　菡
封面设计	东方视点
正文设计	中文天地
责任校对	吕传新
责任印制	徐　飞

出　　版	中国科学技术出版社
发　　行	中国科学技术出版社有限公司
地　　址	北京市海淀区中关村南大街 16 号
邮　　编	100081
发行电话	010-62173865
传　　真	010-62173081
网　　址	http://www.cspbooks.com.cn

开　　本	720mm × 1000mm　1/16
字　　数	165 千字
印　　张	10.75
版　　次	2025 年 7 月第 1 版
印　　次	2025 年 7 月第 1 次印刷
印　　刷	涿州市京南印刷厂
书　　号	ISBN 978-7-5236-1526-3
定　　价	48.00 元

前　言

运动结构作为多种工程系统的力学模型，例如升降机缆绳、带锯、传送带、动力传送带、纺织纤维和带钢等。一方面，其传输速度的存在会导致这些运动结构产生较大幅度的横向振动，而大多数情况下，这些横向振动是有害的，它们会严重影响加工质量和生产效率；另一方面，运动结构是典型的陀螺连续体，而运动结构的陀螺性使其理论分析存在一定的困难。因此，运动结构横向振动的研究有着广阔的实际应用前景和重要的理论意义。本书研究了运动结构横向参数振动的振动特性，具体研究内容如下：

第一章，阐明了论文的研究目的和意义，论述了运动结构及其相关领域的研究背景和现状，介绍了论文研究的主要内容和创新点。

第二章，重新考察了轴向加速运动黏弹性 Euler 梁横向线性参数振动的动态稳定性。引入平均速度与径向张力的变化关系，采用考虑物质时间导数的 Kelvin 黏弹性本构关系，基于广义 Hamilton 原理，建立了 Euler 梁横向振动的控制方程，并导出了考虑黏弹性效应的简支边界条件。应用直接多尺度法分析了计及 1:3 拟内共振时，单频和双频参数激励下 Euler 梁的参数稳定性。由引入的黏弹性效应简支边界条件获得了更加精确的稳定性边界。通过微分求积方法对近似解析结果进行了数值验证。

第三章，通过计入 1:3 内共振和黏弹性效应简支边界条件的影响，研究了轴向运动黏弹性 Euler 梁的横向非线性参数振动。同样也考虑了平动速度与径向张力的变化关系，依据广义 Hamilton 原理，导出了 Euler 梁横向非线性振动的偏微分 - 积分型控制方程和相应的黏弹性效应简支边界条件。采用直接多尺度法分析了单频和双频参数激励下 Euler 梁的稳态响应及其稳定性。通过数值例子，讨论了系统参数对稳态响应的影响，并对比了黏弹性效应简支边界条件和弹性简支边界条件下稳态响应的差异。采用微分求积方法进行了数值验证。

第四章，基于能量法，根据 Kelvin 黏弹性本构关系并取物质时间导数，导出了面内平动黏弹性板横向振动的控制方程及其相应的边界条件。对控制方程和相关的边界条件进行线性化，得到面内变速平动黏弹性板的线性振动控制方程。通过复模态方法研究了不同边界条件下线性派生系统的固有频率和模态函数，还得到了其临界速度的解析表达式；发展了微分求积方法数值求解线性派生系统和完全非自治系统。通过微分求积法验证了直接多尺度方法的近似解析结果。

第五章，采用直接多尺度法分析了面内变速平动黏弹性板的参数稳定性问题。根据可解性条件和 Routh–Hurwitz 判据得到和式组合、差式组合以及次谐波参数共振的稳定性边界。通过一些数值例子，描述黏弹性系数、平均面内平动速度、刚度比和长宽比对稳定性边界的影响。采用直接多尺度法分析了拟内共振和次谐波参数共振共存的情形，根据可解性条件和 Routh–Hurwitz 判据得到了系统的稳定性边界。发展微分求积法验证了由直接多尺度法得到的近似解析结果。

第六章，总结全文及展望。

目 录 CONTENTS

第一章 绪 论 001

第一节 课题研究的目的和意义 001

第二节 国内外研究概况 002

一、轴向运动 Euler 梁 003

二、面内平动板 007

第三节 研究方法 009

第二章 轴向加速运动黏弹性梁的动态稳定性 011

第一节 前言 011

第二节 轴向加速运动黏弹性 Euler 梁建模 011

第三节 计及拟内共振的单频参数共振 015

一、直接多尺度分析 015

二、和式组合参数共振 019

三、第一阶次谐波参数共振 025

四、第二阶次谐波参数共振 030

五、数值验证 033

第四节 计及拟内共振的双频参数共振 036

一、直接多尺度分析 036

二、稳定性分析 037

三、数值验证 046

第五节 小结 047

第三章 轴向加速运动黏弹性梁的非线性振动 049
第一节 前言 049
第二节 轴向加速运动非线性黏弹性 Euler 梁建模 049
第三节 计及内共振的单频参数共振 051
一、直接多尺度分析 051
二、次谐波参数共振 053
三、数值验证 063
第四节 计及内共振的双频参数共振 065
一、直接多尺度分析 065
二、次谐波参数共振 066
三、数值验证 074
第五节 小结 079

第四章 面内加速平动黏弹性板的建模 081
第一节 前言 081
第二节 面内加速平动板建模 081
第三节 直接多尺度法 085
第四节 线性派生系统的振动模态和固有频率 088
一、四边简支板 090
二、平动侧简支非平动侧固支板 093
三、侧固支非平动侧简支板 095
四、四边固支板 098
第五节 线性派生系统的临界速度 100
第六节 黏弹性系数对自由振动系统的影响 103
第七节 数值验证 108
一、二维完全模型 108
二、一维简化模型 111
三、数值验证结果 113
第八节 小结 115

第五章 面内加速平动黏弹性板的动态稳定性 116
第一节 前言 116
第二节 组合参数共振 116
一、和式组合参数共振 116
二、差式组合参数共振 122
三、次谐波参数共振 124
第三节 计及拟内共振的参数振动 130
一、$\omega_{12} \approx 3\omega_{11}$，$\omega \approx 2\omega_{11}$ 130
二、$\omega_{12} \approx 3\omega_{11}$，$\omega \approx 2\omega_{12}$ 136
三、$\omega_{21} \approx \omega_{12}$，$\omega \approx 2\omega_{12}$ 139
第四节 数值验证 144
第五节 小结 147

第六章 结论与展望 149
第一节 结论 149
第二节 创新点 151
第三节 展望 151

参考文献 153

第一章

绪　论

第一节　课题研究的目的和意义

在工程实际和现实生活中，运动结构十分普遍。它们广泛存在于机械、航空航天、工业制造、医疗器械以及军事等各个领域中。一系列的工程元件，如单索架空索道、高速升降机缆绳、发动机中运转的皮带、加工过程中的带锯、纺织纤维、动力传送带和钢厂生产流程中的带钢等，理论上都可模型化为运动结构。

由于受到传输速度的影响，运动结构会沿横向产生振动，从而引起复杂的动力学行为。大多数情况下，这些横向振动是有害的，它们可能会导致机械加工精度降低、工程装置过早损坏、工程元件疲劳寿命下降以及工作效率下降等，从而限制了运动结构的实际应用效果。例如，在机械生产领域中，高速运转的带锯会产生一定幅度的横向振动，这将影响工件加工精度，导致工件的加工质量下降；轴向运动的带钢也会产生横向振动，这将影响加工工艺，如划痕和镀锌不均等表面缺陷问题，同时也会导致带钢运行速度不能过快，故而影响生产效率；在造纸过程中，纸张比较柔软且对环境极为敏感，当气流过大时，往往会导致纸张产生耦合振动，从而引起巨大的噪声，若振动过于强烈，将会破坏纸张，影响生产效率；在汽车发动机系统中，高速运转的皮带会产生大幅度的横向振动，这将加速皮带及其他零部件的磨损，并产生大量的噪声污染，进而影响发动机动力系统的传输效率和可靠性；在电池极板生产的过程中，铅带的横向方向和轴向方向上可能会产生耦合振动，这将造成电极板的加工精度

* 本课题来源于国家自然科学基金项目（Nos.11872159，11572182）。

降低，大大限制了其应用效果，也会导致产品不合格率增加。

但是，在某些情况下，合理地利用振动现象也能改善加工工艺或提高生产效率。例如，在土木工程领域中，使用振动夯土机来夯实地面，利用振动破碎机对大型石块进行破碎，利用振捣器可以对混凝土进行捣实；在医疗器械领域中，核磁共振成像技术和CT的应用，为医学研究和临床试验提供了极其重要的数据参考；在海洋工程领域中，可以利用海水波动所产生的能量进行水力发电。随着科技的快速发展，各种工程装置对结构稳定性和抗振能力的要求越来越高，对运动结构横向振动机理的研究就变得越发重要。因此，研究运动结构的横向振动问题具有十分重要的工程意义和应用价值。

在轴向运动结构中，由于科氏加速度的存在，动力学模型中会出现对时间和空间的混合偏导数项，故轴向运动结构又被称为陀螺连续体。而陀螺项的存在使得其理论分析存在一定的困难。但在工程实际中，轴向运动系统并不总是以均匀的速度运动，如果轴向运动速度含有脉动成分，那么轴向运动结构的横向振动会产生更为复杂的动态特性。因此，研究运动结构的横向振动问题具有十分重要的理论意义。

综上所述，对运动结构的横向振动进行更深入、更全面的研究显得十分必要。本课题采用能量法，基于广义Hamilton原理，建立了轴向运动梁与面内平动板横向振动的动力学方程，并导出了考虑黏弹性效应的简支边界条件。采用直接多尺度方法分析了内共振和黏弹性效应简支边界条件下系统的动态稳定性和稳态响应，并利用微分求积方法对近似解析结果进行了数值验证。通过得出的一系列图表结果，揭示了工程系统中运动结构的动力学行为，对丰富和发展运动结构的分析理论和研究方法具有重要的理论价值，同时为后续工程设计提供一定的理论依据。

第二节　国内外研究概况

运动结构横向振动的研究历史可以追溯到1885年Aiken[1]的实验观测和分析。自20世纪后半叶，相关研究受到国内外众多学者的广泛关注并取得了瞩目的成果。一系列优秀的综述反映了不同时期对运动结构的研究进展[2-16]，它们对相关的研究进展做了全面的综述，详尽地总结了运动结构的研究现状。

Chen 等分别综述了 2005 年、2012 年和 2015 年以前的轴向运动弦线[7, 10]、梁[11-13]和板[16]的横向振动的工作。从研究的运动模型来看，主要的研究是从以下两个方面进行开展的。

一、轴向运动 Euler 梁

目前，研究较多的一维轴向运动结构是弦线和 Euler 梁。其中弦线不考虑抗弯刚度，只能承受轴向拉力，而 Euler 梁考虑了抗弯刚度，可以承受轴向的拉力和压力。虽然两者具有相同的惯性项和陀螺项，但是弦线的数学模型中没有刚度项，而且必须考虑非线性项才能反映材料的本构关系。因此，与轴向运动弦线相比，轴向运动 Euler 梁的研究在具有陀螺连续体共性的同时还存在其特性的问题。

在工程实际中，许多轴向运动系统的某些参数（如轴向运动速度、轴向张紧力等）并不是恒定的，而是随时间的变化而改变的。此时，系统可能发生参数振动。参数振动[6, 8, 12, 15]是自由振动、自激振动以及受迫振动以外的又一种振动形式，产生参数振动的系统为参变系统。参数振动是由外界激励产生的，但激励并不是以外力的形式作用于系统，而是通过系统内部参数周期性的改变而间接地实现。由于系统参数具有时变性，因此，参数振动系统是非自治系统。半个世纪以来，运动结构的参数振动一直受到国内外众多学者的广泛的关注并取得了许多的研究成果。

轴向运动弦线和 Euler 梁的横向线性参数振动已经有了大量的研究。1960 年，Miranker[17]首先研究了轴向加速运动弦线的横向参数振动。其后，Mote[18]研究了轴向变速运动弦线的横向振动稳定性问题。Nayfeh 和 Mook[19]详细地分析了非线性的各种情况。Pakdemirli 和 Ulsoy[20]分别采用直接多尺度方法和先离散再进行多尺度的方法讨论了轴向加速运动弦线的动态稳定性问题。Öz 和 Pakdemirli[21]研究了两端简支轴向变速运动梁的稳定性边界。Özkaya 和 Pakdemirli[22]采用李群理论的系统方法分析了轴向加速运动弦线的横向振动，给出了求解任意速度下的精确解方法。Ponomareva 和 Van Horssen[23]采用多尺度法和 Laplace 变换的方法研究了具有时变速度的轴向运动弦线的横向振动。Özkaya 和 Öz[24]应用人工神经网络算法研究了轴向运动 Euler 梁的固有频率和稳定性边界。Suweken 和 Horssen[25, 26]分别采用弦线模型和 Euler 梁模型研究了具有低时变速度的轴向传输带的横向振动问题。Chen 等[27]将平均法应用到由 Galerkin 法离散的系统中，分析了两端固支轴向加速运动黏弹性 Euler 梁的动态稳定性。陈立群和杨晓东[28]采用直接多尺度法分析了黏弹性轴向变速运动 Euler 梁的横向振动的稳定性。Chen 和 Yang[29]采用直接多尺度方法讨论了两端固支和两端简支轴向变速运动黏弹性 Euler 梁横向参数振动的稳定性问题。Yang 和 Chen[30]应用多尺度法研究了积分型黏弹性本构关系的轴向加速运动 Euler 梁横向参数振动的稳定性。Chen 和 Yang[31]研究了两端带扭转弹簧的简支轴向运动黏弹性 Euler 梁的振动与稳定性。李晓军和陈立群[32]分析了一端简支一端固支的 Euler 梁轴向运动的横向振动问题，提出了在给定边界条件下确定一匀速运动梁固有频率和模态函数的方法。Pakdemirli 和 Öz[33]应用多尺度法研究了含有四种模态共振的轴向运动 Euler 梁的稳定性。Ghayesh[34]分析了弹性地基上轴向加速运动弦线的稳定性。Wang 和 Chen[35]分别采用渐进分析和数值方法研究了轴向加速运动黏弹性 Euler 梁的稳定性。Chen 和 Wang[36]采用渐进摄动分析和微分法相互验证的方式研究了轴向加速运动黏弹性 Euler 梁的稳定性。Yang 等[37]研究了弹性地基上的轴向运动 Euler 梁的稳定性。Yang 和 Fang[38]研究了由分数阶材料构成的轴向变速运动梁在参数共振下的稳定性。基于 Euler 梁和 Timoshenko 梁理论，Seddighi 和 Seddighi[39]研究了轴向运动黏弹性梁的固有频率和临界速度。Bağdatli 和 Uslu[40]研究了轴向运动 Euler 梁在非理想支承条件下的线性振动问题。Kelleche 等[41]将轴向运动黏弹性柔性结构模型化为 Euler 梁，对其横向振动进行了研究。

随着轴向运动弦线和 Euler 梁线性参数振动研究的深入，轴向运动弦线和 Euler 梁[42–45]的横向非线性参数振动也已经有大量研究。1966 年，Mote[46]采用 Hamilton 原理，首次给出了轴向运动弦线横向非线性振动的偏微分控制方程。Chen 等[47]研究了具有几何非线性的轴向加速运动黏弹性弦线的动力学行为。Mockensturm 和 Guo[48]分析了参数激励下轴向运动黏弹性弦线的非线性振动。Pellicano 和 Vestroni[49]研究了轴向运动 Euler 梁的非线性振动及分岔。Öz 等[50]采用多尺度方法研究了具有时变速度的轴向运动黏弹性 Euler 梁的稳态响应及其稳定性。Marynowski[51]研究了轴向运动黏弹性 Euler 梁的非线性动力学行为。Yang 和 Chen[52]应用 Galerkin 截断法分析了轴向变速运动黏弹性

Euler 梁的分岔及混沌现象。Chen 和 Yang[53]采用多尺度方法对比分析了两种轴向变速运动黏弹性 Euler 梁模型横向非线性振动的主参数共振。Marynowski 和 Kapitaniak[54]分析了具有时变轴力的轴向运动 Euler 梁的动力学行为。Chen 和 Tang[55]应用直接多尺度法研究了轴向加速运动黏弹性 Euler 梁的组合和次谐波参数共振。Ding 和 Chen[56]研究了超临界状态下轴向运动 Euler 梁的非平凡静平衡位形。Ghayesh 和 Amabili 研究了轴向变速运动 Euler 梁的稳态响应[57]；运用 Galerkin 截断研究了轴向速度变速运动黏弹性 Euler 梁的耦合非线性动力学行为[58]；还研究了具有时变速度的轴向运动黏弹性 Euler 梁的参数稳定性与分岔[59]。Farokhi 等[60]分析了轴向运动黏弹性 Euler 梁的三维非线性全局动力学行为。Mao 等[61]应用多尺度法研究了超临界状态下轴向变速运动 Euler 梁的横向参数振动。

在上述关于轴向运动弦线和 Euler 梁的线性和非线性研究中，除了文献［55］以外，都是假设轴向张力和加速度相互独立。然而，当轴向运动弦线和 Euler 梁两端支撑上的张力相等时，其合外力必为零，这与轴向运系统有轴向加速度的事实相悖。因此，轴向运动弦线和 Euler 梁中的轴向张力和加速度相互独立显然是不能够精准成立的，它只是有利于数学控制方程求解的一个假设。以往的研究只是近似地解决了轴向运动结构横向振动的问题但并不确切。为了解决上述方法的缺陷，Chen 和 Tang[55]首次引入了径向变张力，研究了轴向运动 Euler 梁的组合共振和主共振。其后，径向变张力被引入轴向运动弦线[62]和 Euler 梁[63, 64]横向振动的求解中。迄今为止，关于轴向运动 Euler 梁中径向变张力的应用仍然很少，相关研究需要进一步开展。

实际上，轴向运动结构是无穷维系统，由于非线性的存在，当系统中的某两阶固有频率存在一定比例关系时，其能量会在不同模态间相互转化，甚至在某一阶模态上受到激励时，其能量会完全传递到其他阶的模态上。那么就说这个系统发生了内共振[65]。冯志华和胡海岩[66]对满足前两阶模态间发生 1∶3 内共振的两端简支运动 Euler 梁的参激振动平凡解稳定性进行了详尽的分析，得到了稳定性边界的解析表达式。张伟等[67]采用 Galerkin 截断分析了轴向运动带在 1∶3 内共振情况下周期运动和混沌运动。陈树辉和黄建亮[68]应用多元 L–P 法研究了内共振条件下轴向运动 Euler 梁横向非线性振动。Yu 和 Chen[69]分析了 2∶1 内共振下轴向运动黏弹性 Euler 梁的多脉冲同宿轨道与混沌动力学。

Sahoo 等[70]研究了轴向时变运动梁的参数共振和内共振。Chen 等[62]应用直接多尺度法研究了内共振下轴向加速运动弦线的非线性振动。Mao 等[71]研究了 1∶3 内共振下超临界轴向变速运动梁的横向非线性振动。显然，上述研究都是关于内共振条件下轴向运动结构非线性振动的。在线性参数振动系统中，如果线性系统的某两阶固有频率成比例，那么就说这个系统发生了拟内共振。到目前为止，关于拟内共振条件下轴向运动 Euler 梁线性振动的文献还很少，Tang 等[63]在 2016 年给出了一组 1∶3 拟内共振条件下轴向运动梁线性参数振动的稳定性边界曲线图，但是并没有对 1∶3 拟内共振的影响进行分析。由此可见，拟内共振条件下轴向运动 Euler 梁横向振动稳定性的工作尚待开展。

另外，研究者发现，在以往大量基于简支边界条件的研究中，在考虑取物质时间导数的 Kelvin 黏弹性本构关系时，为了计算简便大都是只在控制方程中考虑黏弹性本构关系，而在边界中依然采用弹性本构时的边界条件。因此，以往采用 Kelvin 黏弹性本构关系的轴向运动弦线和 Euler 梁的研究结果显然是不够精确的。目前，关于黏弹性效应简支边界条件下，轴向运动 Euler 梁横向振动的文献仅有 Tang 等[63]在 2016 年考虑黏弹性对边界条件的影响研究了轴向变速运动梁 Euler 梁横向振动的非线性参数振动，但是研究中发现黏弹性效应简支边界条件对稳态响应几乎没有影响。考虑取物质时间导数的 Kelvin 黏弹性本构关系时，黏弹性效应简支边界条件对轴向运动黏弹性 Euler 梁横向非线性振动的研究还有待进一步深入，对线性振动的影响还不清楚。

以上关于轴向运动弦线和 Euler 梁线性和非线性的研究都是基于单频参数激励的。而在工程实际中，有些系统会受到多频参数激励。例如，在多缸发动机点火时，发动机点火脉冲会导致皮带运动速度在平均速度附近出现两个微小的具有傅里叶谐波成分的周期性脉动。Michon 等[72]应用实验和分析验证的方式研究了多频参数激励下轴向运动带的稳定性边界。Sahoo 等采用直接多尺度法分别研究了双频参数激励下轴向变速运动 Euler 梁的主参数共振[73]以及组合和主参数共振共存的情形[74]。目前关于双频参数激励下轴向运动 Euler 梁动态稳定的研究还没有，相关研究工作还有待开展。

二、面内平动板

在实际工程中，对于纸张、带锯、传输带和轧制板带等轴向运动结构，一维的轴向运动弦线和Euler梁模型显然不再适用，此时必须考虑宽度的影响。因此，将它们简化成二维的面内平动薄膜和板模型来研究更符合实际情况。

与轴向运动弦线相比，面内平动薄膜在理论分析[75-78]和计算方法[79-83]上的研究都相对较少。面内平动薄膜不考虑抗弯刚度，只能承受面内张力，而板引入了抗弯刚度，可以承受面内的张力和压力。虽然两者具有相同的惯性项和陀螺项，但是薄膜的数学模型中没有刚度项，而且必须引入非线性项才能反映材料的本构关系。因此，与面内平动薄膜相比，面内平动板的研究在具有陀螺连续体共性的同时还存在其特性的问题。

面内平动板横向振动的研究起源于 1982 年，Ulsoy 和 Mote[84]首先采用面内平动板模型研究了大型带锯锯片的振动问题，分析了面内平动板横向和扭转的耦合振动。Sathyamoorthy[85]详尽地总结了 1987 年以前关于面内平动板非线性振动的研究。Lengoc 和 Mccallion 应用 Galerkin 方法也将大型带锯锯片做了相同的简化，分别研究了当锯片受到面内边界载荷[86]、参数激励[87]和非保守切削力[88]时的横向振动情况。Lee 和 Ng[89]分析了多点支撑面内平动板的横向振动问题。Lin[90]研究了面内平动板的振动特性及其稳定性情况。基于 Mindlin–Reissner 板模型，Wang[91]发展了一种混合有限元法对面内平动正交各向异性板进行了数值分析。Marynowski 和 Kołakowski[92]分析了面内平动正交各向异性板的动力学行为。Kim 等[93]采用动态刚度矩阵分析了平动速度和面内张力对板动力学特性的影响。Luo[94]对面内平动预屈曲和后屈曲薄板的次谐波解进行了分析，给出了共振和驻波的条件。Hatami 等[95]应用经典板理论研究了弹性地基上或弹性支承上的面内平动正交各向异性板在平面力作用下的横向振动和稳定性情况。他们[96]还利用精确有限条法研究了有面内力的面内平动板的线性自由振动。殷振坤和陈树辉[97]采用增量谐波平衡法分析了面内平动薄板的横向非线性振动特性及其稳定性。Kartik 和 Wickert[98]考虑了横向移动弹性地基的影响，研究了面内平动板的参数失稳问题。刘金堂等分别应用直接多尺度法[99]与平均法[100]研究了面内载荷作用下轴向变速运动正交各向异性薄板的横向振动及其稳定性。Banichuk 等[101]研究了面内平动弹性板的横向振动及其稳定性。Guo 等[102]研究了热弹性耦合运动板在跟随力作用下的动力学稳定性问题。Ghayesh 和 Amabili[103]对面内平动板的非线性全局动力学进行了数值研究。Liu 等[104]研究了面内平动纳米板在亚临界和超临界下的横向振动及其稳定性。Tang 等[105]应用复模态法研究了面内平动板的固有频率和模态函数。

显然上述文献均是关于面内平动弹性板的，而近年来黏弹性本构关系模型越来越受重视。黏弹性的引入使得板的动力学行为更为丰富，但是也为其振动研究带来诸多技术困难。因此，目前关于面内平动黏弹性板的研究还较少。Zhou 和 Wang[106–110]应用微分求积法研究了面内平动黏弹性矩形薄板的横向振动及稳定性。Hatami 等[111]应用精确有限条法研究了面内平动黏弹性板的线性自由振动。周银锋等[112]考虑随从力的作用研究了运动黏弹性板的动力学稳定性。Marynowski[113]对面内平动黏弹性板的自由振动及其动态稳定性进行了研究。唐有绮[114]研究了面内平动黏弹性板的固有频率和模态函数。李映辉等[115]研究了面内平动黏弹性夹层板的动态分叉与混沌。Tang 和 Chen[116]应用直接多尺度法和微分求积法研究了面内平动黏弹性板的稳定性边界。

目前关于内共振作用下面内平动板的研究还很少。Tang 和 Chen[117]研究了有无内共振时面内平动黏弹性板的非线性自由振动。他们还研究了 1∶3 内共振下面内平动黏弹性板的非线性参数振动[118]和受迫振动[119]。李红影等[120]研究了有 1∶3 内共振时的面内平动局部浸液单向板的非线性振动特性。Wang 和 Yang[121]研究了 1∶1 内共振下含孔隙与液体接触的运动功能梯度板的非线性振动。张宇飞等[122]以竖直浸没于液体中的板为模型，分析了面内平动板的 1∶1 内共振和 1∶3 内共振现象。

目前，关于变张力作用下面内平动黏弹性板的研究仅有 Tang[123]等，在 2016 年对面内加速平动黏弹性板动态稳定性的研究。因此，变张力作用下面内平动黏弹性板的研究有待进一步的深入。而关于内共振下面内平动黏弹性板稳定性边界的研究也有待开展。此外，黏弹性效应简支边界条件对面内平动黏弹性板横向振动的影响还有待进一步研究。本论文关于这些问题的研究，对推动面内平动黏弹性板的工程应用有着重要的作用。

第三节 研究方法

轴向运动结构的横向振动问题最终是用偏微分型动力学方程来描述的。对于非线性偏微分方程，要得到其精确的解析解有着极大的困难。多数情况下，我们只能采用近似解析方法（如 Lindstedt–Poincré 方法、多尺度方法、谐波平衡法和平均法等）或数值方法（如微分求积法、Galerkin 方法、有限元法以及有限差分法等）对动力学方程求解，从而实现其振动分析研究。

近似解析方法[124]广泛地应用于轴向运动结构横向振动问题的求解中。陈树辉等[125]采用增量谐波平衡法对轴向运动梁非线性振动的内部共振进行了研究。应用多元 L–P 方法，陈树辉和黄建亮[126]研究了轴向运动梁非线性振动的内共振。采用增量谐波平衡法，Sze 等[127]研究了轴向运动梁的非线性受迫振动。刘金堂等[100]利用平均法讨论了面内载荷作用下轴向变速运动正交各向异性薄板的横向振动及其稳定性问题。Huang 等[128]采用增量谐波平衡法研究了 1∶3 内共振下轴向运动梁周期解的稳定性和分岔。Ghayesh 等采用伪弧长法分别研究了内共振作用下轴向运动梁的参数振动[129]和受迫振动[130]。直接多尺度法广泛地应用于轴向运动梁与面内平动板线性参数振动[28–30, 33, 116]、非线性参数振动[55, 61, 99, 131]和非线性受迫振动[114, 132, 133]。直接多尺度方法是分析微分方程有效的方法，其优点是不仅能计算周期解和耗散系统的衰减振动，还能计算稳态响应、非稳态过程、分析稳态响应的稳定性以及描述非自治系统的全局动力学行为。因此，本文将采用多尺度方法对带有参数激励的轴向运动梁与面内平动板的振动特性做详细分析。

数值方法在轴向运动结构横向振动问题的求解中也有着广泛的应用。采用有限元法，Stylianou 和 Tabarrok[134, 135]研究了轴向运动梁的横向振动响应并进行了稳定性分析。张国策等[136]采用有限差分法研究了超临界速度下，两端固定的轴向运动梁横向振动的静平衡位形及其分岔。Ding 和 Chen[137]采用有限差分法和微分求积法对超临界速度下轴向运动梁的平衡问题进行了分析。吕海炜等[138]采用 Galerkin 法研究了轴向运动软夹层梁的横向振动，并提出了全新的夹层梁理论。微分求积法是一种最普遍应用且有效处理轴向运动梁与面内平动板线性参数振动[64, 106–110, 116, 123]、非线性参数振动[55, 62, 63, 117]和非线性受迫振动[114，119]的数值方法。与其他数值方法相比，微分求积法仅需选取较少的离散点即可完成相关计算任务，具有计算时间少、数学概念简单以及精确度高等优点。

第二章

轴向加速运动黏弹性梁的动态稳定性

第一节 前 言

在以往的研究中，众多学者研究了轴向运动黏弹性 Euler 梁的动态稳定性。大多数研究成果均是基于线性系统的，在研究过程中并不考虑拟内共振的影响。目前，只有极少数学者引入拟内共振研究了输液管[139, 140]和梁[63, 141]的动态稳定性，发现其能更好地展示振动现象。本章我们重新研究轴向加速运动黏弹性 Euler 梁线性参数振动的动态稳定性。引入平动速度与径向张力的变化关系。基于广义 Hamilton 原理，考虑取物质时间导数的 Kelvin 黏弹性本构关系，建立轴向加速运动黏弹性 Euler 梁横向振动的控制方程，并导出考虑黏弹性效应的简支边界条件。采用直接多尺度法分析计及 1∶3 拟内共振时轴向运动 Euler 梁的参数稳定性，由可解性条件和 Routh–Hurwitz 判据判定得到 1∶3 拟内共振和单频参数激励下 Euler 梁的稳态性边界。通过数值例子，分别讨论黏弹性系数、黏性阻尼系数和轴向运动速度对系统稳定性边界的影响，对比分析有无拟内共振以及考虑黏弹性效应和弹性简支边界条件下失稳边界曲线的差异。通过微分求积方法对直接多尺度法的近似解析结果进行数值验证。此外，本章还研究 1∶3 拟内共振和双频参数激励下 Euler 梁的稳态性边界，由于考虑两参数激励，所以通过数值例子不仅描述上述参数对稳定性边界的影响，还研究速度脉动幅值对系统稳定性边界的影响。最后，通过微分求积方法进行数值验证。

第二节 轴向加速运动黏弹性 Euler 梁建模

考虑横截面面积为 A、密度为 ρ、弹性模量为 E、横截面对中性层的惯性

矩为 I、黏弹性系数为 α、黏性阻尼系数为 c_d、支撑两端间距为 L 的均匀 Euler 梁以随时间变化的速度 $\Gamma(t)$ 沿轴向运动。采用混合的 Eulerian–Lagrangian 描述，即假定 Euler 梁的弯曲变形局限于平面内。轴向加速运动黏弹性 Euler 梁的物理模型如图 2.1 所示。

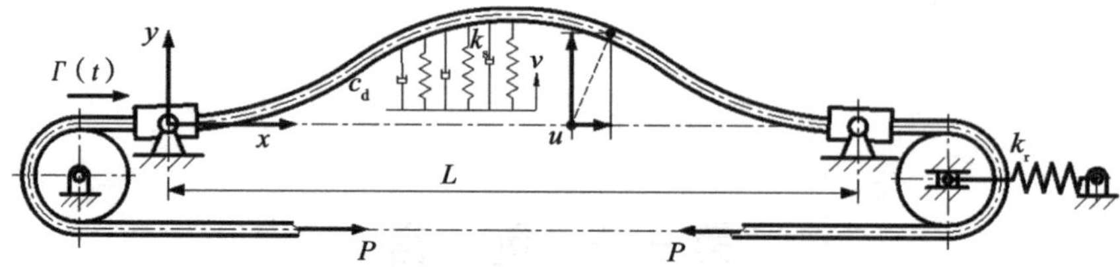

图 2.1　轴向运动 Euler 梁参数激励振动模型

Euler 梁的动能 T 为

$$\begin{aligned}T&=\frac{1}{2}\int_0^L\rho A\left[\left(\Gamma+\frac{\mathrm{d}u}{\mathrm{d}t}\right)^2+\left(\frac{\mathrm{d}v}{\mathrm{d}t}\right)^2\right]\mathrm{d}x\\&=\frac{1}{2}\int_0^L\rho A\left[\left(\Gamma+u_{,t}+\Gamma u_{,x}\right)^2+\left(v_{,t}+\Gamma v_{,x}\right)^2\right]\mathrm{d}x\end{aligned}\tag{2.1}$$

其中，$u(x,t)$ 和 $v(x,t)$ 分别为 Euler 梁在空间坐标 x 处和 t 时刻的径向位移和横向位移。下标中的“,”表示偏微分。

由轴力 P 和地基作用下的外力引起的势能 U 为

$$U=\int_0^L\left[P\left(\sqrt{\left(1+u_{,x}\right)^2+v_{,x}^2}-1\right)+\frac{1}{2}k_s v^2\right]\mathrm{d}x\tag{2.2}$$

其中 k_s 为单位长度上的地基刚度。

考虑由 Euler 梁的轴向加速度引起的径向变张力，根据牛顿第二定律，同时引入有限支撑刚度参数，可将沿径向变化的轴力近似表示为

$$P=P_0+\eta\rho A\Gamma^2+\left(x-L\right)\rho A\dot{\Gamma}\tag{2.3}$$

其中，P_0 为静张力，η 为轴向支撑刚度参数，符号上方的点表示对时间 t 求导。η 的具体表达式为 $\eta=1/[1+k_r/(2EA/L)]$，其变化区间为 [0，1]，k_r 为支撑刚度[142]。等式（2.3）右端第三项表示由加速度引起的径向变张力。当 $x=L$ 时，等式（2.3）右端项等于梁的右支撑端的轴力 $P_0+\eta\rho A\Gamma^2$。由于并未考

虑轴向加速度引起梁变形的影响，所以上式仅是近似解。

Euler 梁的变形功的变分 δW_{d} 为

$$\delta W_{\mathrm{d}} = -\int_0^L \int_{-h/2}^{h/2} \sigma_x \delta\varepsilon_x \,\mathrm{d}y\,\mathrm{d}x \tag{2.4}$$

其中，$\sigma_x(x, t)$ 和 $\varepsilon_x(x, t)$ 分别表示梁的正应力和正应变，h 表示梁的厚度，y 表示横截面上任意一点到中性层的长度。应变 - 位移关系为

$$\varepsilon_x = -yv_{,xx} + \sqrt{(1+u_{,x})^2 + v_{,x}^2} - 1 \tag{2.5}$$

根据取物质时间导数的 Kelvin 黏弹性本构关系，得到

$$\sigma_x = E\varepsilon_x + \alpha(\varepsilon_{x,t} + \Gamma\varepsilon_{x,x}) \tag{2.6}$$

耗散力引起的虚功的变分 δW_{e} 为

$$\delta W_{\mathrm{e}} = -\int_0^L c_{\mathrm{d}}\left(\frac{\mathrm{d}u}{\mathrm{d}t}\delta u + \frac{\mathrm{d}v}{\mathrm{d}t}\delta v\right)\mathrm{d}x = -\int_0^L c_{\mathrm{d}}\left[(u_{,t} + \Gamma u_{,x})\delta u + (v_{,t} + \Gamma v_{,x})\delta v\right]\mathrm{d}x \tag{2.7}$$

由广义 Hamilton 原理可知

$$\delta\int_{t_1}^{t_2}(T-U)\,\mathrm{d}t + \int_{t_1}^{t_2}(\delta W_{\mathrm{d}} + \delta W_{\mathrm{e}})\,\mathrm{d}t = 0 \tag{2.8}$$

将式（2.1）、（2.2）、（2.4）和（2.7）[与之相关联的公式（2.3）、（2.5）和（2.6）] 代入式（2.8），得到轴向加速运动黏弹性 Euler 梁的动力学方程组的变分为

$$\begin{aligned}&\int_{t_1}^{t_2}\int_0^L \Big\{\rho A\left(u_{,tt} + 2\Gamma u_{,xt} + \dot{\Gamma} + \dot{\Gamma}u_{,x} + \Gamma^2 u_{,xx}\right) \\ &+ c_{\mathrm{d}}(u_{,t} + \Gamma u_{,x}) - \frac{\partial}{\partial x}\left[\frac{(P + A\sigma_{xN})(1+u_{,x})}{\sqrt{(1+u_{,x})^2 + v_{,x}^2}}\right]\Big\}\delta u\,\mathrm{d}x\,\mathrm{d}t = 0\end{aligned} \tag{2.9}$$

$$\begin{aligned}&\int_{t_1}^{t_2}\int_0^L \Big\{\rho A\left(v_{,tt} + 2\Gamma v_{,xt} + \dot{\Gamma}v_{,x} + \Gamma^2 v_{,xx}\right) - \frac{\partial}{\partial x}\left[\frac{(P + A\sigma_{xN})v_{,x}}{\sqrt{(1+u_{,x})^2 + v_{,x}^2}}\right] \\ &+ I\left[Ev_{,xxxx} + \alpha\left(v_{,xxxxt} + \Gamma v_{,xxxxx}\right)\right] + k_{\mathrm{s}}v + c_{\mathrm{d}}(v_{,t} + \Gamma v_{,x})\Big\}\delta v\,\mathrm{d}x\,\mathrm{d}t = 0\end{aligned} \tag{2.10}$$

同时，可得到边界条件的变分为

$$\int_{t_1}^{t_2} I\left[Ev_{,xx}+\alpha\left(v_{,xxt}+\Gamma v_{,xxx}\right)\right]\delta v_{,x}\Big|_0^L \mathrm{d}t=0 \tag{2.11}$$

$$\int_{t_1}^{t_2}\left[\frac{\left(P+A\sigma_{xN}\right)\left(1+u_{,x}\right)}{\sqrt{\left(1+u_{,x}\right)^2+v_{,x}^2}}-\rho A\Gamma\left(\Gamma+u_{,t}+\Gamma u_{,x}\right)\right]\delta u\Bigg|_0^L \mathrm{d}t=0 \tag{2.12}$$

$$\begin{aligned}&\int_{t_1}^{t_2}\left\{\frac{\left(P+A\sigma_{xN}\right)v_{,x}}{\sqrt{\left(1+u_{,x}\right)^2+v_{,x}^2}}-\rho A\Gamma\left(v_{,t}+\Gamma v_{,x}\right)\right.\\&\left.-I\left[Ev_{,xxx}+\alpha\left(v_{,xxxt}+\Gamma v_{,xxxx}\right)\right]\right\}\delta v\Big|_0^L \mathrm{d}t=0\end{aligned} \tag{2.13}$$

以及初始条件的变分为

$$\int_0^L \rho A\left(\Gamma+u_{,t}+\Gamma u_{,x}\right)\delta u\Big|_{t_1}^{t_2}\mathrm{d}x=0 \tag{2.14}$$

$$\int_0^L \rho A\left(v_{,t}+\Gamma v_{,x}\right)\delta v\Big|_{t_1}^{t_2}\mathrm{d}x=0 \tag{2.15}$$

由于虚位移的任意性，根据式（2.9）和（2.10）可以得到梁的动力学方程组为

$$\begin{aligned}&\rho A\left(u_{,tt}+2\Gamma u_{,xt}+\dot{\Gamma}+\dot{\Gamma}u_{,x}+\Gamma^2u_{,xx}\right)\\&+c_{\mathrm{d}}\left(u_{,t}+\Gamma u_{,x}\right)-\frac{\partial}{\partial x}\left[\frac{\left(P+A\sigma_{xN}\right)\left(1+u_{,x}\right)}{\sqrt{\left(1+u_{,x}\right)^2+v_{,x}^2}}\right]=0\end{aligned} \tag{2.16}$$

$$\begin{aligned}&\rho A\left(v_{,tt}+2\Gamma v_{,xt}+\dot{\Gamma}v_{,x}+\Gamma^2v_{,xx}\right)+I\left[Ev_{,xxxx}+\alpha\left(v_{,xxxxt}+\Gamma v_{,xxxxx}\right)\right]\\&+k_{\mathrm{s}}v+c_{\mathrm{d}}\left(v_{,t}+\Gamma v_{,x}\right)-\frac{\partial}{\partial x}\left[\frac{\left(P+A\sigma_{xN}\right)v_{,x}}{\sqrt{\left(1+u_{,x}\right)^2+v_{,x}^2}}\right]=0\end{aligned} \tag{2.17}$$

其中

$$\begin{aligned}\sigma_{xN}=&E\left(\sqrt{\left(1+u_{,x}\right)^2+v_{,x}^2}-1\right)+\alpha\left[\frac{\partial}{\partial t}\left(\sqrt{\left(1+u_{,x}\right)^2+v_{,x}^2}\right)\right.\\&\left.+\Gamma\frac{\partial}{\partial x}\left(\sqrt{\left(1+u_{,x}\right)^2+v_{,x}^2}\right)\right]\end{aligned} \tag{2.18}$$

由于 Euler 梁的纵向位移远远小于横向位移，因此我们只考虑横向运动，并假设 $u=O(v^2)$、$\alpha=O(v^2)$ 和 $c_{\mathrm{d}}=O(v^2)$。由式（2.16）和（2.17）可化简得到轴向加速运动黏弹性 Euler 梁横向振动的动力学方程为

$$\begin{aligned}&\rho A\left(v_{,tt}+2\Gamma v_{,xt}+\Gamma^2 v_{,xx}\right)-\left[P_0+\eta\rho A\Gamma^2+(x-L)\rho A\dot{\Gamma}\right]v_{,xx}\\&+I\left[Ev_{,xxxx}+\alpha\left(v_{,xxxxt}+\Gamma v_{,xxxxx}\right)\right]+k_s v+c_d\left(v_{,t}+\Gamma v_{,x}\right)=0\end{aligned}\tag{2.19}$$

考虑 Euler 梁的黏弹性，根据边界条件的变分可以得到考虑黏弹性效应后的简支边界条件为

$$\begin{aligned}&v\big|_{x=0}=0,\quad I\left[Ev_{,xx}+\alpha\left(v_{,xxt}+\Gamma v_{,xxx}\right)\right]\Big|_{x=0}=0;\\&v\big|_{x=L}=0,\quad I\left[Ev_{,xx}+\alpha\left(v_{,xxt}+\Gamma v_{,xxx}\right)\right]\Big|_{x=L}=0.\end{aligned}\tag{2.20}$$

为了便于计算，对动力学方程（2.19）及黏弹性效应简支边界条件（2.20）进行无量化处理，得到轴向加速运动黏弹性 Euler 梁无量纲化的动力学方程为

$$\begin{aligned}&v_{,tt}+2\gamma v_{,xt}+\left[\kappa\gamma^2-(x-1)\dot{\gamma}-1\right]v_{,xx}+k_f^2 v_{,xxxx}+k_s v\\&=-\varepsilon c_d\left(v_{,t}+\gamma v_{,x}\right)-\varepsilon\alpha\left(v_{,xxxxt}+\gamma v_{,xxxxx}\right)\end{aligned}\tag{2.21}$$

以及无量纲化后的黏弹性效应简支边界条件

$$\begin{aligned}&v\big|_{x=0}=0,\quad \left[k_f^2 v_{,xx}+\varepsilon\alpha\left(v_{,xxt}+\gamma v_{,xxx}\right)\right]\Big|_{x=0}=0;\\&v\big|_{x=1}=0,\quad \left[k_f^2 v_{,xx}+\varepsilon\alpha\left(v_{,xxt}+\gamma v_{,xxx}\right)\right]\Big|_{x=1}=0\end{aligned}\tag{2.22}$$

其中，无量纲变量和参数为

$$\begin{aligned}&v\leftrightarrow\frac{v}{\sqrt{\varepsilon}L},\ x\leftrightarrow\frac{x}{L},\ t\leftrightarrow\frac{t}{L}\sqrt{\frac{P_0}{\rho A}},\ \gamma=\Gamma\sqrt{\frac{\rho A}{P_0}},\ k_f=\sqrt{\frac{EI}{P_0L^2}},\\&\alpha\leftrightarrow\frac{\alpha I}{\varepsilon L^3\sqrt{\rho AP_0}},\ c_d\leftrightarrow\frac{c_dL}{\varepsilon\sqrt{\rho AP_0}},\ k_s\leftrightarrow\frac{k_sL^2}{P_0},\ \kappa=1-\eta.\end{aligned}\tag{2.23}$$

其中，ε 是一个无量纲参数，表示黏弹性系数 α 和黏性阻尼系数 c_d 以及横向位移 v 都是小量。

第三节　计及拟内共振的单频参数共振

一、直接多尺度分析

假设梁的轴向运动速度在平均速度 γ_0 附近存在微小周期脉动，即

$$\gamma(t)=\gamma_0+\varepsilon\gamma_1\sin(\omega t)\tag{2.24}$$

其中，$\varepsilon\gamma_1$ 和 ω 分别表示轴向运动速度脉动的幅值和频率。将式（2.24）代入式（2.21）和（2.22），得到

$$
\begin{aligned}
& v_{,tt}+2\gamma_0 v_{,xt}+\left(\kappa\gamma_0^2-1\right)v_{,xx}+k_{\mathrm{f}}^2 v_{,xxxx}+k_{\mathrm{s}}v \\
& =-\varepsilon\left\{\alpha\left(v_{,xxxxt}+\gamma_0 v_{,xxxxx}\right)+c_{\mathrm{d}}\left(v_{,t}+\gamma_0 v_{,x}\right)+2\gamma_1\sin\left(\omega t\right)\left(v_{,xt}+\kappa\gamma_0 v_{,xx}\right)\right. \\
& \left.\quad+\left(1-x\right)\omega\gamma_1\cos\left(\omega t\right)v_{,xx}\right\}+O\left(\varepsilon^2\right)
\end{aligned}
\tag{2.25}
$$

$$
\begin{aligned}
& v\big|_{x=0}=0,\ \left[k_{\mathrm{f}}^2 v_{,xx}+\varepsilon\alpha\left(v_{,xxt}+\gamma_0 v_{,xxx}\right)+O\left(\varepsilon^2\right)\right]\Big|_{x=0}=0; \\
& v\big|_{x=1}=0,\ \left[k_{\mathrm{f}}^2 v_{,xx}+\varepsilon\alpha\left(v_{,xxt}+\gamma_0 v_{,xxx}\right)+O\left(\varepsilon^2\right)\right]\Big|_{x=1}=0.
\end{aligned}
\tag{2.26}
$$

根据直接多尺度法，假设方程（2.25）的一阶近似解为

$$
v\left(x,t;\varepsilon\right)=v_0\left(x,T_0,T_1\right)+\varepsilon v_1\left(x,T_0,T_1\right)+O\left(\varepsilon^2\right)
\tag{2.27}
$$

其中，$T_0=t$ 和 $T_1=\varepsilon t$ 分别为快时间尺度和慢时间尺度。将式（2.27）和下式

$$
\frac{\partial}{\partial t}=\frac{\partial}{\partial T_0}+\varepsilon\frac{\partial}{\partial T_1},\ \frac{\partial^2}{\partial t^2}=\frac{\partial^2}{\partial T_0^2}+2\varepsilon\frac{\partial^2}{\partial T_0\partial T_1}+O\left(\varepsilon^2\right)
\tag{2.28}
$$

代入式（2.25）和（2.26），然后分别提取 ε^0 和 ε^1 的系数项，得到

$$
\varepsilon^0\text{：}\ v_{0,T_0T_0}+2\gamma_0 v_{0,xT_0}+\left(\kappa\gamma_0^2-1\right)v_{0,xx}+k_{\mathrm{f}}^2 v_{0,xxxx}+k_{\mathrm{s}}v_0=0
\tag{2.29}
$$

$$
\varepsilon^0\text{：}\ v_0\big|_{x=0}=0,\ \ v_0\big|_{x=1}=0;\ k_{\mathrm{f}}^2 v_{0,xx}\big|_{x=0}=0,\ k_{\mathrm{f}}^2 v_{0,xx}\big|_{x=1}=0.
\tag{2.30}
$$

$$
\begin{aligned}
\varepsilon^1\text{：}\ & v_{1,T_0T_0}+2\gamma_0 v_{1,xT_0}+\left(\kappa\gamma_0^2-1\right)v_{1,xx}+k_{\mathrm{f}}^2 v_{1,xxxx}+k_{\mathrm{s}}v_1 \\
& =-c_{\mathrm{d}}\left(v_{0,T_0}+\gamma_0 v_{0,x}\right)-\alpha\left(v_{0,xxxxT_0}+\gamma_0 v_{0,xxxxx}\right)-2\left(v_{0,T_0T_1}+\gamma_0 v_{0,xT_1}\right) \\
& \quad-\left(1-x\right)\omega\gamma_1\cos(\omega t)v_{0,xx}-2\gamma_1\sin(\omega t)\left(v_{0,xT_0}+\kappa\gamma_0 v_{0,xx}\right)
\end{aligned}
\tag{2.31}
$$

$$
\begin{aligned}
\varepsilon^1\text{：}\ & v_1\big|_{x=0}=0,\ \ \left[k_{\mathrm{f}}^2 v_{1,xx}+\alpha\left(v_{0,xxT_0}+\gamma_0 v_{0,xxx}\right)\right]\Big|_{x=0}=0 \\
& v_1\big|_{x=1}=0,\ \ \left[k_{\mathrm{f}}^2 v_{1,xx}+\alpha\left(v_{0,xxT_0}+\gamma_0 v_{0,xxx}\right)\right]\Big|_{x=1}=0.
\end{aligned}
\tag{2.32}
$$

线性派生系统（2.29）和（2.30）对应轴向运动梁的自由振动。假设式（2.29）的解为

$$
v_0\left(x,T_0,T_1\right)=\sum_{n=1}^{\infty}A_n\left(T_1\right)\varphi_n\left(x\right)\mathrm{e}^{\lambda_n T_0}+cc
\tag{2.33}
$$

其中，A_n 表示待定的复函数，φ_n 表示线性派生系统的第 n 阶模态，cc 表示等式右端之前各项的共轭复数，$\lambda_n=\delta_n+\mathrm{i}\omega_n$ 表示线性派生系统的第 n 阶复频

率。λ_n 的实部 δ_n 为衰减率，虚部 ω_n 为固有频率。

将式（2.33）代入（2.29），消去等式中不为零的指数项，得到

$$\left(\lambda_n^2+k_{\mathrm{s}}\right)\varphi_n+2\lambda_n\gamma_0\varphi_{n,x}+\left(\kappa\gamma_0^2-1\right)\varphi_{n,xx}+k_{\mathrm{f}}^2\varphi_{n,xxxx}=0 \tag{2.34}$$

设方程（2.34）的解为

$$\varphi_n(x)=C_{1n}\left(\mathrm{e}^{\mathrm{i}\beta_{1n}x}+C_{2n}\,\mathrm{e}^{\mathrm{i}\beta_{2n}x}+C_{3n}\,\mathrm{e}^{\mathrm{i}\beta_{3n}x}+C_{4n}\,\mathrm{e}^{\mathrm{i}\beta_{4n}x}\right) \tag{2.35}$$

其中，系数 C_{nj}（j=1，2，3，4）表示待定的常数，β_{jn}（j=1，2，3，4）表示方程（2.34）的特征方程的特征根。将式（2.35）代入（2.34），得到

$$\beta_n^4+f_1\beta_n^2+f_2\beta_n+f_3=0\quad(n=1,2,\ldots) \tag{2.36}$$

其中

$$f_1=\frac{1-\kappa\gamma_0^2}{k_{\mathrm{f}}^2},\ f_2=\frac{2\mathrm{i}\gamma_0\lambda_n}{k_{\mathrm{f}}^2},\ f_3=\frac{\lambda_n^2+k_{\mathrm{s}}}{k_{\mathrm{f}}^2}. \tag{2.37}$$

方程（2.36）的解为

$$\begin{aligned}&\beta_{1n}=g_1-\frac{1}{2}\sqrt{g_2-g_3},\ \beta_{2n}=g_1+\frac{1}{2}\sqrt{g_2-g_3},\\&\beta_{3n}=-g_1-\frac{1}{2}\sqrt{g_2+g_3},\ \beta_{4n}=-g_1+\frac{1}{2}\sqrt{g_2+g_3}.\end{aligned} \tag{2.38}$$

其中

$$\begin{aligned}&g_1=\frac{1}{2}\sqrt{-\frac{2f_1}{3}+\frac{\sqrt[3]{2}g_4}{3\sqrt[3]{g_5+\sqrt{g_5^2-4g_4^3}}}+\frac{\sqrt[3]{g_5+\sqrt{g_5^2-4g_4^3}}}{3\sqrt[3]{2}}},\\&g_2=-2f_1-4g_1^2,\ g_3=\frac{f_2}{g_1},\ g_4=f_1^2+12f_3,\ g_5=2f_1^3+27f_2^2-72f_1f_3.\end{aligned} \tag{2.39}$$

将（2.35）代入到边界条件（2.30）中，整理得到梁的线性派生系统的频率方程为

$$\begin{aligned}&\left[\mathrm{e}^{\mathrm{i}(\beta_{1n}+\beta_{2n})}+\mathrm{e}^{\mathrm{i}(\beta_{3n}+\beta_{4n})}\right]\left(\beta_{1n}^2-\beta_{2n}^2\right)\left(\beta_{3n}^2-\beta_{4n}^2\right)+\left[\mathrm{e}^{\mathrm{i}(\beta_{1n}+\beta_{3n})}+\mathrm{e}^{\mathrm{i}(\beta_{2n}+\beta_{4n})}\right]\cdot\\&\left(\beta_{3n}^2-\beta_{1n}^2\right)\left(\beta_{2n}^2-\beta_{4n}^2\right)+\left[\mathrm{e}^{\mathrm{i}(\beta_{2n}+\beta_{3n})}+\mathrm{e}^{\mathrm{i}(\beta_{1n}+\beta_{4n})}\right]\left(\beta_{2n}^2-\beta_{3n}^2\right)\left(\beta_{1n}^2-\beta_{4n}^2\right)=0\end{aligned} \tag{2.40}$$

将式（2.35）代入边界条件（2.30），然后联立式（2.40），可解出非零解 C_{nj}，然后将 C_{nj} 回代到（2.35）中，得到线性派生系统的第 n 阶模态函数为

$$\varphi_n(x)=C_{1n}\left\{\mathrm{e}^{\mathrm{i}\beta_{1n}x}-\frac{\left(\beta_{4n}^2-\beta_{1n}^2\right)\left(\mathrm{e}^{\mathrm{i}\beta_{3n}}-\mathrm{e}^{\mathrm{i}\beta_{1n}}\right)}{\left(\beta_{4n}^2-\beta_{2n}^2\right)\left(\mathrm{e}^{\mathrm{i}\beta_{3n}}-\mathrm{e}^{\mathrm{i}\beta_{2n}}\right)}\mathrm{e}^{\mathrm{i}\beta_{2n}x}+\frac{\left(\beta_{4n}^2-\beta_{1n}^2\right)\left(\mathrm{e}^{\mathrm{i}\beta_{2n}}-\mathrm{e}^{\mathrm{i}\beta_{1n}}\right)}{\left(\beta_{4n}^2-\beta_{3n}^2\right)\left(\mathrm{e}^{\mathrm{i}\beta_{2n}}-\mathrm{e}^{\mathrm{i}\beta_{3n}}\right)}\mathrm{e}^{\mathrm{i}\beta_{3n}x}\right.$$
$$\left.-\left[1-\frac{\left(\beta_{4n}^2-\beta_{1n}^2\right)\left(\mathrm{e}^{\mathrm{i}\beta_{3n}}-\mathrm{e}^{\mathrm{i}\beta_{1n}}\right)}{\left(\beta_{4n}^2-\beta_{2n}^2\right)\left(\mathrm{e}^{\mathrm{i}\beta_{3n}}-\mathrm{e}^{\mathrm{i}\beta_{2n}}\right)}-\frac{\left(\beta_{4n}^2-\beta_{1n}^2\right)\left(\mathrm{e}^{\mathrm{i}\beta_{2n}}-\mathrm{e}^{\mathrm{i}\beta_{1n}}\right)}{\left(\beta_{4n}^2-\beta_{3n}^2\right)\left(\mathrm{e}^{\mathrm{i}\beta_{2n}}-\mathrm{e}^{\mathrm{i}\beta_{3n}}\right)}\right]\mathrm{e}^{\mathrm{i}\beta_{4n}x}\right\} \tag{2.41}$$

表 2.1 给出了轴向运动 Euler 梁的材料参数。

表 2.1 Euler 梁的材料参数

名称	符号	数值
杨氏模量	E	3.0×10^{10} Pa
密度	ρ	7680 kg/m^3
梁长	L	1.0 m
横截面面积	A	0.04×0.03 m^2
初始静张力	P_0	6.75×10^4 N

基于表 2.1 给出的轴向运动 Euler 梁的材料参数，根据式（2.23）可解得相应的无量纲参数 k_f=0.2、k_s=0.72。

若考虑 k_f=0.2、k_s=0.72、κ=0.5、γ_0=0.86，图 2.2 给出了系统前四阶复频率与平均速度的变化关系。其中，实线、虚线、点划线以及点线分别表示第一阶、第二阶、第三阶以及第四阶衰减率 δ_n 和固有频率 ω_n。从图 2.2 可以看出，当平均速度 γ_0=0~1.71 时，随着轴向平均速度的增大，前四阶衰减率恒为零，而前四阶固有频率逐渐减小，此时系统稳定；当平均速度 γ_0=1.72 时，第一阶衰减率出现正值，而第一阶固有频率消失；当平均速度 γ_0=2.28~2.43 时，第一阶衰减率再次衰减为零，而第一阶固有频率逐渐增大，系统恢复稳定状态；当平均速度 $\gamma_0\geqslant 2.44$ 时，衰减率和固有频率都存在非零值，且第一阶和第二阶固有频率发生耦合。此后，随着平均速度的持续增大，系统发生更加复杂的振动行为。此外，我们发现，当平均速度 γ_0=0.6887 时，线性派生系统的第一阶固有频率 ω_1=3.22535549，第二阶固有频率 ω_2=9.67604925。从数值上可以看出，$\omega_2\approx 3\omega_1$。由此可知，线性系统可能发生 1∶3 拟内共振。

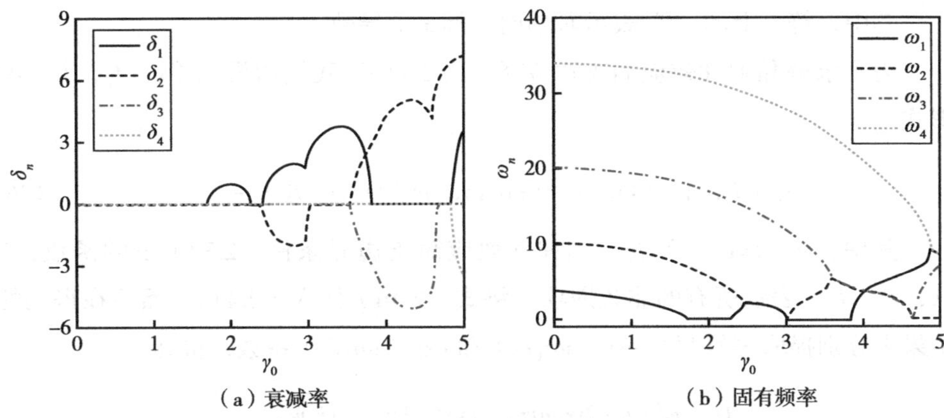

（a）衰减率 （b）固有频率

图 2.2 轴向运动 Euler 梁前四阶复频率随轴向平均速度的变化

二、和式组合参数共振

引入调谐参数 σ_1，描述第二阶固有频率 ω_2 与 $3\omega_1$ 之间的接近程度；引入调谐参数 σ_2，描述平均速度的脉动频率 ω 与 $\omega_1+\omega_2$ 之间的接近程度

$$\omega_2 = 3\omega_1 + \varepsilon\sigma_1,\quad \omega = \omega_1 + \omega_2 + \varepsilon\sigma_2. \tag{2.42}$$

方程（2.31）的解可表示为

$$v_0(x,T_0,T_1) = \varphi_1(x)A_1(T_1)\mathrm{e}^{\mathrm{i}\omega_1 T_0} + \varphi_2(x)A_2(T_1)\mathrm{e}^{\mathrm{i}\omega_2 T_0} + cc \tag{2.43}$$

将式（2.42）和（2.43）代入（2.31），并将等式右端的三角函数写为指数形式

$$\begin{aligned} & v_{1,T_0T_0} + 2\gamma_0 v_{1,xT_0} + \left(\kappa\gamma_0^2 - 1\right)v_{1,xx} + k_f^2 v_{1,xxxx} + k_s v_1 \\ &= -\left[2\zeta_0\dot{A}_1 + \left(c_d\zeta_0 + \alpha\zeta_1\right)A_1 + \gamma_1\zeta_2\bar{A}_2\mathrm{e}^{\mathrm{i}\sigma_2 T_1}\right]\mathrm{e}^{\mathrm{i}\omega_1 T_0} \\ &\quad -\left[2\xi_0\dot{A}_2 + \left(c_d\xi_0 + \alpha\xi_1\right)A_2 + \gamma_1\xi_2\bar{A}_1\mathrm{e}^{\mathrm{i}\sigma_2 T_1}\right]\mathrm{e}^{\mathrm{i}\omega_2 T_0} + cc + NST \end{aligned} \tag{2.44}$$

其中，符号上的“.”表示对慢变时间 T_1 求导数，符号上的“–”表示复数共轭，NST 表示非久期项。且

$$\begin{aligned} &\zeta_0 = \mathrm{i}\omega_1\varphi_1 + \gamma_0\varphi_1',\ \zeta_1 = \mathrm{i}\omega_1\varphi_1'''' + \gamma_0\varphi_1''''',\ \zeta_2 = \left[\frac{1}{2}(1-x)(\omega_1+\omega_2) - \mathrm{i}\kappa\gamma_0\right]\bar{\varphi}_2'' - \omega_2\bar{\varphi}_2'; \\ &\xi_0 = \mathrm{i}\omega_2\varphi_2 + \gamma_0\varphi_2',\ \xi_1 = \mathrm{i}\omega_2\varphi_2'''' + \gamma_0\varphi_2''''',\ \xi_2 = \left[\frac{1}{2}(1-x)(\omega_1+\omega_2) - \mathrm{i}\kappa\gamma_0\right]\bar{\varphi}_1'' - \omega_1\bar{\varphi}_1'. \end{aligned} \tag{2.45}$$

其中，符号上的“′”表示对轴向坐标 x 求导数。

为了求解黏弹性效应简支边界条件（2.32），我们假设 v_1（x，T_0，T_1）有形式

$$v_1\left(x,T_0,T_1\right)=\psi_1\left(x,T_1\right)\mathrm{e}^{\mathrm{i}\omega_1 T_0}+\psi_2\left(x,T_1\right)\mathrm{e}^{\mathrm{i}\omega_2 T_0}+N\left(x,T_0,T_1\right)+cc \tag{2.46}$$

其中，ψ_n（n=1，2）表示黏弹性效应简支边界条件（2.32）下的函数，N（x，T_0，T_1）表示所有的非久期项。将式（2.46）代入（2.44），然后在得到的结果中分别提取等号两边 exp（$\mathrm{i}\omega_1 T_0$）和 exp（$\mathrm{i}\omega_2 T_0$）系数，得到

$$\begin{aligned}&\left(k_{\mathrm{s}}-\omega_1^2\right)\psi_1+2\mathrm{i}\gamma_0\omega_1\psi_{1,x}+\left(\kappa\gamma_0^2-1\right)\psi_{1,xx}+k_{\mathrm{f}}^2\psi_{1,xxxx}\\&=-\left[2\zeta_0\dot{A}_1+\left(c_{\mathrm{d}}\zeta_0+\alpha\zeta_1\right)A_1+\gamma_1\zeta_2\bar{A}_2\,\mathrm{e}^{\mathrm{i}\sigma_2 T_1}\right]\end{aligned} \tag{2.47}$$

$$\begin{aligned}&\left(k_{\mathrm{s}}-\omega_2^2\right)\psi_2+2\mathrm{i}\gamma_0\omega_2\psi_{2,x}+\left(\kappa\gamma_0^2-1\right)\psi_{2,xx}+k_{\mathrm{f}}^2\psi_{2,xxxx}\\&=-\left[2\xi_0\dot{A}_2+\left(c_{\mathrm{d}}\xi_0+\alpha\xi_1\right)A_2+\gamma_1\xi_2\bar{A}_1\,\mathrm{e}^{\mathrm{i}\sigma_2 T_1}\right]\end{aligned} \tag{2.48}$$

由可解性条件可得

$$\begin{aligned}&\left\langle\left(k_{\mathrm{s}}-\omega_1^2\right)\psi_1+2\mathrm{i}\gamma_0\omega_1\psi_{1,x}+\left(\kappa\gamma_0^2-1\right)\psi_{1,xx}+k_{\mathrm{f}}^2\psi_{1,xxxx},\varphi_1\right\rangle\\&=\left\langle-\left[2\zeta_0\dot{A}_1+\left(c_{\mathrm{d}}\zeta_0+\alpha\zeta_1\right)A_1+\gamma_1\zeta_2\bar{A}_2\,\mathrm{e}^{\mathrm{i}\sigma_2 T_1}\right],\varphi_1\right\rangle\end{aligned} \tag{2.49}$$

$$\begin{aligned}&\left\langle\left(k_{\mathrm{s}}-\omega_2^2\right)\psi_2+2\mathrm{i}\gamma_0\omega_2\psi_{2,x}+\left(\kappa\gamma_0^2-1\right)\psi_{2,xx}+k_{\mathrm{f}}^2\psi_{2,xxxx},\varphi_2\right\rangle\\&=\left\langle-\left[2\xi_0\dot{A}_2+\left(c_{\mathrm{d}}\xi_0+\alpha\xi_1\right)A_2+\gamma_1\xi_2\bar{A}_1\,\mathrm{e}^{\mathrm{i}\sigma_2 T_1}\right],\varphi_2\right\rangle\end{aligned} \tag{2.50}$$

其中，对复函数 f 和 g 的内积定义为

$$\langle f,g\rangle=\int_0^1 f\bar{g}\,\mathrm{d}x \tag{2.51}$$

由弹性简支边界（2.30）、黏弹性效应简支边界条件（2.32）和分配律可得

$$\alpha A_1\gamma_0\varphi_{1,xxx}\bar{\varphi}_{1,x}\Big|_0^1=\left\langle-\left[2\zeta_0\dot{A}_1+\left(c_{\mathrm{d}}\zeta_0+\alpha\zeta_1\right)A_1+\gamma_1\zeta_2\bar{A}_2\,\mathrm{e}^{\mathrm{i}\sigma_2 T_1}\right],\varphi_1\right\rangle \tag{2.52}$$

$$\alpha A_2\gamma_0\varphi_{2,xxx}\bar{\varphi}_{2,x}\Big|_0^1=\left\langle-\left[2\xi_0\dot{A}_2+\left(c_{\mathrm{d}}\xi_0+\alpha\xi_1\right)A_2+\gamma_1\xi_2\bar{A}_1\,\mathrm{e}^{\mathrm{i}\sigma_2 T_1}\right],\varphi_2\right\rangle \tag{2.53}$$

应用内积的性质，整理式（2.52）和（2.53）得到

$$\dot{A}_1+\left(0.5c_{\mathrm{d}}+\alpha\zeta_1\right)A_1+\gamma_1\zeta_2\bar{A}_2\,\mathrm{e}^{\mathrm{i}\sigma_2 T_1}=0 \tag{2.54}$$

$$\dot{A}_2+\left(0.5c_{\mathrm{d}}+\alpha\xi_1\right)A_2+\gamma_1\xi_2\bar{A}_1\,\mathrm{e}^{\mathrm{i}\sigma_2 T_1}=0 \tag{2.55}$$

其中

$$\zeta_1 \leftrightarrow \frac{\int_0^1 \zeta_1\bar{\varphi}_1\,\mathrm{d}x+\gamma_0\varphi_{1,xxx}\,\bar{\varphi}_{1,x}\big|_0^1}{\int_0^1 2\zeta_0\bar{\varphi}_1\,\mathrm{d}x},\ \zeta_2 \leftrightarrow \frac{\int_0^1 \zeta_2\bar{\varphi}_1\,\mathrm{d}x}{\int_0^1 2\zeta_0\bar{\varphi}_1\,\mathrm{d}x}. \tag{2.56}$$

$$\xi_1 \leftrightarrow \frac{\int_0^1 \xi_1\bar{\varphi}_2\,\mathrm{d}x+\gamma_0\varphi_{2,xxx}\,\bar{\varphi}_{2,x}\big|_0^1}{\int_0^1 2\xi_0\bar{\varphi}_2\,\mathrm{d}x},\ \xi_2 \leftrightarrow \frac{\int_0^1 \xi_2\bar{\varphi}_2\,\mathrm{d}x}{\int_0^1 2\xi_0\bar{\varphi}_2\,\mathrm{d}x}. \tag{2.57}$$

给定具体的参数值，数值验证均表明 ζ_1 和 ξ_1 是正实数；ζ_2 和 ξ_2 是复数。

显然，式（2.54）和（2.55）有零解。为了研究系统零解的稳定性，我们将式（2.54）和（2.55）转换成自治方程组，引入坐标变换

$$A_1(T_1)=\left[p_1(T_1)+\mathrm{i}\,q_1(T_1)\right]\mathrm{e}^{\mathrm{i}S_1T_1},\ A_2(T_1)=\left[p_2(T_1)+\mathrm{i}\,q_2(T_1)\right]\mathrm{e}^{\mathrm{i}S_2T_1}. \tag{2.58}$$

其中，p_h 和 q_h（h=1，2）是 T_1 的实函数，且

$$S_1=\frac{\sigma_1+\sigma_2}{4},\ S_2=\frac{3\sigma_2-\sigma_1}{4}. \tag{2.59}$$

将式（2.58）代入式（2.54）和（2.55），然后分离结果中的实部和虚部，整理得到

$$\begin{aligned}
\dot{p}_1&=-\left(0.5c_\mathrm{d}+\alpha\zeta_1\right)p_1+S_1q_1-\gamma_1\zeta_2^\mathrm{R}p_2-\gamma_1\zeta_2^\mathrm{I}q_2\\
\dot{q}_1&=-S_1p_1-\left(0.5c_\mathrm{d}+\alpha\zeta_1\right)q_1-\gamma_1\zeta_2^\mathrm{I}p_2+\gamma_1\zeta_2^\mathrm{R}q_2\\
\dot{p}_2&=-\gamma_1\xi_2^\mathrm{R}p_1-\gamma_1\xi_2^\mathrm{I}q_1-\left(0.5c_\mathrm{d}+\alpha\xi_1\right)p_2+S_2q_2\\
\dot{q}_2&=-\gamma_1\xi_2^\mathrm{I}p_1+\gamma_1\xi_2^\mathrm{R}q_1-S_2p_2-\left(0.5c_\mathrm{d}+\alpha\xi_1\right)q_2
\end{aligned} \tag{2.60}$$

方程组（2.60）的系数矩阵特征方程的特征值可以判定其零解的稳定性，若特征值全部具有负实部说明系统稳定。

方程组（2.60）右端的系数矩阵的特征方程为

$$\begin{bmatrix}
-\left(\frac{c_\mathrm{d}}{2}+\alpha\zeta_1\right)-\lambda & S_1 & -\gamma_1\zeta_2^\mathrm{R} & -\gamma_1\zeta_2^\mathrm{I}\\
-S_1 & -\left(\frac{c_\mathrm{d}}{2}+\alpha\zeta_1\right)-\lambda & -\gamma_1\zeta_2^\mathrm{I} & \gamma_1\zeta_2^\mathrm{R}\\
-\gamma_1\xi_2^\mathrm{R} & -\gamma_1\xi_2^\mathrm{I} & -\left(\frac{c_\mathrm{d}}{2}+\alpha\xi_1\right)-\lambda & S_2\\
-\gamma_1\xi_2^\mathrm{I} & \gamma_1\xi_2^\mathrm{R} & -S_2 & -\left(\frac{c_\mathrm{d}}{2}+\alpha\xi_1\right)-\lambda
\end{bmatrix}=0 \tag{2.61}$$

计算其特征方程的行列式，得到

$$\lambda^4+b_1\lambda^3+b_2\lambda^2+b_3\lambda+b_4=0 \tag{2.62}$$

其中

$$\begin{aligned}
b_1&=2\alpha\left(\zeta_1+\xi_1\right)+2c_{\rm d},\\
b_2&=S_1^2+S_2^2-2\gamma_1^2\operatorname{Re}\left(\zeta_2\bar{\xi}_2\right)\\
&\quad+\left[0.25\left(c_{\rm d}+2\alpha\zeta_1\right)^2+\left(c_{\rm d}+2\alpha\zeta_1\right)\left(c_{\rm d}+2\alpha\xi_1\right)+0.25\left(c_{\rm d}+2\alpha\xi_1\right)^2\right],\\
b_3&=\left[\left(c_{\rm d}+2\alpha\xi_1\right)S_1^2+\left(c_{\rm d}+2\alpha\zeta_1\right)S_2^2\right]\\
&\quad+0.25\left(c_{\rm d}+2\alpha\zeta_1\right)\left(c_{\rm d}+2\alpha\xi_1\right)\cdot\left[2\alpha\left(\zeta_1+\xi_1\right)+2c_{\rm d}\right]\\
&\quad-\gamma_1^2\left[2\alpha\left(\zeta_1+\xi_1\right)+2c_{\rm d}\right]\operatorname{Re}\left(\zeta_2\bar{\xi}_2\right)-2\left(S_1-S_2\right)\gamma_1^2\operatorname{Im}\left(\zeta_2\bar{\xi}_2\right),\\
b_4&=\left[S_1^2+0.25\left(c_{\rm d}+2\alpha\zeta_1\right)^2\right]\cdot\left[S_2^2+0.25\left(c_{\rm d}+2\alpha\xi_1\right)^2\right]\\
&\quad+\left(c_{\rm d}+2\alpha\xi_1\right)S_1\gamma_1^2\operatorname{Im}\left(\zeta_2\bar{\xi}_2\right)+\left(c_{\rm d}+2\alpha\zeta_1\right)S_2\gamma_1^2\operatorname{Im}\left(\zeta_2\bar{\xi}_2\right)+\left|\zeta_2\right|^2\left|\xi_2\right|^2\gamma_1^4\\
&\quad-0.5\left(c_{\rm d}+2\alpha\zeta_1\right)\left(c_{\rm d}+2\alpha\xi_1\right)\gamma_1^2\operatorname{Re}\left(\zeta_2\bar{\xi}_2\right)+2S_1S_2\gamma_1^2\operatorname{Re}\left(\zeta_2\xi_2\right).
\end{aligned} \tag{2.63}$$

根据 Routh-Hurwitz 判据，代数方程（2.62）有稳定零解的充分必要条件为

$$\Delta_1=b_1>0;\ \Delta_2=\begin{vmatrix}b_1 & 1\\ b_3 & b_2\end{vmatrix}>0,\ \Delta_3=\begin{vmatrix}b_1 & 1 & 0\\ b_3 & b_2 & b_1\\ 0 & b_4 & b_3\end{vmatrix}>0,\ \Delta_4=b_4>0 \tag{2.64}$$

故式（2.54）和（2.55）有稳定零解的条件为 $|\gamma_1|<\gamma_{\min}$。

为了研究 1∶3 拟内共振对梁动态稳定性的影响，给定 $k_{\rm f}$=0.2、$k_{\rm s}$=0.72、κ=0.5，取平均速度 γ_0=0.86，则前两阶固有频率分别为 ω_1=2.9171154 和 ω_2=9.4122481，相应的调谐参数为 σ_1=0.6609018。由于稳定性边界条件关于 σ_2 轴对称的，因此以下曲线只给出正值部分。

当 κ=0.5、$k_{\rm f}$=0.2、$k_{\rm s}$=0.72、$c_{\rm d}$=0.001 和 γ_0=0.86 时，图 2.3 给出了不同黏弹性系数对前两阶模态和式组合参数共振失稳区域的影响。其中实线表示 α=0；虚线表示 α=0.00001；点划线表示 α=0.0001。曲线下侧是稳定区域，上侧是不稳定区域。从图 2.3 可以看出，当调谐参数 $|\sigma_2|$ 较大时，稳定范围随黏弹性系数的增大而减小；而给定 γ_1 时，失稳区域随黏弹性系数的增大而增大。当调谐参数 $|\sigma_2|$ 较小时，稳定范围随黏弹性系数的增大而减小。

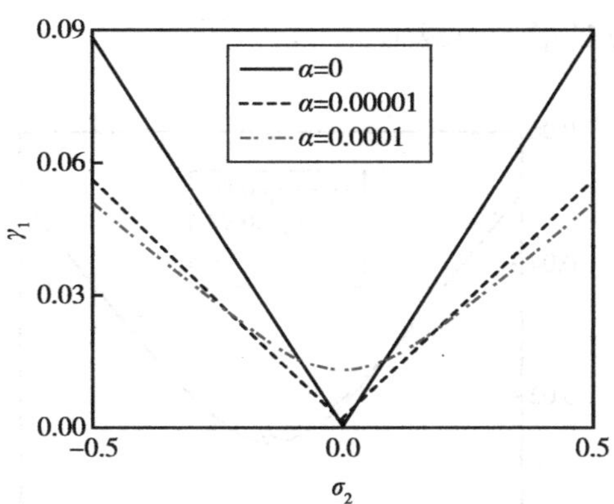

图 2.3　黏弹性系数对组合参数共振失稳区域的影响

当 κ=0.5、k_f=0.2、k_s=0.72、α=0.0001 和 γ_0=0.86 时，图 2.4 给出了不同黏性阻尼系数对前两阶模态和式组合参数共振失稳区域的影响。其中，实线表示 c_d=0.001；虚线表示 c_d=0.1；点划线表示 c_d=0.5。可以清楚地看到，黏性阻尼系数的作用与黏弹性系数相同，当给定 σ_2 时，稳定范围随黏性阻尼系数的增大而增大；而给定 γ_1 时，失稳区域随黏性阻尼系数的增大而减小。

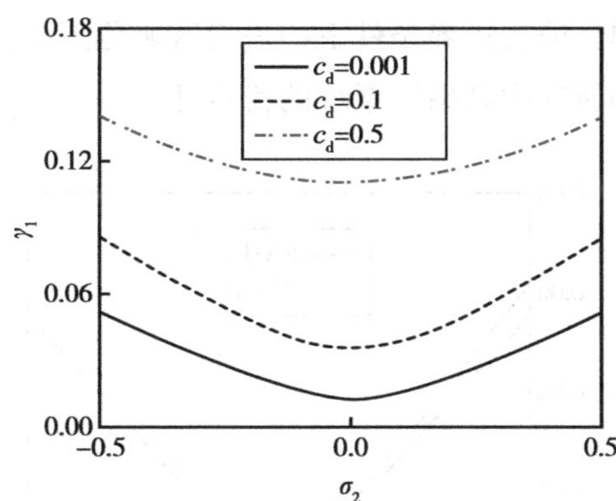

图 2.4　黏性阻尼系数对组合参数共振失稳区域的影响

当 κ=0.5、k_f=0.2、k_s=0.72、α=0.0001 和 c_d=0.001 时，图 2.5 给出了不同轴向运动平均速度对前两阶模态和式组合参数共振失稳区域的影响。其中实线表示 γ_0=0.86；虚线表示 γ_0=0.98；点划线表示 γ_0=1.28。观察图 2.5 发现，当给定 σ_2 时，稳定范围随轴向运动平均速度的增大而增大；而给定 γ_1 时，失稳区域随轴向运动平均速度的增大而减小。

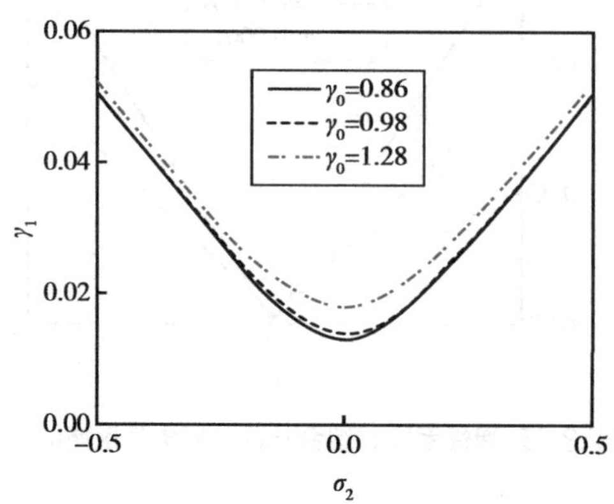

图 2.5　轴向运动平均速度对组合参数共振失稳区域的影响

当 κ=0.5、k_f=0.2、k_s=0.72、α=0.0001、c_d=0.001 和 γ_0=0.86 时，图 2.6 给出了不同边界条件对前两阶模态和式组合参数共振失稳区域的影响。其中实线表示黏弹性效应简支边界条件（RNHBC）下的失稳边界曲线，虚线表示弹性简支边界条件（RHBC）下的失稳边界曲线。可以看出，黏弹性效应简支边界条件下的失稳区域比弹性简支边界条件下的失稳区域范围大，这说明在以往基于弹性简支边界条件的研究中高估了系统的稳定性。

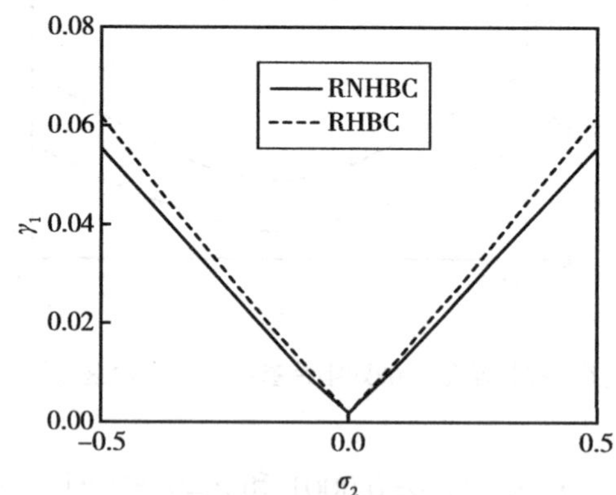

图 2.6　边界条件对组合参数共振失稳区域的影响

三、第一阶次谐波参数共振

引入调谐参数 σ_1，描述第二阶固有频率 ω_2 与 $3\omega_1$ 之间的接近程度；引入调谐参数 σ_2，描述脉动频率 ω 与 $2\omega_1$ 之间的接近程度

$$\omega_2 = 3\omega_1 + \varepsilon\sigma_1,\quad \omega = 2\omega_1 + \varepsilon\sigma_2. \tag{2.65}$$

方程（2.31）的解可表示为

$$\begin{aligned} v_0(x,T_0,T_1) &= \varphi_1(x)A_1(T_1)\mathrm{e}^{\mathrm{i}\omega_1 T_0} + \varphi_2(x)A_2(T_1)\mathrm{e}^{\mathrm{i}\omega_2 T_0} + cc \\ v_1(x,T_0,T_1) &= \psi_1(x,T_1)\mathrm{e}^{\mathrm{i}\omega_1 T_0} + \psi_2(x,T_1)\mathrm{e}^{\mathrm{i}\omega_2 T_0} + N(x,T_0,T_1) + cc \end{aligned} \tag{2.66}$$

将式（2.65）和（2.66）代入到（2.31）中，然后再根据弹性简支边界条件（2.30）、黏弹性效应简支边界条件（2.32）和可解性条件得到

$$\begin{aligned} \alpha A_1\gamma_0\varphi_{1,xxx}\bar{\varphi}_{1,x}\Big|_0^1 = \Big\langle -\Big[& 2\zeta_0\dot{A}_1 + (c_d\zeta_0 + \alpha\zeta_1)A_1 \\ & + \gamma_1\zeta_2 A_2\,\mathrm{e}^{\mathrm{i}(\sigma_1-\sigma_2)T_1} + \gamma_1\zeta_3\bar{A}_1\,\mathrm{e}^{\mathrm{i}\sigma_2 T_1}\Big], \varphi_1\Big\rangle \end{aligned} \tag{2.67}$$

$$\alpha A_2\gamma_0\varphi_{2,xxx}\bar{\varphi}_{2,x}\Big|_0^1 = \Big\langle -\Big[2\xi_0\dot{A}_2 + (c_d\xi_0 + \alpha\xi_1)A_2 + \gamma_1\xi_2 A_1\,\mathrm{e}^{\mathrm{i}(\sigma_2-\sigma_1)T_1}\Big], \varphi_2\Big\rangle \tag{2.68}$$

其中

$$\zeta_1 \leftrightarrow \frac{\int_0^1 \zeta_1\bar{\varphi}_1\,\mathrm{d}x + \gamma_0\varphi_{1,xxx}\bar{\varphi}_{1,x}\Big|_0^1}{\int_0^1 2\zeta_0\bar{\varphi}_1\,\mathrm{d}x},\quad \zeta_2 \leftrightarrow \frac{\int_0^1 \zeta_2\bar{\varphi}_1\,\mathrm{d}x}{\int_0^1 2\zeta_0\bar{\varphi}_1\,\mathrm{d}x},\quad \zeta_3 \leftrightarrow \frac{\int_0^1 \zeta_3\bar{\varphi}_1\,\mathrm{d}x}{\int_0^1 2\zeta_0\bar{\varphi}_1\,\mathrm{d}x}. \tag{2.69}$$

$$\xi_1 \leftrightarrow \frac{\int_0^1 \xi_1\bar{\varphi}_2\,\mathrm{d}x + \gamma_0\varphi_{2,xxx}\bar{\varphi}_{2,x}\Big|_0^1}{\int_0^1 2\xi_0\bar{\varphi}_2\,\mathrm{d}x},\quad \xi_2 \leftrightarrow \frac{\int_0^1 \xi_2\bar{\varphi}_2\,\mathrm{d}x}{\int_0^1 2\xi_0\bar{\varphi}_2\,\mathrm{d}x}. \tag{2.70}$$

根据内积的性质，整理式（2.67）和（2.68）得到

$$\dot{A}_1 + (0.5c_d + \alpha\zeta_1)A_1 + \gamma_1\zeta_2 A_2\,\mathrm{e}^{\mathrm{i}(\sigma_1-\sigma_2)T_1} + \gamma_1\zeta_3\bar{A}_1\,\mathrm{e}^{\mathrm{i}\sigma_2 T_1} = 0 \tag{2.71}$$

$$\dot{A}_2 + (0.5c_d + \alpha\xi_1)A_2 + \gamma_1\xi_2 A_1\,\mathrm{e}^{\mathrm{i}(\sigma_2-\sigma_1)T_1} = 0 \tag{2.72}$$

其中

$$\zeta_1 \leftrightarrow \frac{\int_0^1 \zeta_1\bar{\varphi}_1\,\mathrm{d}x + \gamma_0\varphi_{1,xxx}\bar{\varphi}_{1,x}\Big|_0^1}{\int_0^1 2\zeta_0\bar{\varphi}_1\,\mathrm{d}x},\quad \zeta_2 \leftrightarrow \frac{\int_0^1 \zeta_2\bar{\varphi}_1\,\mathrm{d}x}{\int_0^1 2\zeta_0\bar{\varphi}_1\,\mathrm{d}x},\quad \zeta_3 \leftrightarrow \frac{\int_0^1 \zeta_3\bar{\varphi}_1\,\mathrm{d}x}{\int_0^1 2\zeta_0\bar{\varphi}_1\,\mathrm{d}x}. \tag{2.73}$$

$$\xi_1 \leftrightarrow \frac{\int_0^1 \xi_1 \bar{\varphi}_2 \,\mathrm{d}x + \gamma_0 \varphi_{2,xxx} \bar{\varphi}_{2,x}\big|_0^1}{\int_0^1 2\xi_0 \bar{\varphi}_2 \,\mathrm{d}x},\ \xi_2 \leftrightarrow \frac{\int_0^1 \xi_2 \bar{\varphi}_2 \,\mathrm{d}x}{\int_0^1 2\xi_0 \bar{\varphi}_2 \,\mathrm{d}x}. \tag{2.74}$$

给定具体的参数值，数值验证均表明ζ_1和ξ_1是正实数；ζ_2、ζ_3和ξ_2是复数。引入直角坐标变换

$$A_1(T_1)=\left[p_1(T_1)+\mathrm{i}\,q_1(T_1)\right]\mathrm{e}^{\mathrm{i}S_1T_1},\ A_2(T_1)=\left[p_2(T_1)+\mathrm{i}\,q_2(T_1)\right]\mathrm{e}^{\mathrm{i}S_2T_1}. \tag{2.75}$$

其中

$$S_1=\frac{1}{2}\sigma_2,\ S_2=\frac{1}{2}\sigma_2-\sigma_1. \tag{2.76}$$

将式（2.75）代入到（2.71）和（2.72）中，然后分离实部和虚部，得到

$$\begin{aligned}
\dot{p}_1 &= -\left(0.5c_\mathrm{d}+\alpha\zeta_1+\gamma_1\zeta_3^\mathrm{R}\right)p_1+\left(S_1-\gamma_1\zeta_3^\mathrm{I}\right)q_1-\gamma_1\zeta_2^\mathrm{R}p_2+\gamma_1\zeta_2^\mathrm{I}q_2\\
\dot{q}_1 &= -\left(S_1+\gamma_1\zeta_3^\mathrm{I}\right)p_1-\left(0.5c_\mathrm{d}+\alpha\zeta_1-\gamma_1\zeta_3^\mathrm{R}\right)q_1-\gamma_1\zeta_2^\mathrm{I}p_2-\gamma_1\zeta_2^\mathrm{R}q_2\\
\dot{p}_2 &= -\gamma_1\xi_2^\mathrm{R}p_1+\gamma_1\xi_2^\mathrm{I}q_1-\left(0.5c_\mathrm{d}+\alpha\xi_1\right)p_2+S_2q_2\\
\dot{q}_2 &= -\gamma_1\xi_2^\mathrm{I}p_1-\gamma_1\xi_2^\mathrm{R}q_1-S_2p_2-\left(0.5c_\mathrm{d}+\alpha\xi_1\right)q_2
\end{aligned} \tag{2.77}$$

方程组（2.77）右端函数的 Jacobin 矩阵为

$$\mathbf{J}=\begin{bmatrix}
-\left(\frac{c_\mathrm{d}}{2}+\alpha\zeta_1+\gamma_1\zeta_3^\mathrm{R}\right) & \left(S_1-\gamma_1\zeta_3^\mathrm{I}\right) & -\gamma_1\zeta_2^\mathrm{R} & -\gamma_1\zeta_2^\mathrm{I}\\
-\left(S_1+\gamma_1\zeta_3^\mathrm{I}\right) & -\left(\frac{c_\mathrm{d}}{2}+\alpha\zeta_1-\gamma_1\zeta_3^\mathrm{R}\right) & -\gamma_1\zeta_2^\mathrm{I} & \gamma_1\zeta_2^\mathrm{R}\\
-\gamma_1\xi_2^\mathrm{R} & -\gamma_1\xi_2^\mathrm{I} & -\left(\frac{c_\mathrm{d}}{2}+\alpha\xi_1\right) & S_2\\
-\gamma_1\xi_2^\mathrm{I} & \gamma_1\xi_2^\mathrm{R} & -S_2 & -\left(\frac{c_\mathrm{d}}{2}+\alpha\xi_1\right)
\end{bmatrix} \tag{2.78}$$

计算其特征方程的行列式，得到

$$\lambda^4+b_1\lambda^3+b_2\lambda^2+b_3\lambda+b_4=0 \tag{2.79}$$

其中

$$\begin{aligned}
b_1 &= 2\left[c_\mathrm{d}+\alpha\left(\zeta_1+\xi_1\right)\right],\\
b_2 &= S_1^2+S_2^2-\gamma_1^2\left|\zeta_3\right|^2+\left[c_\mathrm{d}+\alpha\left(\zeta_1+\xi_1\right)\right]^2\\
&\quad +2\left(0.5c_\mathrm{d}+\alpha\zeta_1\right)\left(0.5c_\mathrm{d}+\alpha\xi_1\right)-2\gamma_1^2\,\mathrm{Re}\left(\zeta_2\xi_2\right),\\
b_3 &= 2\Big\{S_1^2\xi_1+S_2^2\zeta_1-\gamma_1^2\left(S_1+S_2\right)\mathrm{Im}\left(\zeta_2\xi_2\right)-\gamma_1^2\left|\zeta_3\right|^2\left(0.5c_\mathrm{d}+\alpha\xi_1\right)\\
&\quad +\left[c_\mathrm{d}+\alpha\left(\zeta_1+\xi_1\right)\right]\left[\left(0.5c_\mathrm{d}+\alpha\zeta_1\right)\left(0.5c_\mathrm{d}+\alpha\xi_1\right)-\gamma_1^2\,\mathrm{Re}\left(\zeta_2\xi_2\right)\right],
\end{aligned}$$

$$\begin{aligned} b_4 &= \left(S_1 S_2 - \gamma_1^2 \zeta_2^{\mathrm{I}} \xi_2^{\mathrm{I}}\right)^2 + \left[S_2\left(0.5c_{\mathrm{d}} + \alpha\zeta_1\right) - \gamma_1^2 \zeta_2^{\mathrm{R}} \xi_2^{\mathrm{I}}\right]^2 \\ &\quad - \gamma_1^2 \left|\zeta_3\right|^2 \left[S_2^2 + \left(0.5c_{\mathrm{d}} + \alpha\xi_1\right)^2\right] + \left[S_1\left(0.5c_{\mathrm{d}} + \alpha\xi_1\right) - \gamma_1^2 \zeta_2^{\mathrm{I}} \xi_2^{\mathrm{R}}\right]^2 \\ &\quad + \left[\left(0.5c_{\mathrm{d}} + \alpha\zeta_1\right)\left(0.5c_{\mathrm{d}} + \alpha\xi_1\right) - \gamma_1^2 \zeta_2^{\mathrm{R}} \xi_2^{\mathrm{R}}\right]^2 \\ &\quad + 2\gamma_1^2 \left[\left(0.5c_{\mathrm{d}} + \alpha\zeta_1\right)\zeta_2^{\mathrm{I}} - S_1 \zeta_2^{\mathrm{R}}\right]\left[\left(0.5c_{\mathrm{d}} + \alpha\xi_1\right)\xi_2^{\mathrm{I}} - S_2 \xi_2^{\mathrm{R}}\right]. \end{aligned} \tag{2.80}$$

根据 Routh–Hurwitz 判据，代数方程（2.79）有稳定零解的充分必要条件为

$$\Delta_1 = b_1 > 0;\ \Delta_2 = \begin{vmatrix} b_1 & 1 \\ b_3 & b_2 \end{vmatrix} > 0,\ \Delta_3 = \begin{vmatrix} b_1 & 1 & 0 \\ b_3 & b_2 & b_1 \\ 0 & b_4 & b_3 \end{vmatrix} > 0,\ \Delta_4 = b_4 > 0 \tag{2.81}$$

则式（2.71）和（2.72）有稳定零解的条件为 $|\gamma_1|<\gamma_{\min}$。

当 κ=0.5、k_f=0.2、k_s=0.72、c_d=0.001 和 γ_0=0.86 时，图 2.7 给出了不同黏弹性系数对第一阶次谐波参数共振失稳区域的影响。其中实线表示 α=0；虚线表示 α=0.000001；点划线表示 α=0.00001；点线表示 α=0.0001。从图 2.7 可以清楚地看到，当黏弹性系数较小时，失稳边界曲线出现奇异现象，曲线左侧向下弯曲，而曲线右侧出现“之”字形凹陷不稳定区域，但随着黏弹性系数的增大，凹陷区域范围逐渐减小，最终消失。从整体上看，失稳区域随着黏弹性系数的增大而减小。

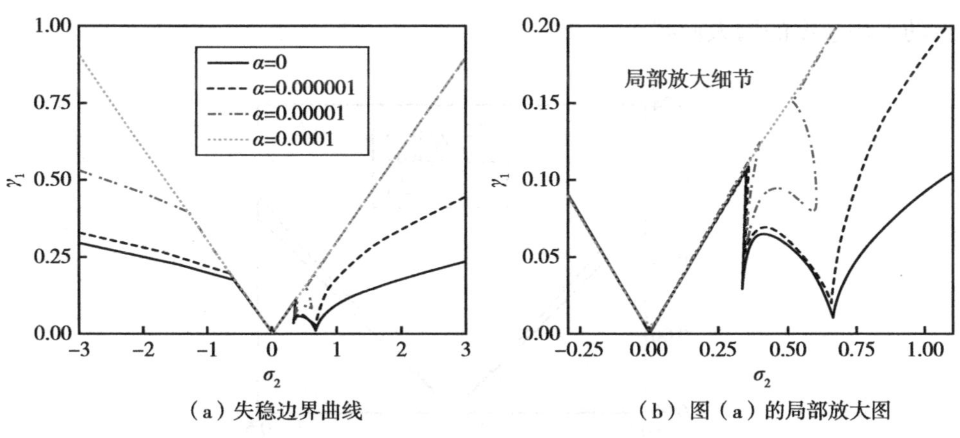

（a）失稳边界曲线　　（b）图（a）的局部放大图

图 2.7　黏弹性系数对次谐波参数共振失稳区域的影响

当 κ=0.5、k_f=0.2、k_s=0.72、α=0.0001 和 γ_0=0.86 时，图 2.8 给出了不同黏性阻尼系数对第一阶次谐波参数共振失稳区域的影响。其中实线表示 c_d=0.001；虚线表示 c_d=0.1；点划线表示 c_d=0.5。观察图 2.8 可以看出，当给定 σ_2 时，稳

定范围随黏性阻尼系数的增大而增大；而给定 γ_1 时，失稳区域随黏性阻尼系数的增大而减小。比较组合和第一阶次谐波参数共振的失稳曲线可以看出，黏性阻尼系数对失稳区域的影响趋势相同。

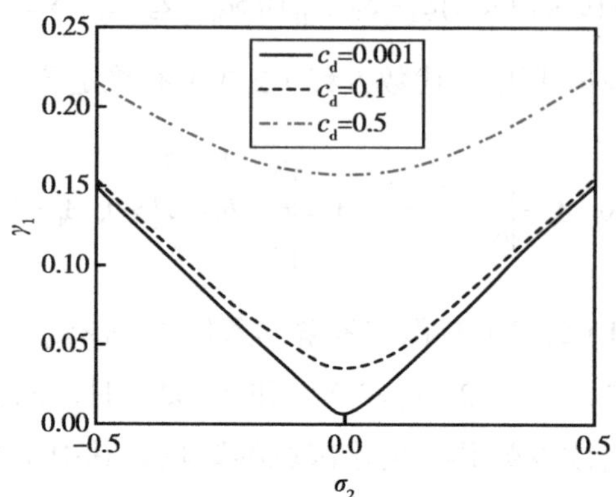

图 2.8　黏性阻尼系数对组合参数共振失稳区域的影响

当 κ=0.5、k_f=0.2、k_s=0.72、α=0.0001 和 c_d=0.001 时，图 2.9 给出了不同轴向运动平均速度对第一阶次谐波参数共振失稳区域的影响。其中实线表示 γ_0=0.86；虚线表示 γ_0=0.98；点划线表示 γ_0=1.28。由图 2.9 可见，当给定 σ_2 时，稳定范围随轴向运动平均速度的增大而增大；而给定 γ_1 时，失稳区域随轴向运动平均速度的增大而减小。

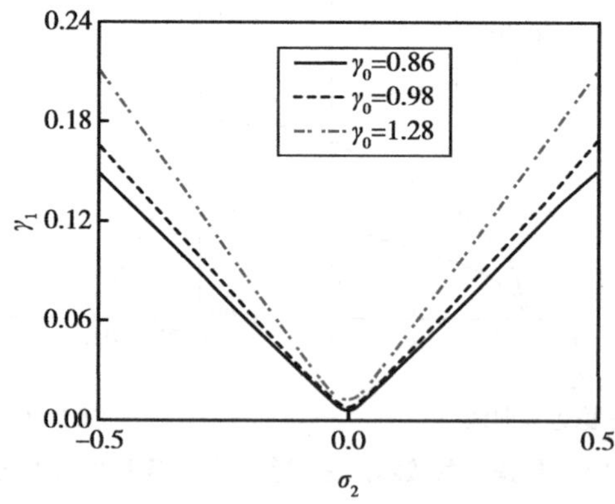

图 2.9　轴向运动平均速度对次谐波参数共振失稳区域的影响

当 κ=0.5、k_f=0.2、k_s=0.72、α=0.0001、c_d=0.001 和 γ_0=0.86 时，图 2.10 给出了不同边界条件对第一阶次谐波参数共振失稳区域的影响。其中实线表示黏

弹性效应简支边界条件（RNHBC）下的失稳边界曲线，虚线表示弹性简支边界条件（RHBC）下的失稳边界曲线。比较发现，不同边界条件对第一阶次谐波参数共振失稳边界曲线的影响非常小，仅在右侧凹陷区域有微小差异。

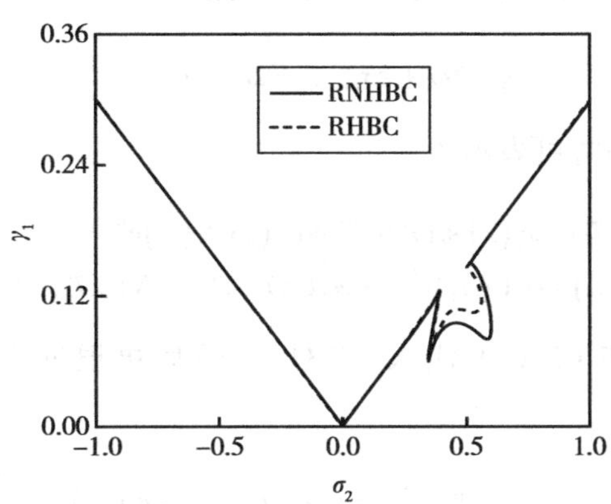

图 2.10 边界条件对次谐波参数共振失稳区域的影响

当 κ=0.5、k_f=0.2、k_s=0.72、c_d=0.001 和 γ_0=0.86 时，图 2.11 给出了拟内共振对第一阶次谐波参数共振失稳区域的影响。在图 2.11（a）中，黏弹性系数 $\alpha=10^{-6}$；图 2.11（b）中，黏弹性系数 $\alpha=10^{-5}$。其中实线表示有拟内共振时的失稳边界曲线，虚线表示无拟内共振时的失稳边界曲线。比较有无拟内共振时的失稳边界曲线，可以发现，1∶3 拟内共振的引入使得失稳边界曲线出现了奇异现象。

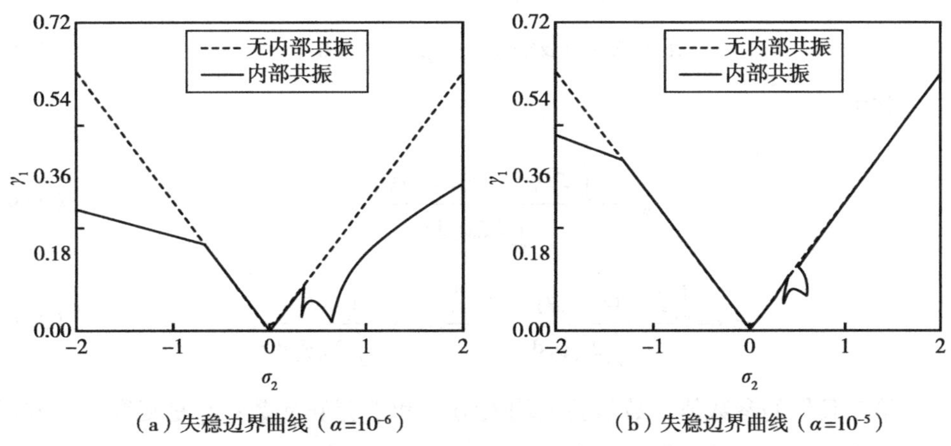

（a）失稳边界曲线（$\alpha=10^{-6}$）　（b）失稳边界曲线（$\alpha=10^{-5}$）

图 2.11 拟内共振对次谐波参数共振失稳区域的影响

四、第二阶次谐波参数共振

引入调谐参数 σ_1，描述第二阶固有频率 ω_2 与 $3\omega_1$ 之间的接近程度；引入调谐参数 σ_2，描述脉动频率 ω 与 $2\omega_2$ 之间的接近程度

$$\omega_2 = 3\omega_1 + \varepsilon\sigma_1,\ \ \omega = 2\omega_2 + \varepsilon\sigma_2. \tag{2.82}$$

方程（2.31）的解可表示为

$$\begin{aligned} v_0\left(x,T_0,T_1\right) &= \varphi_1\left(x\right)A_1\left(T_1\right)\mathrm{e}^{\mathrm{i}\omega_1 T_0} + \varphi_2\left(x\right)A_2\left(T_1\right)\mathrm{e}^{\mathrm{i}\omega_2 T_0} + cc \\ v_1\left(x,T_0,T_1\right) &= \psi_1\left(x,T_1\right)\mathrm{e}^{\mathrm{i}\omega_1 T_0} + \psi_2\left(x,T_1\right)\mathrm{e}^{\mathrm{i}\omega_2 T_0} + N\left(x,T_0,T_1\right) + cc \end{aligned} \tag{2.83}$$

将式（2.82）和（2.83）代入（2.31），然后再根据（2.30）、（2.32）和可解性条件得到

$$\alpha A_1\gamma_0\varphi_{1},_{xxx}\bar{\varphi}_{1},_{x}\Big|_0^1 = \left\langle -\left[2\zeta_0\dot{A}_1 + \left(c_{\mathrm{d}}\zeta_0 + \alpha\zeta_1\right)A_1\right],\varphi_1\right\rangle \tag{2.84}$$

$$\alpha A_2\gamma_0\varphi_{2},_{xxx}\bar{\varphi}_{2},_{x}\Big|_0^1 = \left\langle -\left[2\xi_0\dot{A}_2 + \left(c_{\mathrm{d}}\xi_0 + \alpha\xi_1\right)A_2 + \gamma_1\xi_2\bar{A}_2\,\mathrm{e}^{\mathrm{i}\sigma_2 T_1}\right],\varphi_2\right\rangle \tag{2.85}$$

其中

$$\begin{aligned} &\zeta_0 = \mathrm{i}\,\omega_1\varphi_1 + \gamma_0\varphi_1',\ \zeta_1 = \mathrm{i}\,\omega_1\varphi_1'''' + \gamma_0\varphi_1''''';\\ &\xi_0 = \mathrm{i}\,\omega_2\varphi_2 + \gamma_0\varphi_2',\ \xi_1 = \mathrm{i}\,\omega_2\varphi_2'''' + \gamma_0\varphi_2''''',\ \xi_2 = \left[\left(1-x\right)\omega_2 - \mathrm{i}\,\kappa\gamma_0\right]\bar{\varphi}_2'' - \omega_2\bar{\varphi}_2'. \end{aligned} \tag{2.86}$$

根据内积的性质，整理式（2.84）和（2.85）得到

$$\dot{A}_1 + \left(0.5c_{\mathrm{d}} + \alpha\zeta_1\right)A_1 = 0 \tag{2.87}$$

$$\dot{A}_2 + \left(0.5c_{\mathrm{d}} + \alpha\xi_1\right)A_2 + \gamma_1\xi_2\bar{A}_2\,\mathrm{e}^{\mathrm{i}\sigma_2 T_1} = 0 \tag{2.88}$$

其中

$$\zeta_1 \leftrightarrow \frac{\int_0^1 \zeta_1\bar{\varphi}_1\,\mathrm{d}\,x + \gamma_0\varphi_{1},_{xxx}\bar{\varphi}_{1},_{x}\Big|_0^1}{\int_0^1 2\zeta_0\bar{\varphi}_1\,\mathrm{d}\,x}. \tag{2.89}$$

$$\xi_1 \leftrightarrow \frac{\int_0^1 \xi_1\bar{\varphi}_2\,\mathrm{d}\,x + \gamma_0\varphi_{2},_{xxx}\bar{\varphi}_{2},_{x}\Big|_0^1}{\int_0^1 2\xi_0\bar{\varphi}_2\,\mathrm{d}\,x},\ \ \xi_2 \leftrightarrow \frac{\int_0^1 \xi_2\bar{\varphi}_2\,\mathrm{d}\,x}{\int_0^1 2\xi_0\bar{\varphi}_2\,\mathrm{d}\,x}. \tag{2.90}$$

给定具体的参数值，数值验证均表明 ζ_1 和 ξ_1 是正实数；ξ_2 是复数。从方程（2.87）和（2.88）可以看出，第一阶模态对第二阶次谐波参数共振没有影响。

引入直角坐标变换

$$A_2(T_1)=\left[p_2(T_1)+\mathrm{i}\,q_2(T_1)\right]\mathrm{e}^{\mathrm{i}S_2T_1}. \tag{2.91}$$

其中

$$S_2=\frac{1}{2}\sigma_2 \tag{2.92}$$

将式（2.91）代入到（2.88）中，然后分离实部和虚部，得到

$$\begin{aligned}\dot{p}_2&=-\left(0.5c_{\mathrm{d}}+\alpha\xi_1+\gamma_1\xi_2^{\mathrm{R}}\right)p_2+\left(S_2-\gamma_1\xi_2^{\mathrm{I}}\right)q_2\\ \dot{q}_2&=-\left(S_2+\gamma_1\xi_2^{\mathrm{I}}\right)p_2-\left(0.5c_{\mathrm{d}}+\alpha\xi_1-\gamma_1\xi_2^{\mathrm{R}}\right)q_2\end{aligned} \tag{2.93}$$

方程组（2.93）右端的系数矩阵的特征方程为

$$\begin{bmatrix}-\left(0.5c_{\mathrm{d}}+\alpha\xi_1+\gamma_1\xi_2^{\mathrm{R}}\right)-\lambda & S_2-\gamma_1\xi_2^{\mathrm{I}}\\ -S_2-\gamma_1\xi_2^{\mathrm{I}} & -\left(0.5c_{\mathrm{d}}+\alpha\xi_1-\gamma_1\xi_2^{\mathrm{R}}\right)-\lambda\end{bmatrix}=0 \tag{2.94}$$

其特征方程的行列式为

$$\lambda^2+\left(c_{\mathrm{d}}+2\alpha\xi_1\right)\lambda+\left[S_2^2+\left(0.5c_{\mathrm{d}}+\xi_1\right)^2-\gamma_1^2\left|\xi_2\right|^2\right]=0 \tag{2.95}$$

根据 Routh–Hurwitz 判据，式（2.95）有稳定零解的充分必要条件为

$$|\gamma_1|<\sqrt{\frac{\left(0.5c_{\mathrm{d}}+\alpha\xi_1\right)^2+S_2^2}{\left|\xi_2\right|^2}}=\frac{\sqrt{\left(c_{\mathrm{d}}+2\alpha\xi_1\right)^2+\sigma_2^2}}{2\left|\xi_2\right|} \tag{2.96}$$

当 κ=0.5、k_{f}=0.2、k_{s}=0.72、c_{d}=0.001 和 γ_0=0.86 时，图 2.12 给出了不同黏弹性系数对第二阶次谐波参数共振失稳区域的影响。其中，实线表示 α=0；虚线表示 α=0.00001；点划线表示 α=0.0001。从图 2.12 可以看出，当给定 γ_1 时，失稳区域随黏弹性系数的增大而减小；而给定 σ_2 时，稳定范围随黏弹性系数的增大而增大。在组合参数共振和第一和第二阶次谐波参数共振中，黏弹性系数对失稳区域有着相同的影响趋势。

当 κ=0.5、k_{f}=0.2、k_{s}=0.72、α=0.0001 和 γ_0=0.86 时，图 2.13 给出了不同黏性阻尼系数对第二阶次谐波参数共振失稳区域的影响。其中，实线表示 c_{d}=0.001；虚线表示 c_{d}=0.1；点划线表示 c_{d}=0.5。可以清楚地看到，当给定 γ_1 时，失稳区域随黏性阻尼系数的增大而减小；而给定 σ_2 时，稳定范围随黏性

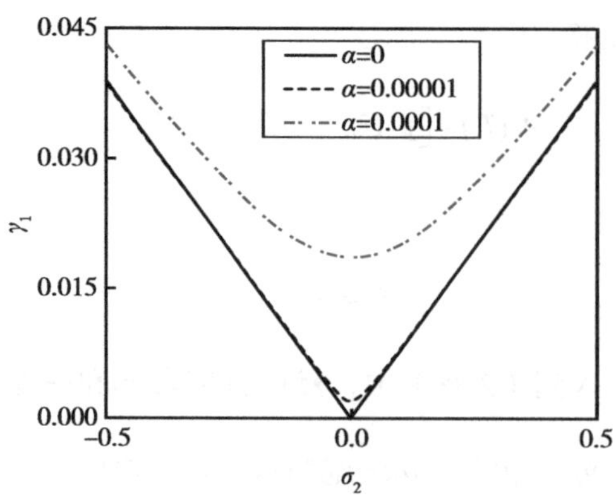

图 2.12 黏弹性系数对次谐波参数共振失稳区域的影响

阻尼系数的增大而增大。比较组合参数共振、第一和第二阶次谐波参数共振的失稳曲线，可以看出，黏性阻尼系数对失稳区域的影响趋势相同。

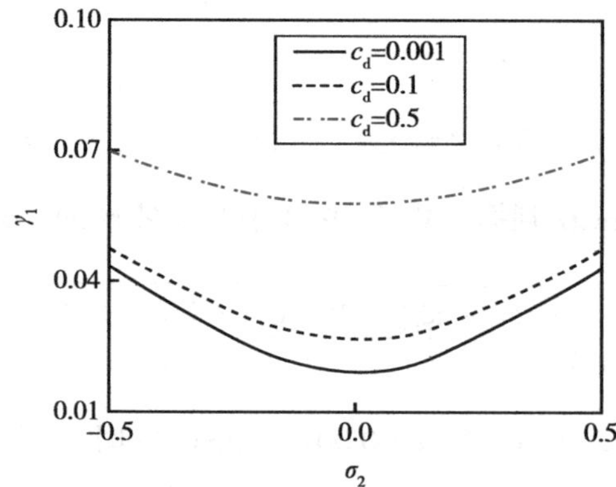

图 2.13 不同黏性阻尼系数对次谐波参数共振失稳区域的影响

当 κ=0.5、k_f=0.2、k_s=0.72、α=0.0001 和 c_d=0.001 时，图 2.14 给出了不同轴向运动平均速度对第二阶次谐波参数共振失稳区域的影响。其中实线表示 γ_0=0.86；虚线表示 γ_0=0.98；点划线表示 γ_0=1.28。观察图 2.14 发现，当给定 γ_1 时，失稳区域随轴向运动平均速度的增大而减小；而给定 σ_2 时，稳定范围随轴向运动平均速度的增大而增大。比较组合参数共振、第一和第二阶次谐波参数共振的失稳曲线，可以看出，轴向运动平均速度对第二阶次谐波参数共振的失稳曲线的影响更为显著。

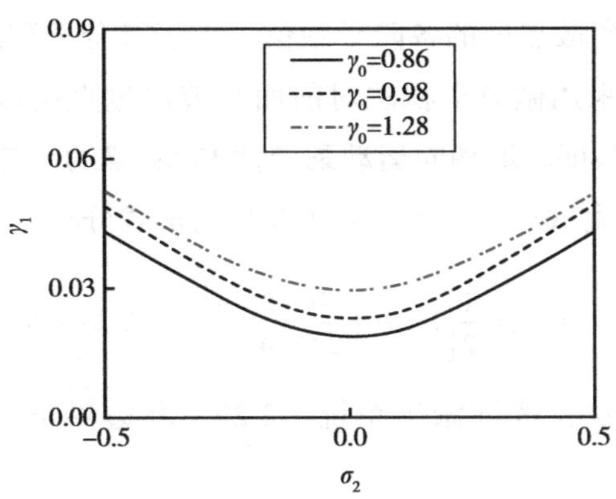

图 2.14　轴向运动平均速度对次谐波参数共振失稳区域的影响

当 κ=0.5、k_f=0.2、k_s=0.72、α=0.0001、c_d=0.001 和 γ_0=0.86 时，图 2.15 给出了不同边界条件对第二阶次谐波参数共振失稳区域的影响。其中，实线表示黏弹性效应简支边界条件（RNHBC）下的失稳边界曲线，虚线表示弹性简支边界条件（RHBC）下的失稳边界曲线。从图 2.15 可以看出，与组合以及第一阶次谐波参数共振时的失稳边界曲线不同，黏弹性效应简支边界条件对第二阶次谐波参数共振失稳边界曲线的影响非常小。

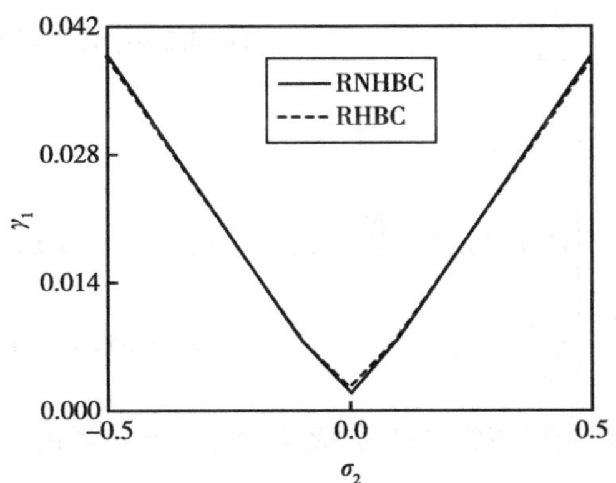

图 2.15　边界条件对次谐波参数共振失稳区域的影响

五、数值验证

微分求积法，其本质是近似的用全域上所有离散点的函数值的加权求和来表示函数在给定离散点处的各阶导数值。由于微分求积法具有较高的精度，因此，本节我们将采用微分求积法对前面几节通过直接多尺度法得到的近似解析结果进行数值验证。取轴向运动黏弹性 Euler 梁的计算区域为 $0 \leqslant x \leqslant 1$，并令 $\varepsilon=1$。x 方向的离散点数为 N，采用非均匀形式分布

$$x_1 = 0, x_N = 1, x_i = \frac{1}{2}\left[1-\cos\left(\frac{2i-3}{2N-4}\pi\right)\right] \left(i = 2,3,\cdots,N-1\right) \tag{2.97}$$

根据微分求积法，线性派生系统（2.29）和边界条件（2.30）可近似离散为

$$\begin{aligned}&\ddot{v}_{0i} + 2\gamma_0\sum_{k=1}^{N} A_{ik}^{(1)}\dot{v}_{0k} + \sum_{k=1}^{N}\left[\left(\kappa\gamma_0^2-1\right)A_{ik}^{(2)} + k_{\mathrm{f}}^2 A_{ik}^{(4)}\right]v_{0k} + k_{\mathrm{s}}v_{0i} = 0\\&\left(i = 2,3,\cdots,N-1\right)\\&v_{0i} = 0,\ \sum_{k=1}^{N} A_{ik}^{(2)}v_{0k} = 0 \qquad \left(i = 1,N\right)\end{aligned} \tag{2.98}$$

其中权系数为

$$A_{ik}^{(1)} = \begin{cases}\dfrac{\prod\limits_{\mu=1,\mu\neq i}^{N}\left(x_i - x_\mu\right)}{\left(x_i - x_k\right)\prod\limits_{\mu=1,\mu\neq k}^{N}\left(x_k - x_\mu\right)} & \left(i,k = 1,2,\cdots,N,\ i\neq k\right)\\ \sum\limits_{\mu=1,\mu\neq i}^{N}\dfrac{1}{x_i - x_\mu} & \left(i = 1,2,\cdots,N,\ i = k\right)\end{cases} \tag{2.99}$$

当 r=2，3，…，N–1 时，有

$$A_{ik}^{(r)} = \begin{cases} r\left(A_{ii}^{(r-1)}A_{ik}^{(1)} - \dfrac{A_{ik}^{(r-1)}}{x_i - x_k}\right) & \left(i,k = 1,2,\cdots,N,\ i\neq k\right)\\ -\sum\limits_{\mu=1,\mu\neq i}^{N} A_{i\mu}^{(r)} & \left(i = 1,2,\cdots,N,\ i = k\right)\end{cases} \tag{2.100}$$

采用修正权系数法对线性派生系统（2.98）进行修正，得到

$$\begin{aligned}&\ddot{v}_{0i} + 2\gamma_0\sum_{k=2}^{N-1} A_{ik}^{(1)}\dot{v}_{0k} + \sum_{k=2}^{N-1}\left[\left(\kappa\gamma_0^2-1\right)\tilde{A}_{ik}^{(2)} + k_{\mathrm{f}}^2\tilde{A}_{ik}^{(4)}\right]v_{0k} + k_{\mathrm{s}}v_{0i} = 0\\&\left(i = 2,3,\cdots,N-1\right)\end{aligned} \tag{2.101}$$

将式（2.33）代入到（2.101）中，得到

$$\lambda^2\varphi_i + 2\lambda\gamma_0\sum_{k=2}^{N-1}A_{ik}^{(1)}\varphi_k + \left(\kappa\gamma_0^2 - 1\right)\sum_{k=2}^{N-1}\tilde{A}_{ik}^{(2)}\varphi_k + k_f^2\sum_{k=2}^{N-1}\tilde{A}_{ik}^{(4)}\varphi_k + k_s\varphi_i = 0 \quad (2.102)$$
$$\left(i = 2,3,\cdots,N-1\right)$$

当 N=21、κ=0.5、k_f=0.2 和 k_s=0.72 时，图 2.16 给出了不同方法下线性派生系统前四阶复频率与轴向平均速度变化情况的比较。其中实线表示由直接多尺度法得到的近似解析结果；圆点表示由微分求积法得到数值结果，微分求积法和多尺度法的结果吻合得非常好。

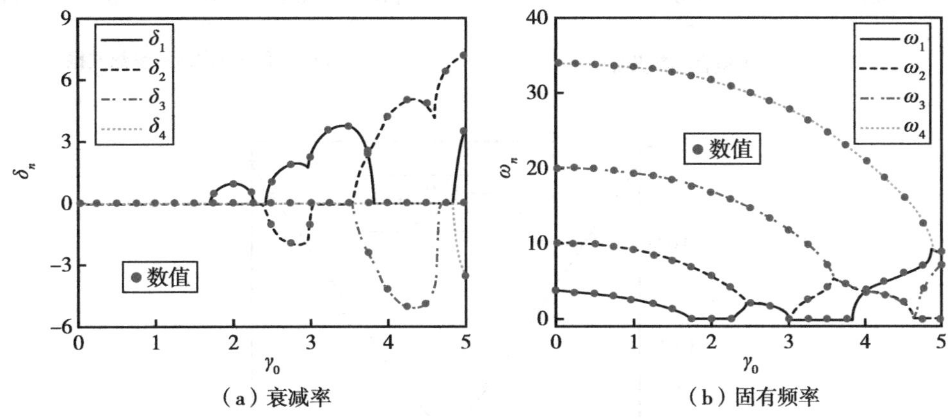

（a）衰减率　（b）固有频率

图 2.16 不同方法下线性派生系统前四阶复频率的比较

同理，原始系统（2.21）通过微分求积法可近似离散为

$$\begin{aligned}&\ddot{v}_i + \sum_{k=2}^{N-1}\left\{\left[\kappa\gamma^2 - \left(x_i - 1\right)\dot{\gamma} - 1\right]\tilde{A}_{ik}^{(2)} + k_f^2\tilde{A}_{ik}^{(4)} + c_d\gamma A_{ik}^{(1)} + \alpha\gamma\tilde{A}_{ik}^{(5)}\right\}v_k \\ &+\sum_{k=2}^{N-1}\left(2\gamma A_{ik}^{(1)} + \alpha\tilde{A}_{ik}^{(4)}\right)\dot{v}_k + c_d\dot{v}_i + k_s v_i = 0 \qquad \left(i = 2,3,\cdots,N-1\right)\end{aligned} \quad (2.103)$$

当 N=21、κ=0.5、k_f=0.2、k_s=0.72、c_d=0.001、α=0.0001 和 γ_0=0.86 时，图 2.17 给出了不同方法下的和式组合参数共振、第一阶以及第二阶次谐波参数共振的比较。其中实线表示由直接多尺度法得到的近似解析结果；圆点表示由微分求积法得到数值结果。微分求积法的数值结果和多尺度法的近似解析结果整体上吻合较好，在局部位置有微小差异。

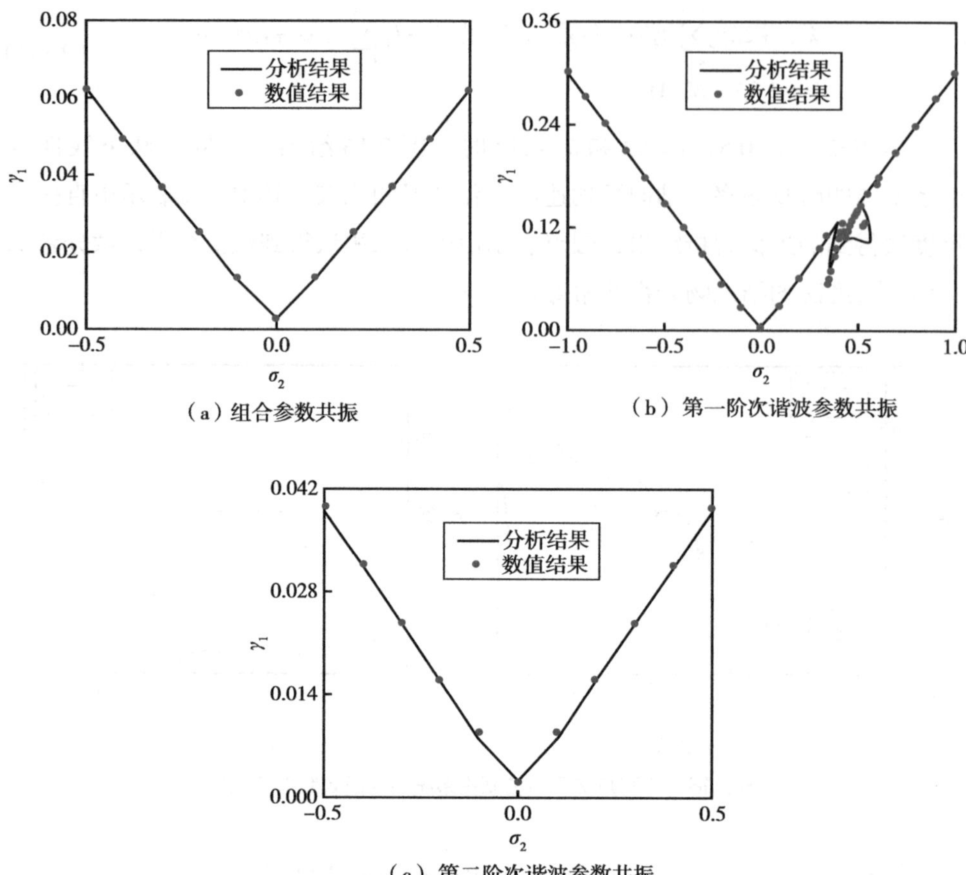

（a）组合参数共振

（b）第一阶次谐波参数共振

（c）第二阶次谐波参数共振

图 2.17 不同方法下轴向运动黏弹性 Euler 梁三种共振失稳区域的比较

第四节 计及拟内共振的双频参数共振

一、直接多尺度分析

假设梁的轴向运动速度在平均速度 γ_0 附近存在微小周期脉动，即

$$\gamma(t)=\gamma_0+\varepsilon\gamma_1\sin(\Omega_1 t)+\varepsilon\gamma_2\sin(\Omega_2 t) \tag{2.104}$$

其中，$\varepsilon\gamma_1$ 和 $\varepsilon\gamma_2$ 表示轴向运动速度脉动的幅值，Ω_1 和 Ω_2 表示轴向运动速度脉动的频率。将式（2.104）代入式（2.21）和（2.22），得到

$$\begin{aligned}&v_{,tt}+2\gamma_0 v_{,xt}+\left(\kappa\gamma_0^2-1\right)v_{,xx}+k_{\mathrm{f}}^2 v_{,xxxx}+k_{\mathrm{s}}v=\\&-\varepsilon\left\{c_{\mathrm{d}}\left(v_{,t}+\gamma_0 v_{,x}\right)+\alpha\left(v_{,xxxxt}+\gamma_0 v_{,xxxxx}\right)\right.\\&+2\gamma_1\sin\left(\Omega_1 t\right)\left(v_{,xt}+\kappa\gamma_0 v_{,xx}\right)+\left(1-x\right)\Omega_1\gamma_1\cos\left(\Omega_1 t\right)v_{,xx}\\&\left.+2\gamma_2\sin\left(\Omega_2 t\right)\left(v_{,xt}+\kappa\gamma_0 v_{,xx}\right)+\left(1-x\right)\Omega_2\gamma_2\cos\left(\Omega_2 t\right)v_{,xx}\right\}+O\left(\varepsilon^2\right)\end{aligned}\tag{2.105}$$

$$\begin{aligned}&v\big|_{x=0}=0,\ \left[k_{\mathrm{f}}^2 v_{,xx}+\varepsilon\alpha\left(v_{,xxt}+\gamma_0 v_{,xxx}\right)+O\left(\varepsilon^2\right)\right]\Big|_{x=0}=0;\\&v\big|_{x=1}=0,\ \left[k_{\mathrm{f}}^2 v_{,xx}+\varepsilon\alpha\left(v_{,xxt}+\gamma_0 v_{,xxx}\right)+O\left(\varepsilon^2\right)\right]\Big|_{x=1}=0.\end{aligned}\tag{2.106}$$

假设式（2.105）和（2.106）的一阶近似解为

$$v\left(x,t;\varepsilon\right)=v_0\left(x,T_0,T_1\right)+\varepsilon v_1\left(x,T_0,T_1\right)+O\left(\varepsilon^2\right)\tag{2.107}$$

其中，$T_0=t$ 和 $T_1=\varepsilon t$。将式（2.107）和下列关系

$$\frac{\partial}{\partial t}=\frac{\partial}{\partial T_0}+\varepsilon\frac{\partial}{\partial T_1},\ \frac{\partial^2}{\partial t^2}=\frac{\partial^2}{\partial T_0^2}+2\varepsilon\frac{\partial^2}{\partial T_0\partial T_1}+O\left(\varepsilon^2\right)\tag{2.108}$$

代入式（2.105）和（2.106），然后分离 ε^0 和 ε^1 阶量，得到

$$\varepsilon^0:\ v_{0,T_0T_0}+2\gamma_0 v_{0,xT_0}+\left(\kappa\gamma_0^2-1\right)v_{0,xx}+k_{\mathrm{f}}^2 v_{0,xxxx}+k_{\mathrm{s}}v_0=0\tag{2.109}$$

$$\varepsilon^0:\ v_0\big|_{x=0}=0,\ \ v_0\big|_{x=1}=0;\ k_{\mathrm{f}}^2 v_{0,xx}\big|_{x=0}=0,\ k_{\mathrm{f}}^2 v_{0,xx}\big|_{x=1}=0.\tag{2.110}$$

$$\begin{aligned}\varepsilon^1:\ &v_{1,T_0T_0}+2\gamma_0 v_{1,xT_0}+\left(\kappa\gamma_0^2-1\right)v_{1,xx}+k_{\mathrm{f}}^2 v_{1,xxxx}+k_{\mathrm{s}}v_1=\\&-2\left(v_{0,T_0T_1}+\gamma_0 v_{0,xT_1}\right)-c_{\mathrm{d}}\left(v_{0,T_0}+\gamma_0 v_{0,x}\right)-\alpha\left(v_{0,xxxxT_0}+\gamma_0 v_{0,xxxxx}\right)\\&-2\gamma_1\sin(\Omega_1 t)\left(v_{0,xT_0}+\kappa\gamma_0 v_{0,xx}\right)-\left(1-x\right)\Omega_1\gamma_1\cos(\Omega_1 t)v_{0,xx}\\&-2\gamma_2\sin(\Omega_2 t)\left(v_{0,xT_0}+\kappa\gamma_0 v_{0,xx}\right)-\left(1-x\right)\Omega_2\gamma_2\cos(\Omega_2 t)v_{0,xx}\end{aligned}\tag{2.111}$$

$$\begin{aligned}\varepsilon^1:\ &v_1\big|_{x=0}=0,\ \left[k_{\mathrm{f}}^2 v_{1,xx}+\varepsilon\alpha\left(v_{0,xxt}+\gamma_0 v_{0,xxx}\right)+O\left(\varepsilon^2\right)\right]\Big|_{x=0}=0;\\&v_1\big|_{x=1}=0,\ \left[k_{\mathrm{f}}^2 v_{1,xx}+\varepsilon\alpha\left(v_{0,xxt}+\gamma_0 v_{0,xxx}\right)+O\left(\varepsilon^2\right)\right]\Big|_{x=1}=0.\end{aligned}\tag{2.112}$$

对于轴向加速运动黏弹性 Euler 梁的线性派生系统，我们在第二章的第三节已经对其复频率和模态做了详细分析，所以线性派生系统（2.109）和（2.110）的解已知。

二、稳定性分析

引入调谐参数 σ_1，描述第二阶固有频率 ω_2 与 $3\omega_1$ 之间的接近程度；引入

调谐参数 σ_2，描述脉动频率 Ω_1 与 $2\omega_1$ 之间的接近程度；引入调谐参数 σ_3，描述脉动频率 Ω_2 与 $2\omega_2$ 之间的接近程度

$$\omega_2 = 3\omega_1 + \varepsilon\sigma_1,\quad \Omega_1 = 2\omega_1 + \varepsilon\sigma_2,\quad \Omega_2 = 2\omega_2 + \varepsilon\sigma_3. \tag{2.113}$$

假设式（2.109）的解为

$$v_0\left(x,T_0,T_1\right) = \varphi_1\left(x\right)A_1\left(T_1\right)e^{i\omega_1 T_0} + \varphi_2\left(x\right)A_2\left(T_1\right)e^{i\omega_2 T_0} + cc \tag{2.114}$$

将式（2.113）和（2.114）代入（2.111），得到

$$\begin{aligned}&v_{1,T_0T_0} + 2\gamma_0 v_{1,xT_0} + \left(\kappa\gamma_0^2 - 1\right)v_{1,xx} + k_f^2 v_{1,xxxx} + k_s v_1 = \\&-\left[2\zeta_0\dot{A}_1 + \left(c_d\zeta_0 + \alpha\zeta_1\right)A_1 + \gamma_1\zeta_2 A_2 e^{i(\sigma_1-\sigma_2)T_1} + \gamma_1\zeta_3\bar{A}_1 e^{i\sigma_2 T_1}\right]e^{i\omega_1 T_0} \\&-\left[2\xi_0\dot{A}_2 + \left(c_d\xi_0 + \alpha\xi_1\right)A_2 + \gamma_1\xi_2 A_1 e^{i(\sigma_2-\sigma_1)T_1} + \gamma_2\xi_3\bar{A}_2 e^{i\sigma_3 T_1}\right]e^{i\omega_2 T_0} + cc + NST\end{aligned} \tag{2.115}$$

其中

$$\begin{aligned}&\zeta_0 = i\omega_1\varphi_1 + \gamma_0\varphi_1',\quad \zeta_1 = i\omega_1\varphi_1'''' + \gamma_0\varphi_1''''',\\&\zeta_2 = \left[(1-x)\omega_1 + i\kappa\gamma_0\right]\varphi_2'' - \omega_2\varphi_2',\quad \zeta_3 = \left[(1-x)\omega_1 - i\kappa\gamma_0\right]\bar{\varphi}_1'' - \omega_1\bar{\varphi}_1';\\&\xi_0 = i\omega_2\varphi_2 + \gamma_0\varphi_2',\quad \xi_1 = i\omega_2\varphi_2'''' + \gamma_0\varphi_2''''',\\&\xi_2 = \left[(1-x)\omega_1 - i\kappa\gamma_0\right]\varphi_1'' + \omega_1\varphi_1',\ \xi_3 = \left[(1-x)\omega_2 - i\kappa\gamma_0\right]\bar{\varphi}_2'' - \omega_2\bar{\varphi}_2'.\end{aligned} \tag{2.116}$$

为了求解黏弹性效应简支边界条件（2.112），我们假设 v_1（x，T_0，T_1）有形式

$$v_1\left(x,T_0,T_1\right) = \psi_1\left(x,T_1\right)e^{i\omega_1 T_0} + \psi_2\left(x,T_1\right)e^{i\omega_2 T_0} + cc + NST \tag{2.117}$$

其中，ψ_n（n=1，2）表示黏弹性效应简支边界条件（2.112）下的函数。将式（2.117）代入到（2.115）中，然后分别提取等号两边 exp（$i\omega_1 T_0$）和 exp（$i\omega_2 T_0$）系数项，得到

$$\begin{aligned}&\left(k_s - \omega_1^2\right)\psi_1 + 2i\gamma_0\omega_1\psi_{1,x} + \left(\kappa\gamma_0^2 - 1\right)\psi_{1,xx} + k_f^2\psi_{1,xxxx} = \\&-\left[2\zeta_0\dot{A}_1 + \left(c_d\zeta_0 + \alpha\zeta_1\right)A_1 + \gamma_1\zeta_2 A_2 e^{i(\sigma_1-\sigma_2)T_1} + \gamma_1\zeta_3\bar{A}_1 e^{i\sigma_2 T_1}\right]\end{aligned} \tag{2.118}$$

$$\begin{aligned}&\left(k_s - \omega_2^2\right)\psi_2 + 2i\gamma_0\omega_2\psi_{2,x} + \left(\kappa\gamma_0^2 - 1\right)\psi_{2,xx} + k_f^2\psi_{2,xxxx} = \\&-\left[2\xi_0\dot{A}_2 + \left(c_d\xi_0 + \alpha\xi_1\right)A_2 + \gamma_1\xi_2 A_1 e^{i(\sigma_2-\sigma_1)T_1} + \gamma_2\xi_3\bar{A}_2 e^{i\sigma_3 T_1}\right]\end{aligned} \tag{2.119}$$

由可解性条件得

$$\begin{aligned}&\left\langle\left(k_s-\omega_1^2\right)\psi_1+2\mathrm{i}\gamma_0\omega_1\psi_{1,x}+\left(\kappa\gamma_0^2-1\right)\psi_{1,xx}+k_f^2\psi_{1,xxxx},\varphi_1\right\rangle\\&=\left\langle-\left[2\zeta_0\dot{A}_1+\left(c_d\zeta_0+\alpha\zeta_1\right)A_1+\gamma_1\zeta_2A_2\,\mathrm{e}^{\mathrm{i}(\sigma_1-\sigma_2)T_1}+\gamma_1\zeta_3\bar{A}_1\,\mathrm{e}^{\mathrm{i}\sigma_2T_1}\right],\varphi_1\right\rangle\end{aligned}\tag{2.120}$$

$$\begin{aligned}&\left\langle\left(k_s-\omega_2^2\right)\psi_2+2\mathrm{i}\gamma_0\omega_2\psi_{2,x}+\left(\kappa\gamma_0^2-1\right)\psi_{2,xx}+k_f^2\psi_{2,xxxx},\varphi_2\right\rangle\\&=\left\langle-\left[2\xi_0\dot{A}_2+\left(c_d\zeta_0+\alpha\xi_1\right)A_2+\gamma_1\xi_2A_1\,\mathrm{e}^{\mathrm{i}(\sigma_2-\sigma_1)T_1}+\gamma_2\xi_3\bar{A}_2\,\mathrm{e}^{\mathrm{i}\sigma_3T_1}\right],\varphi_2\right\rangle\end{aligned}\tag{2.121}$$

根据边界条件（2.110）、（2.112）和分配律，得到

$$\begin{aligned}&\alpha A_1\gamma_0\varphi_{1,xxx}\bar{\varphi}_{1,x}\Big|_0^1=\\&\quad\left\langle-\left[2\zeta_0\dot{A}_1+\left(c_d\zeta_0+\alpha\zeta_1\right)A_1+\gamma_1\zeta_2A_2\,\mathrm{e}^{\mathrm{i}(\sigma_1-\sigma_2)T_1}+\gamma_1\zeta_3\bar{A}_1\,\mathrm{e}^{\mathrm{i}\sigma_2T_1}\right],\varphi_1\right\rangle\end{aligned}\tag{2.122}$$

$$\begin{aligned}&\alpha A_2\gamma_0\varphi_{2,xxx}\bar{\varphi}_{2,x}\Big|_0^1=\\&\quad\left\langle-\left[2\xi_0\dot{A}_2+\left(c_d\xi_0+\alpha\xi_1\right)A_2+\gamma_1\xi_2A_1\,\mathrm{e}^{\mathrm{i}(\sigma_2-\sigma_1)T_1}+\gamma_2\xi_3\bar{A}_2\,\mathrm{e}^{\mathrm{i}\sigma_3T_1}\right],\varphi_2\right\rangle\end{aligned}\tag{2.123}$$

应用内积的性质，整理（2.122）和（2.123），得到

$$\dot{A}_1+\left(0.5c_d+\alpha\zeta_1\right)A_1+\gamma_1\zeta_2A_2\,\mathrm{e}^{\mathrm{i}(\sigma_1-\sigma_2)T_1}+\gamma_1\zeta_3\bar{A}_1\,\mathrm{e}^{\mathrm{i}\sigma_2T_1}=0\tag{2.124}$$

$$\dot{A}_2+\left(0.5c_d+\alpha\xi_1\right)A_2+\gamma_1\xi_2A_1\,\mathrm{e}^{\mathrm{i}(\sigma_2-\sigma_1)T_1}+\gamma_2\xi_3\bar{A}_2\,\mathrm{e}^{\mathrm{i}\sigma_3T_1}=0\tag{2.125}$$

其中

$$\zeta_1\leftrightarrow\frac{\int_0^1\zeta_1\bar{\varphi}_1\,\mathrm{d}x+\gamma_0\varphi_{1,xxx}\bar{\varphi}_{1,x}\big|_0^1}{\int_0^1 2\zeta_0\bar{\varphi}_1\,\mathrm{d}x},\ \zeta_2\leftrightarrow\frac{\int_0^1\zeta_2\bar{\varphi}_1\,\mathrm{d}x}{\int_0^1 2\zeta_0\bar{\varphi}_1\,\mathrm{d}x},\ \zeta_3\leftrightarrow\frac{\int_0^1\zeta_3\bar{\varphi}_1\,\mathrm{d}x}{\int_0^1 2\zeta_0\bar{\varphi}_1\,\mathrm{d}x}.\tag{2.126}$$

$$\xi_1\leftrightarrow\frac{\int_0^1\xi_1\bar{\varphi}_2\,\mathrm{d}x+\gamma_0\varphi_{2,xxx}\bar{\varphi}_{2,x}\big|_0^1}{\int_0^1 2\xi_0\bar{\varphi}_2\,\mathrm{d}x},\ \xi_2\leftrightarrow\frac{\int_0^1\xi_2\bar{\varphi}_2\,\mathrm{d}x}{\int_0^1 2\xi_0\bar{\varphi}_2\,\mathrm{d}x},\ \xi_3\leftrightarrow\frac{\int_0^1\xi_3\bar{\varphi}_2\,\mathrm{d}x}{\int_0^1 2\xi_0\bar{\varphi}_2\,\mathrm{d}x}.\tag{2.127}$$

给定具体的参数值，数值验证均表明 ζ_1 和 ξ_1 是正实数；ζ_2、ζ_3、ξ_2 和 ξ_3 是复数。

引入直角坐标变换

$$A_1(T_1)=\left[p_1(T_1)+\mathrm{i}\,q_1(T_1)\right]\mathrm{e}^{\mathrm{i}S_1T_1},\ A_2(T_1)=\left[p_2(T_1)+\mathrm{i}\,q_2(T_1)\right]\mathrm{e}^{\mathrm{i}S_2T_1}.\tag{2.128}$$

其中，p_h 和 q_h（h=1，2）是 T_1 的实函数，且

$$S_1=\frac{1}{2}\sigma_2,\ S_2=\frac{3}{2}\sigma_2-\sigma_1,\ \sigma_3=3\sigma_2-2\sigma_1.\tag{2.129}$$

将式（2.128）代入（2.124）和（2.125），然后分离实部和虚部，得到

$$\begin{aligned}
\dot{p}_1 &= -\left(0.5c_{\mathrm{d}} + \alpha\zeta_1 + \gamma_1\zeta_3^{\mathrm{R}}\right)p_1 + \left(S_1 - \gamma_1\zeta_3^{\mathrm{I}}\right)q_1 - \gamma_1\zeta_2^{\mathrm{R}}p_2 + \gamma_1\zeta_2^{\mathrm{I}}q_2 \\
\dot{q}_1 &= -\left(S_1 + \gamma_1\zeta_3^{\mathrm{I}}\right)p_1 - \left(0.5c_{\mathrm{d}} + \alpha\zeta_1 - \gamma_1\zeta_3^{\mathrm{R}}\right)q_1 - \gamma_1\zeta_2^{\mathrm{I}}p_2 - \gamma_1\zeta_2^{\mathrm{R}}q_2 \\
\dot{p}_2 &= -\gamma_1\xi_2^{\mathrm{R}}p_1 + \gamma_1\xi_2^{\mathrm{I}}q_1 - \left(0.5c_{\mathrm{d}} + \alpha\xi_1 + \gamma_2\xi_3^{\mathrm{R}}\right)p_2 + \left(S_2 - \gamma_2\xi_3^{\mathrm{I}}\right)q_2 \\
\dot{q}_2 &= -\gamma_1\xi_2^{\mathrm{I}}p_1 - \gamma_1\xi_2^{\mathrm{R}}q_1 - \left(S_2 + \gamma_2\xi_3^{\mathrm{I}}\right)p_2 - \left(0.5c_{\mathrm{d}} + \alpha\xi_1 - \gamma_2\xi_3^{\mathrm{R}}\right)q_2
\end{aligned} \tag{2.130}$$

根据方程组右端系数矩阵的特征方程，计算其行列式，得到

$$\lambda^4 + b_1\lambda^3 + b_2\lambda^2 + b_3\lambda + b_4 = 0 \tag{2.131}$$

其中，系数 b_1、b_2、b_3 和 b_4 为

$$\begin{aligned}
&D_1 = \frac{c_{\mathrm{d}}}{2\eta} + \zeta_1;\ D_2 = \frac{c_{\mathrm{d}}}{2\eta} + \xi_1; \\
&b_1 = 2\eta\left(D_1 + D_2\right); \\
&b_2 = \eta^2\left(D_1^2 + 4D_1D_2 + D_2^2\right) + S_1^2 + S_2^2 - \gamma_1^2\left(\left|\zeta_3\right|^2 + 2\,\mathrm{Re}\left(\zeta_2\xi_2\right)\right) - \gamma_2^2\left|\xi_3\right|^2; \\
&b_3 = \eta^3D_1^2D_2 - \left(S_1 + S_2\right)\gamma_1^2\mathrm{Im}\left(\zeta_2\xi_2\right) + \eta D_2\left(S_1^2 - \gamma_1^2\left(\left|\zeta_3\right|^2 + \mathrm{Re}\left(\zeta_2\xi_2\right)\right)\right) \\
&\qquad + \eta D_1\left(\eta^2D_2^2 + S_2^2 - \gamma_1^2\,\mathrm{Re}\left(\zeta_2\xi_2\right) - \gamma_2^2\left|\xi_3\right|^2\right); \\
&b_4 = +S_1^2S_2^2 - S_2^2\gamma_1^2\left|\zeta_3\right|^2 + 2S_1S_2\gamma_1^2\,\mathrm{Re}\left(\zeta_2\xi_2\right) + \gamma_1^4\left|\zeta_2\right|^2\left|\xi_2\right|^2 + \gamma_2^2\left(\gamma_1^2\left|\zeta_3\right|^2 - S_1^2\right)\left|\xi_3\right|^2 \\
&\qquad - 2\eta D_1\gamma_1^2\left(\eta D_2\,\mathrm{Re}\left(\zeta_2\xi_2\right) + S_2\mathrm{Im}\left(\zeta_2\xi_2\right)\right) + \eta^2D_2^2\left(S_1^2 - \gamma_1^2\left|\zeta_3\right|^2\right) \\
&\qquad + \eta^2D_1^2\left(\eta^2D_2^2 + S_2^2 - \gamma_2^2\left|\xi_3\right|^2\right) - 2\eta D_2S_1\gamma_1^2\mathrm{Im}\left(\zeta_2\xi_2\right) \\
&\qquad - 2\gamma_1^3\gamma_2\left(\zeta_2^{\mathrm{I}}\xi_2^{\mathrm{I}}\,\mathrm{Re}\left(\zeta_3\xi_3\right) - \zeta_2^{\mathrm{I}}\xi_2^{\mathrm{R}}\,\mathrm{Im}\left(\zeta_3\xi_3\right) + \zeta_2^{\mathrm{R}}\xi_3^{\mathrm{I}}\mathrm{Im}\left(\zeta_3\xi_2\right) - \zeta_2^{\mathrm{R}}\xi_3^{\mathrm{R}}\,\mathrm{Re}\left(\zeta_3\xi_2\right)\right).
\end{aligned} \tag{2.132}$$

根据 Routh-Hurwitz 判据，代数方程（2.131）有稳定零解的充分必要条件为

$$\varDelta_1 = b_1 > 0;\ \varDelta_2 = \begin{vmatrix} b_1 & 1 \\ b_3 & b_2 \end{vmatrix} > 0,\ \varDelta_3 = \begin{vmatrix} b_1 & 1 & 0 \\ b_3 & b_2 & b_1 \\ 0 & b_4 & b_3 \end{vmatrix} > 0,\ \varDelta_4 = b_4 > 0 \tag{2.133}$$

则式（2.124）和（2.125）有稳定零解的条件为 $|\gamma_1|<\gamma_{\min}$。

图 2.18（a）和 2.18（b）分别给出了在 1∶3 拟内共振下，双频参数共振在 σ_2–γ_1 平面和 σ_3–γ_2 平面内的失稳区域。在图 2.18（a）中，γ_0=0.8、α=0.00001、c_{d}=0.0001 和 γ_2=0.02；在图 2.18（b）中，γ_0=0.8、α=0.0001、c_{d}=0.001 和 γ_1=0.03。从图 2.18 可以看出，曲线上方为不稳定区域，且 γ_1 方向只给出了正值部分。在图 2.18（a）中，失稳区域在右侧出现凹陷区域，失稳边界曲线呈“之”字

形向下凹陷，稳定部分被分割成三块区域。在图 2.18（b）中，失稳边界曲线左侧出现凹陷，稳定部分被分割成两块区域。

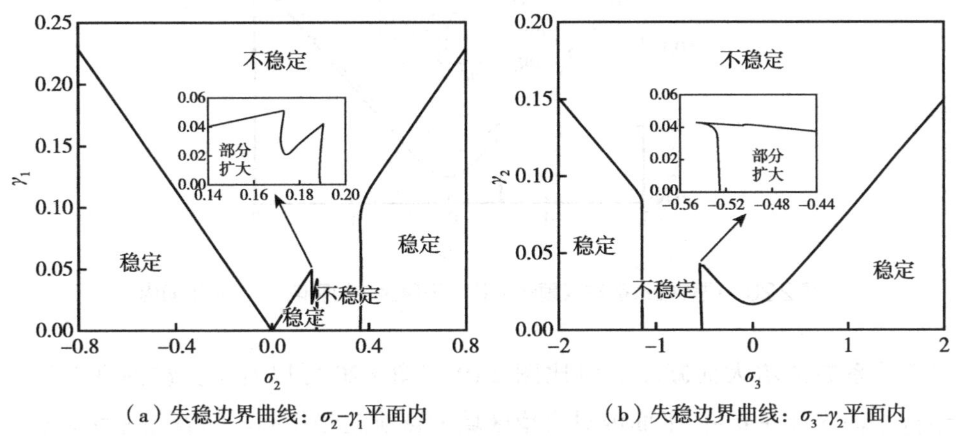

（a）失稳边界曲线：σ_2–γ_1平面内　（b）失稳边界曲线：σ_3–γ_2平面内

图 2.18　失稳边界曲线

图 2.19 和图 2.20 分别给出了在 1∶3 拟内共振下，不同黏弹性系数在 σ_2–γ_1 平面和 σ_3–γ_2 平面内对双频参数共振失稳区域的影响。在图 2.19 中 c_d=0.0001、γ_0=0.8 和 γ_2=0.02，黏弹性系数 α 分别为 0.00005、0.00001 和 0.000002；图 2.20 中 c_d=0.001、γ_0=0.8 和 γ_1=0.03，黏弹性系数 α 分别为 0.0001、0.0002 和 0.0003。从图 2.19 可以看出，当给定 γ_1 时，不稳定区域随黏弹性系数的增大而减小；而给定 σ_2 时，稳定范围随黏弹性系数的增大而增大。右侧不稳定凹陷区域随

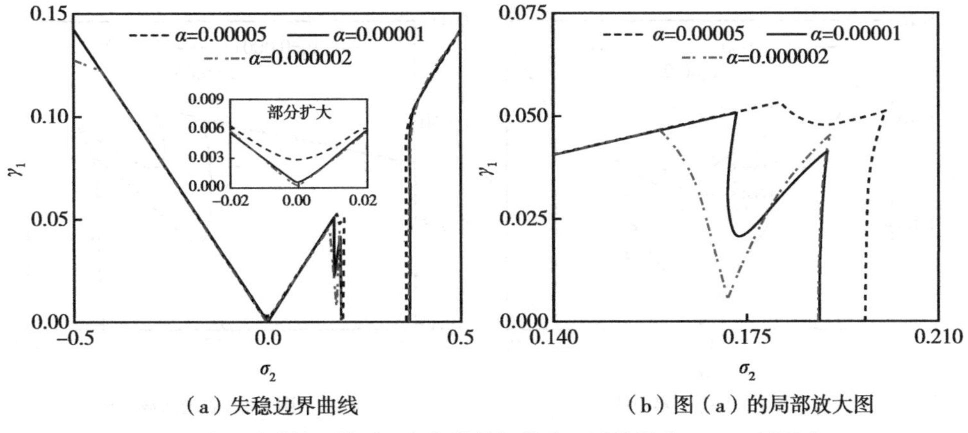

（a）失稳边界曲线　（b）图（a）的局部放大图

图 2.19　黏弹性系数对双频参数共振失稳区域的影响：σ_2–γ_1 平面内

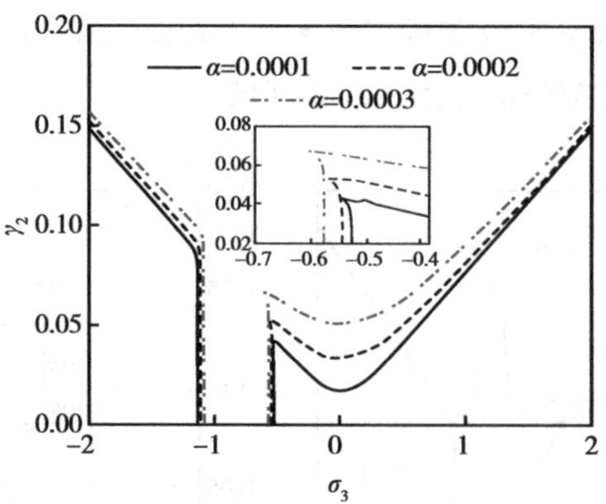

图 2.20 黏弹性系数对双频参数共振失稳区域的影响：σ_3–γ_2 平面内

黏弹性系数的增大而减小。对比图 2.19 和图 2.20 可以看出，黏弹性系数在 σ_3–γ_2 平面内和在 σ_2–γ_1 平面内对失稳区域的影响趋势相同。随着黏弹性系数的增大，不稳定凹陷区域都会逐渐减小。

图 2.21 和图 2.22 分别给出了在 1∶3 拟内共振下，不同黏性阻尼系数在 σ_2–γ_1 平面和 σ_3–γ_2 平面内对双频参数共振失稳区域的影响。在图 2.21 中 α=0.00001、γ_0=0.8 和 γ_2=0.02，黏性阻尼系数 c_d 分别为 0.0001、0.01 和 0.03；图 2.22 中 α=0.0001、γ_0=0.8 和 γ_1=0.03，黏性阻尼系数 c_d 分别为 0.001、0.03 和 0.05。从图 2.21 可以看出，黏性阻尼系数的作用与黏弹性系数相同，稳定区域随黏性阻尼系数的增大而增大，右侧不稳定凹陷区域随着黏性阻尼的增大而减小。对比图 2.21 和图 2.22 可以看出，黏性阻尼系数在 σ_3–γ_2 平面内和在 σ_2–γ_1

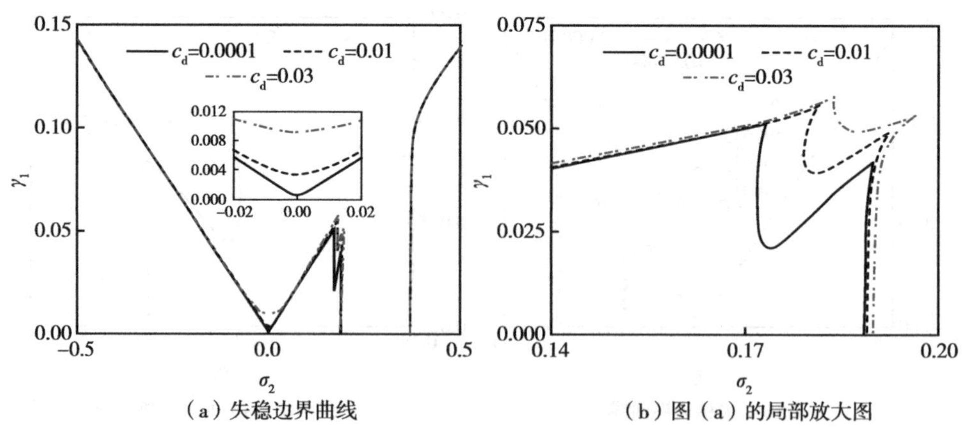

（a）失稳边界曲线 （b）图（a）的局部放大图

图 2.21 黏性阻尼系数对双频参数共振失稳区域的影响：σ_2–γ_1 平面内

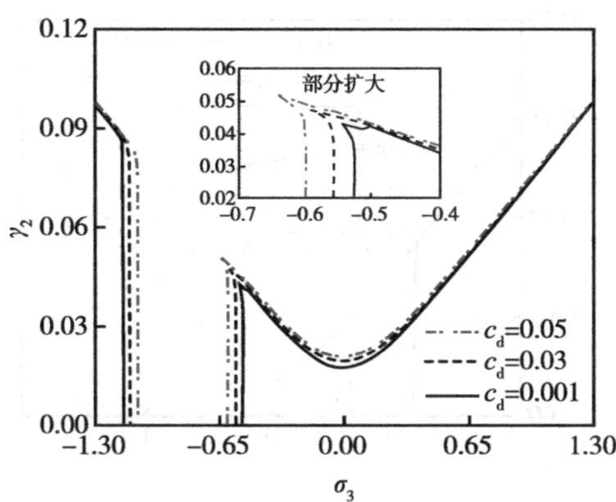

图 2.22 黏性阻尼系数对双频参数共振失稳区域的影响：σ_3–γ_2 平面内

平面内对失稳区域的影响趋势相同。黏性阻尼系数增大导致不稳定凹陷区域减小，整体失稳区域也会随着黏性阻尼系数的增大而减小。

图 2.23 和图 2.24 分别给出了在 1∶3 拟内共振下，不同黏性阻尼系数在 σ_2–γ_1 平面和 σ_3–γ_2 平面内对双频参数共振失稳区域的影响。在图 2.23 中 α=0.00001、c_d=0.0001 和 γ_0=0.8，速度脉动幅值 γ_2 分别为 0.03、0.02 和 0.02；图 2.24 中 α=0.0001、c_d=0.001 和 γ_0=0.8，速度脉动幅值 γ_1 分别为 0.02、0.03 和 0.04。由图 2.23 可以看到，速度脉动幅值 γ_1 仅对右侧凹陷不稳定区域有影响，凹陷不稳定区域随速度脉动幅值 γ_1 的增大而增大。由图 2.24 可以看到，速度脉动幅值 γ_2 仅对左侧凹陷不稳定区域有影响，凹陷区域随速度脉动幅值 γ_2 的增大而增大。

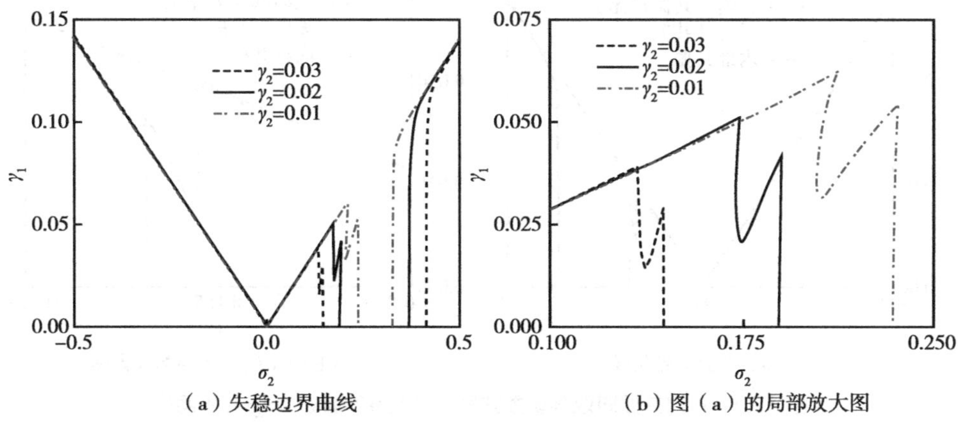

（a）失稳边界曲线　（b）图（a）的局部放大图

图 2.23 速度脉动幅值 γ_2 对双频参数共振失稳区域的影响：σ_2–γ_1 平面内

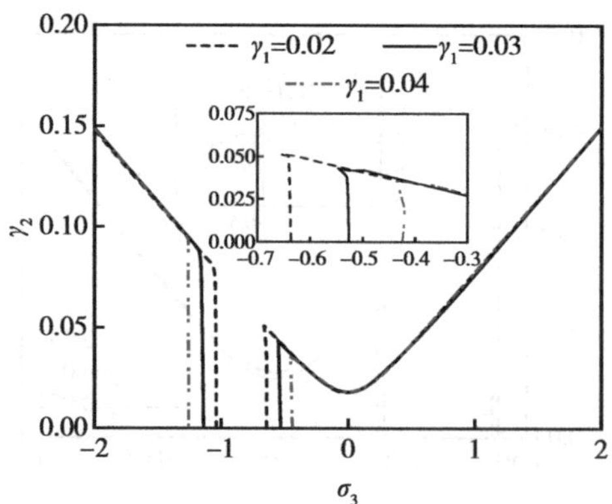

图 2.24 速度脉动幅值 γ_1 对双频参数共振失稳区域的影响：σ_3–γ_2 平面内

图 2.25 和图 2.26 分别给出了拟内共振在 σ_2–γ_1 平面和 σ_3–γ_2 平面内对双频参数共振失稳区域的影响。在图 2.26 中 α=0.00001、c_d=0.0001、γ_0=0.8 和 γ_2=0.02；在图 2.27 中 α=0.0001、c_d=0.001、γ_0=0.8 和 γ_1=0.03。图中虚线表示无拟内共振和 γ_2 时的失稳边界曲线；点划线表示无拟内共振时的失稳边界曲线；实线表示有拟内共振时的失稳边界曲线。观察图 2.25 可以发现，当黏弹性系数和黏性阻尼系数较小时，拟内共振和双频参激的引入都可使得失稳边界曲线右侧出现凹陷不稳定区域。拟内共振的引入使失稳边界曲线变化更为复杂。观察图 2.26 可以发现，虚线和点划线都关于 σ_3 轴对称，而拟内共振和双频参数激励同时引入会使得失稳边界曲线左侧出现凹陷不稳定区域。

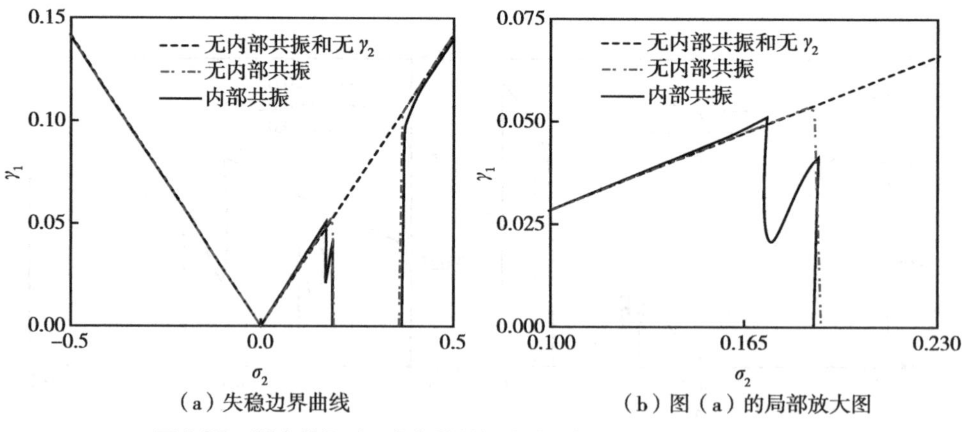

（a）失稳边界曲线　（b）图（a）的局部放大图

图 2.25 拟内共振对双频参数共振失稳区域的影响：σ_2–γ_1 平面内

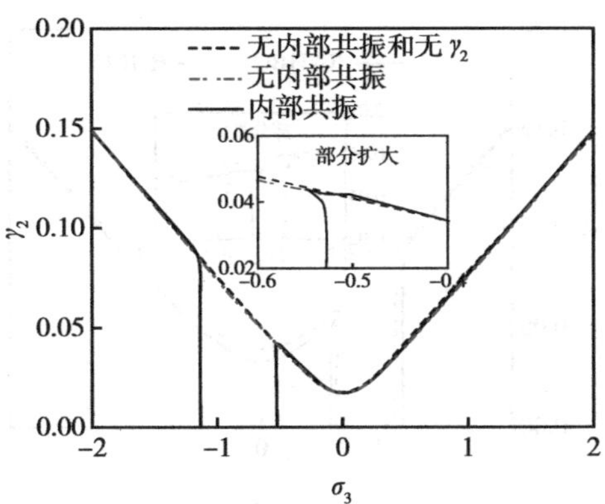

图 2.26　拟内共振对双频参数共振失稳区域的影响：σ_3–γ_2 平面内

图 2.27 和图 2.28 分别给出了在 1∶3 拟内共振下，不同边界条件在 σ_2–γ_1 平面和 σ_3–γ_2 平面内对双频参数共振失稳区域的影响。在图 2.27 中 α=0.00001、c_d=0.0001、γ_0=0.8 和 γ_2=0.02；在图 2.28 中 α=0.0001、c_d=0.001、γ_0=0.8 和 γ_1=0.03。图中实线表示黏弹性效应简支边界条件（RNHBC）下的失稳边界曲线，虚线表示弹性简支边界条件（RHBC）下的失稳边界曲线。从图 2.27 中可以看出，不同边界条件对双频参数共振失稳边界曲线在 σ_2=0 附近和右侧凹陷区域有些许差异，在其他位置差异非常微小。从图 2.28 可以看出，当给定 γ_1 时，黏弹性效应简支边界条件下的稳定范围比弹性简支边界条件下的稳定范围小，两种边界条件下的失稳边界曲线出现显著差异，因此，以往基于弹性简支边界条件的研究高估了系统的稳定性。

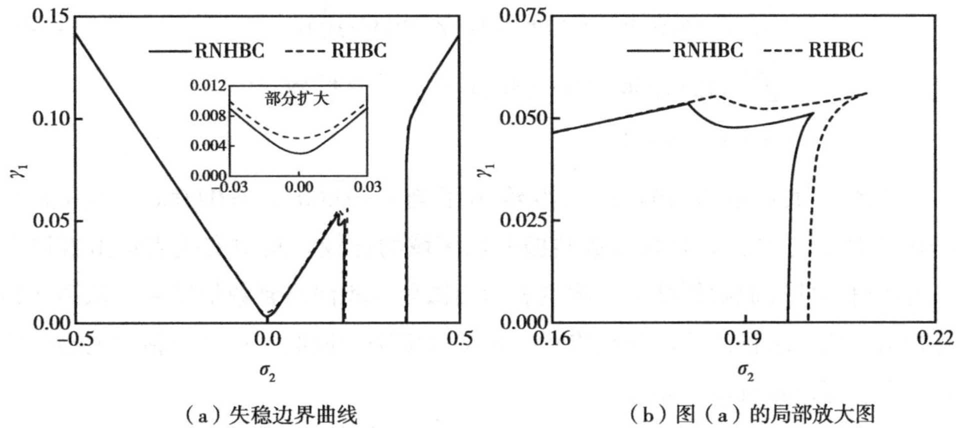

（a）失稳边界曲线　（b）图（a）的局部放大图

图 2.27　边界条件对双频参数共振失稳区域的影响：σ_2–γ_1 平面内

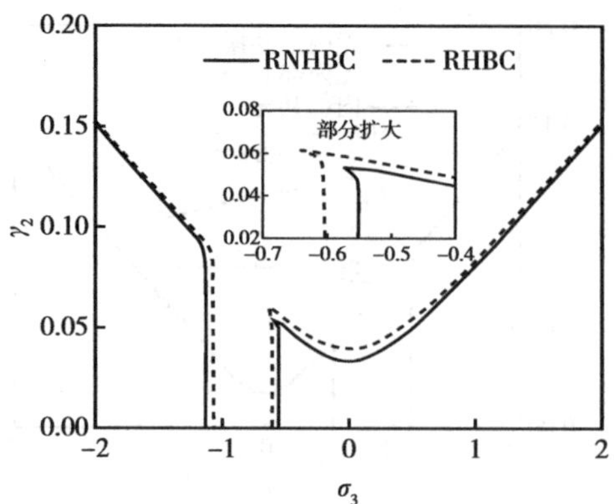

图 2.28 边界条件对双频参数共振失稳区域的影响：σ_3–γ_2 平面内

三、数值验证

本节我们同样采用微分求积法对前面通过直接多尺度法得到的近似解析结果进行数值验证。

取 Euler 梁的计算区域为 $0 \leqslant x \leqslant 1$，并令 ε=1。x 方向的离散点数为 N，离散点数采用非均匀形式分布。离散点数的分布形式和权系数同前节。采用微分求积法对原始系统（2.21）进行离散，得到

$$\begin{aligned}
&\ddot{v}_i + c_{\mathrm{d}}\dot{v}_i + k_{\mathrm{s}}v_i + \sum_{k=2}^{N-1}\Big\{\kappa\big[\gamma_0+\gamma_1\sin(\varOmega_1 t)+\gamma_2\sin(\varOmega_2 t)\big]^2\tilde{A}_{ik}^{(2)} \\
&-(x_i-1)\big[\gamma_1\varOmega_1\cos(\varOmega_1 t)+\gamma_2\varOmega_2\cos(\varOmega_2 t)\big]\tilde{A}_{ik}^{(2)}-\tilde{A}_{ik}^{(2)}+k_{\mathrm{f}}^2\tilde{A}_{ik}^{(4)} \\
&+\left(c_{\mathrm{d}}A_{ik}^{(1)}+\alpha\tilde{A}_{ik}^{(5)}\right)\left(\gamma_0+\gamma_1\sin(\varOmega_1 t)+\gamma_2\sin(\varOmega_2 t)\right)\Big\}v_k \\
&+\sum_{k=2}^{N-1}\Big\{2\big[\gamma_0+\gamma_1\sin(\varOmega_1 t)+\gamma_2\sin(\varOmega_2 t)\big]A_{ik}^{(1)}+\alpha\tilde{A}_{ik}^{(4)}\Big\}\dot{v}_k=0 \\
&(i=2,3,\cdots,N-1)
\end{aligned} \tag{2.134}$$

选取离散点数 N=15。图 2.29 给出了当 c_{d}=0.0001、α=0.00001、γ_0=0.8 和 γ_2=0.02 时不同方法下双频参数共振失稳区域的比较。其中实线表示由直接多尺度法得到的近似解析结果；圆点表示由微分求积法得到数值结果。从图 2.29 可看出，微分求积法的数值结果和直接多尺度法的近似解析结果整体上吻合较好，在局部位置有微小差异。

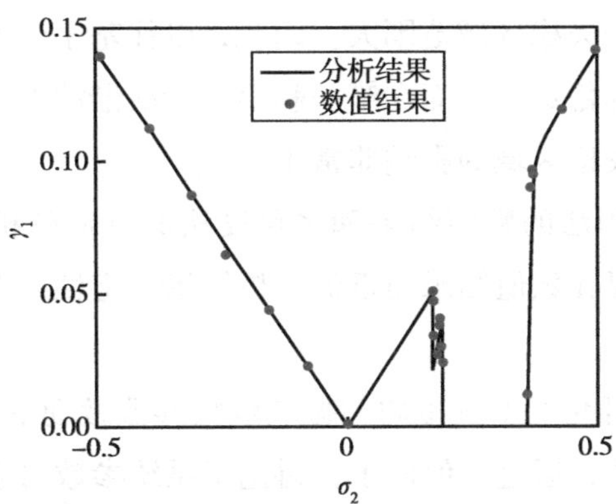

图 2.29　不同方法下轴向运动黏弹性 Euler 梁双频参数共振失稳区域的比较

第五节　小　结

本章研究了轴向加速运动黏弹性 Euler 梁线性参数振动的动态稳定性，考虑了平动速度与径向张力的变化关系。根据 Kelvin 黏弹性本构关系并取物质时间导数，基于广义 Hamilton 原理，建立了轴加速运动黏弹性 Euler 梁横向振动的控制方程，并导出了考虑黏弹性效应的简支边界条件。采用直接多尺度法分析了计及 1∶3 拟内共振时 Euler 梁的参数稳定性问题，由可解性条件和 Routh-Hurwitz 判据得到了拟内共振和单频参数激励下 Euler 梁的稳态性边界。通过数值例子，讨论了各个参数对系统稳定性边界的影响。最后，采用微分求积方法进行了数值验证。结果表明：

（1）在亚临界范围内，固有频率随平均速度的增大而减小，当平均速度为某个特定值时，线性派生系统的第二阶固有频率约是第一阶固有频率的三倍，系统此时可能发生 1∶3 拟内共振。

（2）在第一阶次谐波参数共振中，当黏弹性系数较小时，1∶3 拟内共振的引入导致的失稳边界出现奇异现象，但随着黏弹性系数的增大，奇异区域逐渐减小，最终消失，在组合及第二阶次谐波参数共振中，1∶3 拟内共振没有影响。

（3）在组合、第一和第二阶次谐波参数共振中，黏性阻尼系数和轴向运动平均速度的增大都会导致失稳区域减小。

（4）在组合参数共振，黏弹性效应简支边界条件下的失稳区域明显比弹性简支边界条件下的失稳区域范围大。因此，以往基于弹性简支边界条件的研究显然高估了系统的稳定性，而在第一和第二阶次谐波参数共振中，黏弹性效应简支边界条件对失稳区域的影响非常小。

（5）将微分求积法的数值结果和多尺度法的近似解析结果进行比较，发现复频率和失稳边界在数值结果与近似解析结果在定性上有相同的趋势，而在定量上有微小差别。

此外，本章还研究了 1∶3 拟内共振和双频参数激励下 Euler 梁的稳态性边界。采用相同的方法，通过数值例子，讨论了系统参数对系统稳定性边界的影响。最后，采用微分求积方法进行了数值验证。结果表明：

（1）在计及 1∶3 拟内共振的双频参数共振中，失稳边界曲线在 $\sigma_2-\gamma_1$ 平面上时曲线右侧呈“之”字形向下凹陷，稳定部分被分割成三块区域。在 $\sigma_3-\gamma_2$ 平面内的失稳边界曲线左侧出现凹陷，稳定部分被分割成两部分。

（2）黏弹性系数在 $\sigma_2-\gamma_1$ 平面内和在 $\sigma_3-\gamma_2$ 平面内对失稳区域的影响趋势相同，不稳定凹陷区域随黏弹性系数的增大而减小。黏性阻尼系数的作用效果与黏弹性系数相同。速度脉动幅值 γ_1 和 γ_2 仅对凹陷不稳定区域有影响，凹陷不稳定区域随速度脉动幅值的增大而增大。

（3）在 $\sigma_2-\gamma_1$ 平面内，1∶3 拟内共振和双频参激的引入都可使得失稳边界曲线右侧出现凹陷不稳定区域。在 $\sigma_2-\gamma_1$ 平面内，拟内共振和双频参激的引入使得失稳边界曲线左侧出现凹陷不稳定区域。

（4）相同参数下，黏弹性效应简支边界条件下的失稳区域比弹性简支边界条件下的失稳区域范围大。

（5）数值结果与近似解析结果在定性上有相同的趋势，而在定量上有微小差异。

第三章

轴向加速运动黏弹性梁的非线性振动

第一节　前　言

第二章主要研究了轴向运动欧拉（Euler）梁线性参数振动的动态稳定性。但是，在梁轴向运动过程中，梁变形的增大将导致梁轴向伸长，从而引起张力波动。此时，我们必须考虑几何非线性因素对系统的影响。因此，本章将重点研究内共振和黏弹性效应简支边界条件下轴向加速运动黏弹性梁的非线性参数振动。

结合第二章，在不忽略几何非线性项的基础上，导出轴向加速运动黏弹性 Euler 梁横向非线性振动的偏微分 – 积分型控制方程和考虑黏弹性效应的简支边界条件。采用直接多尺度法分析 1∶3 内共振和单频参数激励下 Euler 梁的稳态响应。根据可解性条件和劳斯 – 赫尔维茨（Routh–Hurwitz）判据确定系统稳态响应的稳定性。通过一系列数值例子，讨论各系统参数对稳态响应的影响以及对比黏弹性和弹性简支边界条件下稳态响应的差异。最后，通过微分求积方法对直接多尺度法的近似解析结果进行数值验证。此外，本章还研究 1∶3 内共振和双频参数激励下轴向加速运动黏弹性 Euler 梁的稳态响应，通过数值例子，讨论黏弹性系数对双频参数激励下 Euler 梁稳态响应的影响。最后，采用微分求积方法进行数值验证。

第二节　轴向加速运动非线性黏弹性 Euler 梁建模

根据第二章轴向加速运动黏弹性 Euler 梁的动力学方程组的变分式（2.9）和（2.10），我们导出梁在耦合平面内运动的动力学方程组

$$
\begin{aligned}
&\rho A\left(u_{,tt}+2\Gamma u_{,xt}+\dot{\Gamma}+\dot{\Gamma}u_{,x}+\Gamma^2 u_{,xx}\right)\\
&+c_{\mathrm{d}}\left(u_{,t}+\Gamma u_{,x}\right)-\frac{\partial}{\partial x}\left[\frac{\left(P+A\sigma_{xN}\right)\left(1+u_{,x}\right)}{\sqrt{\left(1+u_{,x}\right)^2+v_{,x}^2}}\right]=0
\end{aligned}
\tag{3.1}
$$

$$
\begin{aligned}
&\rho A\left(v_{,tt}+2\Gamma v_{,xt}+\dot{\Gamma}v_{,x}+\Gamma^2 v_{,xx}\right)+I\left[Ev_{,xxxx}+\alpha\left(v_{,xxxxt}+\Gamma v_{,xxxxx}\right)\right]\\
&+k_{\mathrm{s}}v+c_{\mathrm{d}}\left(v_{,t}+\Gamma v_{,x}\right)-\frac{\partial}{\partial x}\left[\frac{\left(P+A\sigma_{xN}\right)v_{,x}}{\sqrt{\left(1+u_{,x}\right)^2+v_{,x}^2}}\right]=0
\end{aligned}
\tag{3.2}
$$

将方程（3.1）和（3.2）中的分母泰勒展开，得到

$$
\left[\left(1+u_{,x}\right)^2+v_{,x}^2\right]^{-1/2}=1-u_{,x}-\frac{v_{,x}^2}{2}+u_{,x}^2+\frac{3v_{,x}^2}{2}u_{,x}-v_{,x}^3+O(4)
\tag{3.3}
$$

考虑 Euler 梁，其纵向位移远远小于横向位移，$\rho A<<EA$ 且 $P<<EA$，并假定 $u=O(v^2)$。故式（3.3）可简化为

$$
\left[\left(1+u_{,x}\right)^2+v_{,x}^2\right]^{-1/2}=1-u_{,x}-\frac{v_{,x}^2}{2}-v_{,x}^3+O\left(v^4\right)
\tag{3.4}
$$

假定 $\alpha=O(v^2)$ 和 $c_{\mathrm{d}}=O(v^2)$，将式（3.4）代入（3.1）和（3.2），并忽略结果中 $O(v^2)$ 的高阶项，得到

$$
\rho A\dot{\Gamma}=P_{,x}+\left(\frac{1}{2}EAv_{,x}^2+EAu_{,x}\right)_{,x}
\tag{3.5}
$$

$$
\begin{aligned}
&\rho A\left(v_{,tt}+2\Gamma v_{,xt}+\dot{\Gamma}v_{,x}+\Gamma^2 v_{,xx}\right)+I\left[Ev_{,xxxx}+\alpha\left(v_{,xxxxt}+\Gamma v_{,xxxxx}\right)\right]\\
&+k_{\mathrm{s}}v+c_{\mathrm{d}}\left(v_{,t}+\Gamma v_{,x}\right)-\left(Pv_{,x}\right)_{,x}-EA\left[\left(\frac{1}{2}v_{,x}^2+u_{,x}\right)v_{,x}\right]_{,x}=0
\end{aligned}
\tag{3.6}
$$

将式（2.3）代入式（3.5），得到

$$
\left(\frac{1}{2}v_{,x}^2+u_{,x}\right)_{,x}=0
\tag{3.7}
$$

将上式对 x 进行两次积分，导出

$$
u=xC_1(t)-\frac{1}{2}\int_0^x v_{,x}^2\,\mathrm{d}x+C_2(t)
\tag{3.8}
$$

其中，C_1 和 C_2 仅与时间 t 有关。根据边界条件的变分（2.12），我们可以知道，当 $x=0$ 和 $x=L$ 时，$u=0$。因此，我们可以得到

$$u=\frac{x}{2L}\int_0^L v,_x^2\,\mathrm{d}x-\frac{1}{2}\int_0^x v,_x^2\,\mathrm{d}x \tag{3.9}$$

将式（3.9）代入式（3.6），化简得到轴向加速运动黏弹性 Euler 梁横向非线性振动的偏微分 – 积分型动力学方程

$$\begin{aligned}&\rho A\left(v,_{tt}+2\Gamma v,_{xt}+\Gamma^2 v,_{xx}\right)-\left[P_0+\eta\rho A\Gamma^2+\left(x-L\right)\rho A\dot{\Gamma}\right]v,_{xx}+k_s v\\&+I\left[Ev,_{xxxx}+\alpha\left(v,_{xxxxt}+\Gamma v,_{xxxxx}\right)\right]+c_d\left(v,_t+\Gamma v,_x\right)-\frac{EA}{2L}v,_{xx}\int_0^L v,_x^2\,\mathrm{d}x=0\end{aligned} \tag{3.10}$$

引入以下无量纲参数和变量

$$\begin{aligned}&v\leftrightarrow\frac{v}{\sqrt{\varepsilon}L},\ x\leftrightarrow\frac{x}{L},\ t\leftrightarrow\frac{t}{L}\sqrt{\frac{P_0}{\rho A}},\ \gamma=\Gamma\sqrt{\frac{\rho A}{P_0}},\ k_f=\sqrt{\frac{EI}{P_0L^2}},\\&\alpha\leftrightarrow\frac{\alpha I}{\varepsilon L^3\sqrt{\rho AP_0}},\ k_N=\sqrt{\frac{EA}{P_0}},\ k_s\leftrightarrow\frac{k_sL^2}{P_0},\ c_d\leftrightarrow\frac{c_dL}{\varepsilon\sqrt{\rho AP_0}},\ \kappa=1-\eta.\end{aligned} \tag{3.11}$$

其中，ε 是无量纲参数，表示黏弹性系数 α 和黏性阻尼系数 c_d 以及横向位移 w 都是小量。将式（3.11）代入式（3.10），得到无量纲化的动力学方程

$$\begin{aligned}&v,_{tt}+2\gamma v,_{xt}+\left[\kappa\gamma^2-\left(x-1\right)\dot{\gamma}-1\right]v,_{xx}+k_f^2v,_{xxxx}+k_sv\\&=\frac{1}{2}\varepsilon k_N^2v,_{xx}\int_0^1 v,_x^2\,\mathrm{d}x-\varepsilon c_d\left(v,_t+\gamma v,_x\right)-\varepsilon\alpha\left(v,_{xxxxt}+\gamma v,_{xxxxx}\right)\end{aligned} \tag{3.12}$$

根据式（3.11）和边界条件的变分（2.11）得到无量纲的黏弹性效应简支边界条件为

$$\begin{aligned}&v\big|_{x=0}=0,\quad\left[k_f^2v,_{xx}+\varepsilon\alpha\left(v,_{xxt}+\gamma v,_{xxx}\right)\right]\Big|_{x=0}=0\\&v\big|_{x=1}=0,\quad\left[k_f^2v,_{xx}+\varepsilon\alpha\left(v,_{xxt}+\gamma v,_{xxx}\right)\right]\Big|_{x=1}=0\end{aligned} \tag{3.13}$$

第三节　计及内共振的单频参数共振

一、直接多尺度分析

假设梁的轴向运动速度在平均速度 γ_0 附近存在微小周期脉动，即

$$\gamma\left(t\right)=\gamma_0+\varepsilon\gamma_1\sin\left(\omega t\right) \tag{3.14}$$

其中，$\varepsilon\gamma_1$ 和 ω 分别表示轴向运动速度脉动的幅值和频率。将式（3.14）

代入（3.12）和（3.13），得到

$$
\begin{aligned}
&v_{,tt}+2\gamma_0 v_{,xt}+\left(\kappa\gamma_0^2-1\right)v_{,xx}+k_{\mathrm{f}}^2 v_{,xxxx}+k_{\mathrm{s}}v= \\
&-\varepsilon\left\{c_{\mathrm{d}}\left(v_{,t}+\gamma_0 v_{,x}\right)+\alpha\left(v_{,xxxxt}+\gamma_0 v_{,xxxxx}\right)+\left(1-x\right)\omega\gamma_1\cos\left(\omega t\right)v_{,xx}\right. \\
&\left.+2\gamma_1\sin\left(\omega t\right)\left(v_{,xt}+\kappa\gamma_0 v_{,xx}\right)-\frac{1}{2}k_{\mathrm{N}}^2 v_{,xx}\int_0^1 v_{,x}^2\,\mathrm{d}x\right\}+O\left(\varepsilon^2\right)
\end{aligned}
\tag{3.15}
$$

$$
\begin{aligned}
&v\big|_{x=0}=0,\ \left[k_{\mathrm{f}}^2 v_{,xx}+\varepsilon\alpha\left(v_{,xxt}+\gamma_0 v_{,xxx}\right)+O\left(\varepsilon^2\right)\right]\Big|_{x=0}=0; \\
&v\big|_{x=1}=0,\ \left[k_{\mathrm{f}}^2 v_{,xx}+\varepsilon\alpha\left(v_{,xxt}+\gamma_0 v_{,xxx}\right)+O\left(\varepsilon^2\right)\right]\Big|_{x=1}=0.
\end{aligned}
\tag{3.16}
$$

根据直接多尺度法，设方程（3.15）的一阶近似解为

$$
v\left(x,t;\varepsilon\right)=v_0\left(x,T_0,T_1\right)+\varepsilon v_1\left(x,T_0,T_1\right)+O\left(\varepsilon^2\right)
\tag{3.17}
$$

其中，$T_0=t$ 和 $T_1=\varepsilon t$。将式（3.17）和下列关系

$$
\frac{\partial}{\partial t}=\frac{\partial}{\partial T_0}+\varepsilon\frac{\partial}{\partial T_1},\ \frac{\partial^2}{\partial t^2}=\frac{\partial^2}{\partial T_0^2}+2\varepsilon\frac{\partial^2}{\partial T_0\partial T_1}+O\left(\varepsilon^2\right)
\tag{3.18}
$$

代入式（3.15）和（3.16），然后分离 ε^0 和 ε^1 阶量，得到

$$
\varepsilon^0:\quad v_{0,T_0T_0}+2\gamma_0 v_{0,xT_0}+\left(\kappa\gamma_0^2-1\right)v_{0,xx}+k_{\mathrm{f}}^2 v_{0,xxxx}+k_{\mathrm{s}}v_0=0
\tag{3.19}
$$

$$
\varepsilon^0:\quad v_0\big|_{x=0}=0,\ \ v_0\big|_{x=1}=0;\ k_{\mathrm{f}}^2 v_{0,xx}\big|_{x=0}=0,\ k_{\mathrm{f}}^2 v_{0,xx}\big|_{x=1}=0.
\tag{3.20}
$$

$$
\begin{aligned}
\varepsilon^1:\quad & v_{1,T_0T_0}+2\gamma_0 v_{1,xT_0}+\left(\kappa\gamma_0^2-1\right)v_{1,xx}+k_{\mathrm{f}}^2 v_{1,xxxx}+k_{\mathrm{s}}v_1=-c_{\mathrm{d}}\left(v_{0,T_0}+\gamma_0 v_{0,x}\right) \\
&-\alpha\left(v_{0,xxxxT_0}+\gamma_0 v_{0,xxxxx}\right)-2\left(v_{0,T_0T_1}+\gamma_0 v_{0,xT_1}\right)-\left(1-x\right)\omega\gamma_1\cos(\omega t)v_{0,xx} \\
&-2\gamma_1\sin(\omega t)\left(v_{0,xT_0}+\kappa\gamma_0 v_{0,xx}\right)+\frac{1}{2}k_{\mathrm{N}}^2 v_{0,xx}\int_0^1 v_{0,x}^2\,\mathrm{d}x
\end{aligned}
\tag{3.21}
$$

$$
\begin{aligned}
\varepsilon^1:\quad & v_1\big|_{x=0}=0,\ \left[k_{\mathrm{f}}^2 v_{1,xx}+\alpha\left(v_{0,xxT_0}+\gamma_0 v_{0,xxx}\right)\right]\Big|_{x=0}=0, \\
& v_1\big|_{x=1}=0,\ \left[k_{\mathrm{f}}^2 v_{1,xx}+\alpha\left(v_{0,xxT_0}+\gamma_0 v_{0,xxx}\right)\right]\Big|_{x=1}=0.
\end{aligned}
\tag{3.22}
$$

对于轴向加速运动黏弹性 Euler 梁的线性派生系统，我们在第二章的第三节已经对其复频率和复模态做了详细分析。因此，线性派生系统（3.19）和（3.20）的解已知。

二、次谐波参数共振

当速度脉动频率 ω 接近线性派生系统（3.19）的某阶固有频率的两倍时，系统可能发生次谐波共振。引入调谐参数 σ_1，描述第二阶固有频率 ω_2 与 $3\omega_1$ 之间的接近程度；引入调谐参数 σ_2，描述脉动频率 ω 与 $2\omega_1$ 之间的接近程度

$$\omega_2 = 3\omega_1 + \varepsilon\sigma_1,\ \omega = 2\omega_2 + \varepsilon\sigma_2. \tag{3.23}$$

假设方程（3.19）的解为

$$v_0\left(x,T_0,T_1\right) = \varphi_1\left(x\right)A_1\left(T_1\right)\mathrm{e}^{\mathrm{i}\omega_1 T_0} + \varphi_2\left(x\right)A_2\left(T_1\right)\mathrm{e}^{\mathrm{i}\omega_2 T_0} + cc \tag{3.24}$$

将式（3.23）和（3.24）代入（3.21），得到

$$\begin{aligned}
&v_{1,T_0T_0} + 2\gamma_0 v_{1,xT_0} + \left(\kappa\gamma_0^2 - 1\right)v_{1,xx} + k_\mathrm{f}^2 v_{1,xxxx} + k_\mathrm{s} v_1 = -\Big[2\zeta_0\dot{A}_1 + \left(c_\mathrm{d}\zeta_0 + \alpha\zeta_1\right)A_1 \\
&-\frac{1}{2}k_\mathrm{N}^2\zeta_4 A_2\bar{A}_1^2\,\mathrm{e}^{\mathrm{i}\sigma_1 T_1} - \frac{1}{2}k_\mathrm{N}^2\zeta_5 A_1^2\bar{A}_1 - k_\mathrm{N}^2\zeta_6 A_2 A_1\bar{A}_2\Big]\mathrm{e}^{\mathrm{i}\omega_1 T_0} - \Big[2\xi_0\dot{A}_2 + \left(c_\mathrm{d}\xi_0 + \alpha\xi_1\right)A_2 \\
&+\gamma_1\xi_2 A_1\,\mathrm{e}^{\mathrm{i}\sigma_2 T_1} - \frac{1}{2}k_\mathrm{N}^2\xi_3 A_1^3\,\mathrm{e}^{-\mathrm{i}\sigma_1 T_1} - \frac{1}{2}k_\mathrm{N}^2\xi_4 A_2^2\bar{A}_2 - k_\mathrm{N}^2\xi_5 A_2 A_1\bar{A}_1\Big]\mathrm{e}^{\mathrm{i}\omega_2 T_0} + cc + NST
\end{aligned} \tag{3.25}$$

其中

$$\begin{aligned}
&\zeta_0 = \mathrm{i}\omega_1\varphi_1 + \gamma_0\varphi_1',\ \zeta_1 = \mathrm{i}\omega_1\varphi_1'''' + \gamma_0\varphi_1''''',\ \zeta_4 = \varphi_2''\int_0^1\bar{\varphi}_1'^2\,\mathrm{d}x + 2\bar{\varphi}_1''\int_0^1\varphi_2'\bar{\varphi}_1'\,\mathrm{d}x, \\
&\zeta_5 = 2\varphi_1''\int_0^1\varphi_1'\bar{\varphi}_1'\,\mathrm{d}x + \bar{\varphi}_1''\int_0^1\varphi_1'^2\mathrm{d}x,\ \zeta_6 = \varphi_2''\int_0^1\varphi_1'\bar{\varphi}_2'\,\mathrm{d}x + \varphi_1''\int_0^1\varphi_2'\bar{\varphi}_2'\,\mathrm{d}x + \bar{\varphi}_2''\int_0^1\varphi_2'\varphi_1'\,\mathrm{d}x; \\
&\xi_0 = \mathrm{i}\omega_2\varphi_2 + \gamma_0\varphi_2',\ \xi_1 = \mathrm{i}\omega_2\varphi_2'''' + \gamma_0\varphi_2''''',\ \xi_2 = \left[\left(1-x\right)\omega_2 - \mathrm{i}\kappa\gamma_0\right]\bar{\varphi}_2'' - \omega_2\bar{\varphi}_2', \\
&\xi_3 = \varphi_1''\int_0^1\varphi_1'^2\,\mathrm{d}x,\ \xi_4 = 2\varphi_2''\int_0^1\varphi_2'\bar{\varphi}_2'\,\mathrm{d}x + \bar{\varphi}_2''\int_0^1\varphi_2'^2\,\mathrm{d}x, \\
&\xi_5 = \varphi_2''\int_0^1\varphi_1'\bar{\varphi}_1'\,\mathrm{d}x + \varphi_1''\int_0^1\varphi_2'\bar{\varphi}_1'\,\mathrm{d}x + \bar{\varphi}_1''\int_0^1\varphi_2'\varphi_1'\,\mathrm{d}x.
\end{aligned} \tag{3.26}$$

为了求解黏弹性效应简支边界条件（3.22），我们假设 v_1（x，T_0，T_1）的形式为

$$v_1\left(x,T_0,T_1\right) = \psi_1\left(x,T_1\right)\mathrm{e}^{\mathrm{i}\omega_1 T_0} + \psi_2\left(x,T_1\right)\mathrm{e}^{\mathrm{i}\omega_2 T_0} + cc + NST \tag{3.27}$$

将式（3.27）代入（3.25），分别提取等号两边 exp（$\mathrm{i}\omega_1 T_0$）和 exp（$\mathrm{i}\omega_2 T_0$）系数项，得到

$$\begin{aligned}
&\left(k_\mathrm{s} - \omega_1^2\right)\psi_1 + 2\mathrm{i}\gamma_0\omega_1\psi_{1,x} + \left(\kappa\gamma_0^2 - 1\right)\psi_{1,xx} + k_\mathrm{f}^2\psi_{1,xxxx} = \\
&-\Big[2\zeta_0\dot{A}_1 + \left(c_\mathrm{d}\zeta_0 + \alpha\zeta_1\right)A_1 - \frac{1}{2}k_\mathrm{N}^2\zeta_4 A_2\bar{A}_1^2\,\mathrm{e}^{\mathrm{i}\sigma_1 T_1} - \frac{1}{2}k_\mathrm{N}^2\zeta_5 A_1^2\bar{A}_1 - k_\mathrm{N}^2\zeta_6 A_2 A_1\bar{A}_2\Big]
\end{aligned} \tag{3.28}$$

$$\left(k_{\rm s}-\omega_2^2\right)\psi_2+2{\rm i}\gamma_0\omega_2\psi_{2,x}+\left(\kappa\gamma_0^2-1\right)\psi_{2,xx}+k_{\rm f}^2\psi_{2,xxxx}=-\Big[2\xi_0\dot{A}_2+\gamma_1\xi_2\bar{A}_2\,{\rm e}^{{\rm i}\sigma_2T_1}$$
$$+\left(c_{\rm d}\xi_0+\alpha\xi_1\right)A_2-\frac{1}{2}k_{\rm N}^2\xi_3A_1^3\,{\rm e}^{-{\rm i}\sigma_1T_1}-\frac{1}{2}k_{\rm N}^2\xi_4A_2^2\bar{A}_2-k_{\rm N}^2\xi_5A_2A_1\bar{A}_1\Big] \tag{3.29}$$

由可解性条件得

$$\left\langle\left(k_{\rm s}-\omega_1^2\right)\psi_1+2{\rm i}\gamma_0\omega_1\psi_{1,x}+\left(\kappa\gamma_0^2-1\right)\psi_{1,xx}+k_{\rm f}^2\psi_{1,xxxx},\varphi_1\right\rangle=\Big\langle-\Big[2\zeta_0\dot{A}_1$$
$$+\left(c_{\rm d}\zeta_0+\alpha\zeta_1\right)A_1-\frac{1}{2}k_{\rm N}^2\zeta_4A_2\bar{A}_1^2\,{\rm e}^{{\rm i}\sigma_1T_1}-\frac{1}{2}k_{\rm N}^2\zeta_5A_1^2\bar{A}_1-k_{\rm N}^2\zeta_6A_2A_1\bar{A}_2\Big],\varphi_1\Big\rangle \tag{3.30}$$

$$\left\langle\left(k_{\rm s}-\omega_2^2\right)\psi_2+2{\rm i}\gamma_0\omega_2\psi_{2,x}+\left(\kappa\gamma_0^2-1\right)\psi_{2,xx}+k_{\rm f}^2\psi_{2,xxxx},\varphi_2\right\rangle$$
$$=\Big\langle-\Big[2\xi_0\dot{A}_2+\gamma_1\xi_2\bar{A}_2\,{\rm e}^{{\rm i}\sigma_2T_1}+\left(c_{\rm d}\xi_0+\alpha\xi_1\right)A_2$$
$$-\frac{1}{2}k_{\rm N}^2\xi_3A_1^3\,{\rm e}^{-{\rm i}\sigma_1T_1}-\frac{1}{2}k_{\rm N}^2\xi_4A_2^2\bar{A}_2-k_{\rm N}^2\xi_5A_2A_1\bar{A}_1\Big],\varphi_2\Big\rangle \tag{3.31}$$

根据边界条件（3.20）、（3.22）和分配律，得到

$$\alpha A_1\gamma_0\varphi_{1,xxx}\bar{\varphi}_{1,x}\Big|_0^1=\Big\langle-\Big[2\zeta_0\dot{A}_1+\left(c_{\rm d}\zeta_0+\alpha\zeta_1\right)A_1$$
$$-\frac{1}{2}k_{\rm N}^2\zeta_4A_2\bar{A}_1^2\,{\rm e}^{{\rm i}\sigma_1T_1}-\frac{1}{2}k_{\rm N}^2\zeta_5A_1^2\bar{A}_1-k_{\rm N}^2\zeta_6A_2A_1\bar{A}_2\Big],\varphi_1\Big\rangle \tag{3.32}$$

$$\alpha A_2\gamma_0\varphi_{2,xxx}\bar{\varphi}_{2,x}\Big|_0^1=\Big\langle-\Big[2\xi_0\dot{A}_2+\left(c_{\rm d}\xi_0+\alpha\xi_1\right)A_2+\gamma_1\xi_2\bar{A}_2\,{\rm e}^{{\rm i}\sigma_2T_1}$$
$$-\frac{1}{2}k_{\rm N}^2\xi_3A_1^3\,{\rm e}^{-{\rm i}\sigma_1T_1}-\frac{1}{2}k_{\rm N}^2\xi_4A_2^2\bar{A}_2-k_{\rm N}^2\xi_5A_2A_1\bar{A}_1\Big],\varphi_2\Big\rangle \tag{3.33}$$

应用内积的性质，整理式（3.32）和（3.33），得到

$$\dot{A}_1+\left(0.5c_{\rm d}+\alpha\zeta_1\right)A_1+k_{\rm N}^2\zeta_4A_2\bar{A}_1^2\,{\rm e}^{{\rm i}\sigma_1T_1}+k_{\rm N}^2\zeta_5A_1^2\bar{A}_1+k_{\rm N}^2\zeta_6A_2A_1\bar{A}_2=0 \tag{3.34}$$

$$\dot{A}_2+\left(0.5c_{\rm d}+\alpha\xi_1\right)A_2+\gamma_1\xi_2\bar{A}_2\,{\rm e}^{{\rm i}\sigma_2T_1}$$
$$+k_{\rm N}^2\xi_3A_1^3\,{\rm e}^{-{\rm i}\sigma_1T_1}+k_{\rm N}^2\xi_4A_2^2\bar{A}_2+k_{\rm N}^2\xi_5A_2A_1\bar{A}_1=0 \tag{3.35}$$

其中

$$\zeta_1\leftrightarrow\frac{\int_0^1\zeta_1\bar{\varphi}_1\,{\rm d}x+\gamma_0\varphi_{1,xxx}\bar{\varphi}_{1,x}\Big|_0^1}{\int_0^1 2\zeta_0\bar{\varphi}_1\,{\rm d}x},\ \zeta_4\leftrightarrow-\frac{\int_0^1\zeta_4\bar{\varphi}_1\,{\rm d}x}{\int_0^1 4\zeta_0\bar{\varphi}_1\,{\rm d}x},$$
$$\zeta_5\leftrightarrow-\frac{\int_0^1\zeta_5\bar{\varphi}_1\,{\rm d}x}{\int_0^1 4\zeta_0\bar{\varphi}_1\,{\rm d}x},\ \zeta_6\leftrightarrow-\frac{\int_0^1\zeta_6\bar{\varphi}_1\,{\rm d}x}{\int_0^1 2\zeta_0\bar{\varphi}_1\,{\rm d}x}. \tag{3.36}$$

$$\xi_1 \leftrightarrow \frac{\int_0^1 \xi_1\bar{\varphi}_2\,\mathrm{d}x + \gamma_0\varphi_{2,xxx}\bar{\varphi}_{2,x}\big|_0^1}{\int_0^1 2\xi_0\bar{\varphi}_2\,\mathrm{d}x},\ \xi_2 \leftrightarrow \frac{\int_0^1 \xi_2\bar{\varphi}_2\,\mathrm{d}x}{\int_0^1 2\xi_0\bar{\varphi}_2\,\mathrm{d}x},\ \xi_3 \leftrightarrow -\frac{\int_0^1 \xi_3\bar{\varphi}_2\,\mathrm{d}x}{\int_0^1 4\xi_0\bar{\varphi}_2\,\mathrm{d}x},$$
$$\xi_4 \leftrightarrow -\frac{\int_0^1 \xi_4\bar{\varphi}_2\,\mathrm{d}x}{\int_0^1 4\xi_0\bar{\varphi}_2\,\mathrm{d}x},\ \xi_5 \leftrightarrow -\frac{\int_0^1 \xi_5\bar{\varphi}_2\,\mathrm{d}x}{\int_0^1 2\xi_0\bar{\varphi}_2\,\mathrm{d}x}. \tag{3.37}$$

给定具体的参数值，数值验证均表明 ζ_1 和 ξ_1 是正实数；ζ_5、ζ_6、ξ_4 和 ξ_5 是负虚数；ζ_4、ξ_2 和 ξ_3 是复数。

引入极坐标表达式

$$A_1=\alpha_1(T_1)e^{\mathrm{i}\beta_1(T_1)},\quad A_2=\alpha_2(T_1)e^{\mathrm{i}\beta_2(T_1)}. \tag{3.38}$$

其中，α_n 和 β_n（n=1，2）是 T_1 的实函数，分别为对应第 n 阶模态的幅值和相角。将式代入式（3.34）和（3.35），并分离实部和虚部，得到

$$\alpha_{1,T_1}=-(0.5c_{\mathrm{d}}+\alpha\zeta_1)\alpha_1+k_{\mathrm{N}}^2\left(\zeta_4^{\mathrm{I}}\sin\theta_1-\zeta_4^{\mathrm{R}}\cos\theta_1\right)\alpha_1^2\alpha_2 \tag{3.39}$$

$$\alpha_1\beta_{1,T_1}=-k_{\mathrm{N}}^2\left(\zeta_5^{\mathrm{I}}\alpha_1^2+\zeta_6^{\mathrm{I}}\alpha_2^2\right)\alpha_1-k_{\mathrm{N}}^2\left(\zeta_4^{\mathrm{R}}\sin\theta_1+\zeta_4^{\mathrm{I}}\cos\theta_1\right)\alpha_1^2\alpha_2 \tag{3.40}$$

$$\begin{aligned}\alpha_{2,T_1}=&-(0.5c_{\mathrm{d}}+\alpha\xi_1)\alpha_2-k_{\mathrm{N}}^2\left(\xi_3^{\mathrm{I}}\sin\theta_1+\xi_3^{\mathrm{R}}\cos\theta_1\right)\alpha_1^3\\&-\gamma_1\left(\xi_2^{\mathrm{R}}\cos\theta_2-\xi_2^{\mathrm{I}}\sin\theta_2\right)\alpha_2\end{aligned} \tag{3.41}$$

$$\begin{aligned}\alpha_2\beta_{2,T_1}=&-k_{\mathrm{N}}^2\left(\xi_5^{\mathrm{I}}\alpha_1^2+\xi_4^{\mathrm{I}}\alpha_2^2\right)\alpha_2-k_{\mathrm{N}}^2\left(\xi_3^{\mathrm{I}}\cos\theta_1-\xi_3^{\mathrm{R}}\sin\theta_1\right)\alpha_1^3\\&-\gamma_1\left(\xi_2^{\mathrm{I}}\cos\theta_2+\xi_2^{\mathrm{R}}\sin\theta_2\right)\alpha_2\end{aligned} \tag{3.42}$$

其中

$$\theta_1=\sigma_1T_1-3\beta_1+\beta_2,\qquad \theta_2=\sigma_2T_1-2\beta_2. \tag{3.43}$$

显然，式（3.39）—（3.42）有零解。假设式（3.39）—（3.42）还有非零解，则其解的可能存在两种情况：① α_{sl}=0 且 $\alpha_{s'l'}\neq 0$；② $\alpha_{sl}\neq 0$ 且 $\alpha_{s'l'}\neq 0$。

首先我们研究零解的稳定性，引入直角坐标变换

$$A_1(T_1)=\left[p_1(T_1)+\mathrm{i}q_1(T_1)\right]\mathrm{e}^{\mathrm{i}S_1T_1},\ A_2(T_1)=\left[p_2(T_1)+\mathrm{i}q_2(T_1)\right]\mathrm{e}^{\mathrm{i}S_2T_1}. \tag{3.44}$$

其中，p_h 和 q_h（h=1，2）是 T_1 的实函数，且

$$S_1=\frac{2\sigma_1+\sigma_2}{6},\ S_2=\frac{1}{2}\sigma_2. \tag{3.45}$$

将式（3.44）代入（3.34）和（3.35），然后分离实部和虚部，得到

$$\begin{aligned}\dot{p}_1 =& -\left(0.5c_{\mathrm{d}}+\alpha\zeta_1\right)p_1+S_1q_1+k_{\mathrm{N}}^2\left\{q_1\left[\left(p_1^2+q_1^2\right)\zeta_5^{\mathrm{I}}+\left(p_2^2+q_2^2\right)\zeta_6^{\mathrm{I}}\right]\right.\\&\left.-2p_1q_1\left(\zeta_4^{\mathrm{I}}p_2+\zeta_4^{\mathrm{R}}q_2\right)-\left(p_1^2-q_1^2\right)\left(\zeta_4^{\mathrm{R}}p_2-\zeta_4^{\mathrm{I}}q_2\right)\right\}\end{aligned} \tag{3.46}$$

$$\begin{aligned}\dot{q}_1 =& -S_1p_1-\left(0.5c_{\mathrm{d}}+\alpha\zeta_1\right)q_1-k_{\mathrm{N}}^2\left\{p_1\left[\left(p_1^2+q_1^2\right)\zeta_5^{\mathrm{I}}+\left(p_2^2+q_2^2\right)\zeta_6^{\mathrm{I}}\right]\right.\\&\left.-2p_1q_1\left(\zeta_4^{\mathrm{R}}p_2-\zeta_4^{\mathrm{I}}q_2\right)+\left(p_1^2-q_1^2\right)\left(\zeta_4^{\mathrm{I}}p_2+\zeta_4^{\mathrm{R}}q_2\right)\right\}\end{aligned} \tag{3.47}$$

$$\begin{aligned}\dot{p}_2 =& -\left(0.5c_{\mathrm{d}}+\alpha\xi_1+\gamma_1\xi_2^{\mathrm{R}}\right)p_2+\left(S_2-\gamma_1\xi_2^{\mathrm{I}}\right)q_2+k_{\mathrm{N}}^2\left\{q_2\left(p_1^2+q_1^2\right)\xi_5^{\mathrm{I}}\right.\\&\left.+q_2\left(p_2^2+q_2^2\right)\xi_4^{\mathrm{I}}+q_1\left(3p_1^2-q_1^2\right)\xi_3^{\mathrm{I}}-p_1\left(p_1^2-3q_1^2\right)\xi_3^{\mathrm{R}}\right\}\end{aligned} \tag{3.48}$$

$$\begin{aligned}\dot{q}_2 =& -\left(S_2+\gamma_1\xi_2^{\mathrm{I}}\right)p_2-\left(0.5c_{\mathrm{d}}+\alpha\xi_1-\gamma_1\xi_2^{\mathrm{I}}\right)q_2-k_{\mathrm{N}}^2\left\{p_2\left(p_1^2+q_1^2\right)\xi_5^{\mathrm{I}}\right.\\&\left.+p_2\left(p_2^2+q_2^2\right)\xi_4^{\mathrm{I}}+q_1\left(3p_1^2-q_1^2\right)\xi_3^{\mathrm{R}}+p_1\left(p_1^2-3q_1^2\right)\xi_3^{\mathrm{I}}\right\}\end{aligned} \tag{3.49}$$

方程组（3.46）—（3.49）系数矩阵特征方程的特征值可以判定其零解的稳定性，若特征值全部具有负实部说明系统稳定。根据方程组（3.46）—（3.49）右端系数矩阵的特征方程，计算其行列式，得到

$$\begin{aligned}&\left[\lambda^2+\lambda\left(2\alpha\zeta_1+c_{\mathrm{d}}\right)+\left(\alpha\zeta_1+0.5c_{\mathrm{d}}\right)^2+S_1^2\right]\\&\cdot\left[\lambda^2+\lambda\left(2\alpha\xi_1+c_{\mathrm{d}}\right)+\left(\alpha\xi_1+0.5c_{\mathrm{d}}\right)^2+S_2^2-\gamma_1^2\left|\xi_2\right|^2\right]=0\end{aligned} \tag{3.50}$$

根据 Routh-Hurwitz 判据，代数方程（3.50）有稳定零解的充分必要条件为

$$\begin{aligned}&2\alpha\zeta_1+c_{\mathrm{d}}>0,\ \ \left(\alpha\zeta_1+0.5c_{\mathrm{d}}\right)^2+S_1^2>0,\\&2\alpha\xi_1+c_{\mathrm{d}}>0,\ \ \left(\alpha\xi_1+0.5c_{\mathrm{d}}\right)^2+S_2^2-\gamma_1^2\left|\xi_2\right|^2>0.\end{aligned} \tag{3.51}$$

因此，式（3.34）和（3.35）有稳定零解的条件为

$$\gamma_1<\frac{\sqrt{\left(\alpha\xi_1+0.5c_{\mathrm{d}}\right)^2+S_2^2}}{\left|\xi_2\right|}=\frac{\sqrt{\left(2\alpha\xi_1+c_{\mathrm{d}}\right)^2+\sigma_2^2}}{2\left|\xi_2\right|} \tag{3.52}$$

接下来我们研究系统单模态解及其稳定性，首先，将 $\alpha_1=0$ 和 $\alpha_2\neq 0$ 代入（3.41）和（3.42），化简得到

$$\alpha_{2,T_1}=-\left(0.5c_{\mathrm{d}}+\alpha\xi_1\right)\alpha_2-\gamma_1\left(\xi_2^{\mathrm{R}}\cos\theta_2-\xi_2^{\mathrm{I}}\sin\theta_2\right)\alpha_2 \tag{3.53}$$

$$\beta_{2,T_1}=-k_{\mathrm{N}}^2\xi_4^{\mathrm{I}}\alpha_2^2-\gamma_1\left(\xi_2^{\mathrm{I}}\cos\theta_2+\xi_2^{\mathrm{R}}\sin\theta_2\right) \tag{3.54}$$

对于稳态响应，其幅值 α_2 和新的相位角 θ_2 都应为常数，即

$$-\left(0.5c_{\mathrm{d}}+\alpha\xi_1\right)\alpha_2-\gamma_1\left(\xi_2^{\mathrm{R}}\cos\theta_2-\xi_2^{\mathrm{I}}\sin\theta_2\right)\alpha_2=0 \tag{3.55}$$

$$-k_{\mathrm{N}}^2\xi_4^{\mathrm{I}}\alpha_2^2-\gamma_1\left(\xi_2^{\mathrm{I}}\cos\theta_2+\xi_2^{\mathrm{R}}\sin\theta_2\right)=\frac{\sigma_2}{2} \tag{3.56}$$

联立式（3.55）和（3.56），然后消去相位角 θ_2，得到单模态解的响应为

$$\alpha_2=\sqrt{\frac{-\sigma_2\pm2\sqrt{\left|\xi_2\right|^2\gamma_1^2-\left(0.5c_{\mathrm{d}}+\alpha\xi_1\right)^2}}{2k_{\mathrm{N}}^2\xi_4^{\mathrm{I}}}} \tag{3.57}$$

为研究系统单模态解的稳定性，引入坐标变换

$$A_1\left(T_1\right)=\left[p_1\left(T_1\right)+\mathrm{i}\,q_1\left(T_1\right)\right]\mathrm{e}^{\mathrm{i}S_1T_1},\ A_2=\alpha_2\left(T_1\right)e^{\mathrm{i}\beta_2\left(T_1\right)}. \tag{3.58}$$

其中

$$S_1=\frac{\sigma_1+\beta_{2,T_1}}{3} \tag{3.59}$$

其次，将式（3.58）代入（3.34）和（3.35），并分离实部和虚部，得到

$$\begin{aligned}p_{1,T_1}=&-\left(0.5c_{\mathrm{d}}+\alpha\zeta_1\right)p_1+\left(S_1+k_{\mathrm{N}}^2\zeta_6^{\mathrm{I}}\alpha_2^2\right)q_1+k_{\mathrm{N}}^2q_1\zeta_5^{\mathrm{I}}\left(p_1^2+q_1^2\right)\\&-k_{\mathrm{N}}^2\alpha_2\left[\zeta_4^{\mathrm{R}}\left(p_1^2-q_1^2\right)+2\zeta_4^{\mathrm{I}}p_1q_1\right]\end{aligned} \tag{3.60}$$

$$\begin{aligned}q_{1,T_1}=&-\left(S_1+k_{\mathrm{N}}^2\zeta_6^{\mathrm{I}}\alpha_2^2\right)p_1-\left(0.5c_{\mathrm{d}}+\alpha\zeta_1\right)q_1-k_{\mathrm{N}}^2p_1\zeta_5^{\mathrm{I}}\left(p_1^2+q_1^2\right)\\&-k_{\mathrm{N}}^2\alpha_2\left[\zeta_4^{\mathrm{I}}\left(p_1^2-q_1^2\right)-2\zeta_4^{\mathrm{R}}p_1q_1\right]\end{aligned} \tag{3.61}$$

$$\begin{aligned}\alpha_{2,T_1}=&-\left(0.5c_{\mathrm{d}}+\alpha\xi_1\right)\alpha_2+\left(\xi_2^{\mathrm{I}}\sin\theta_2-\xi_2^{\mathrm{R}}\cos\theta_2\right)\gamma_1\alpha_2\\&-k_{\mathrm{N}}^2\left[\xi_3^{\mathrm{R}}p_1\left(p_1^2-3q_1^2\right)+\xi_3^{\mathrm{I}}q_1\left(q_1^2-3p_1^2\right)\right]\end{aligned} \tag{3.62}$$

$$\begin{aligned}\theta_{2,T_1}=&\,\sigma_2+2\Big\{k_{\mathrm{N}}^2\xi_4^{\mathrm{I}}\alpha_2^2+\left(\xi_2^{\mathrm{R}}\sin\theta_2+\xi_2^{\mathrm{I}}\cos\theta_2\right)\gamma_1+k_{\mathrm{N}}^2\xi_5^{\mathrm{I}}\left(p_1^2+q_1^2\right)\\&+k_{\mathrm{N}}^2\left[\xi_3^{\mathrm{I}}p_1\left(p_1^2-3q_1^2\right)-\xi_3^{\mathrm{R}}q_1\left(q_1^2-3p_1^2\right)\right]\Big/\alpha_2\Big\}\end{aligned} \tag{3.63}$$

方程组（3.60）—（3.63）右端系数矩阵特征方程的行列式为

$$\begin{aligned}&\left[\lambda^2+\left(c_{\mathrm{d}}+2\alpha\zeta_1\right)\lambda+\left(0.5c_{\mathrm{d}}+\alpha\zeta_1\right)^2+\left(S_1+k_{\mathrm{N}}^2\zeta_6^{\mathrm{I}}\alpha_2^2\right)^2\right]\cdot\\&\left[\lambda^2+\left(c_{\mathrm{d}}+2\alpha\xi_1\right)\lambda\pm4k_{\mathrm{N}}^2\xi_4^{\mathrm{I}}\alpha_2^2\sqrt{\left|\xi_2\right|^2\gamma_1^2-\left(0.5c_{\mathrm{d}}+\alpha\xi_1\right)^2}\right]=0\end{aligned} \tag{3.64}$$

根据 Routh–Hurwitz 判据可求得单模态解稳定的充分必要条件为

$$
\begin{aligned}
&\left(c_{\mathrm{d}}+2\alpha\zeta_1\right)>0,\ \left(0.5c_{\mathrm{d}}+\alpha\zeta_1\right)^2+\left(S_1+k_{\mathrm{N}}^2\zeta_6^{\mathrm{I}}\alpha_2^2\right)^2>0,\\
&\left(c_{\mathrm{d}}+2\alpha\xi_1\right)>0,\ \pm 4k_{\mathrm{N}}^2\xi_4^{\mathrm{I}}\alpha_2^2\sqrt{\left|\xi_2\right|^2\gamma_1^2-\left(0.5c_{\mathrm{d}}+\alpha\xi_1\right)^2}>0.
\end{aligned}
\tag{3.65}
$$

由上式可知，第一个单模态解总是不稳定的，而第二个单模态解总是稳定的。

最后，我们研究系统双模态解及其稳定性，联立式（3.40）和（3.42），得到

$$
\begin{aligned}
\theta_{1,T_1}=&\sigma_1+k_{\mathrm{N}}^2\left(3\zeta_5^{\mathrm{I}}-\xi_5^{\mathrm{I}}\right)\alpha_1^2+k_{\mathrm{N}}^2\left(3\zeta_6^{\mathrm{I}}-\xi_4^{\mathrm{I}}\right)\alpha_2^2-\gamma_1\left(\xi_2^{\mathrm{I}}\cos\theta_2+\xi_2^{\mathrm{R}}\sin\theta_2\right)\\
&+k_{\mathrm{N}}^2\left[\cos\theta_1\left(3\zeta_4^{\mathrm{I}}\alpha_2^2-\xi_3^{\mathrm{I}}\alpha_1^2\right)+\sin\theta_1\left(3\zeta_4^{\mathrm{R}}\alpha_2^2+\xi_3^{\mathrm{R}}\alpha_1^2\right)\right]\alpha_1/\alpha_2
\end{aligned}
\tag{3.66}
$$

$$
\begin{aligned}
\theta_{2,T_1}=&\sigma_2+2k_{\mathrm{N}}^2\left(\xi_5^{\mathrm{I}}\alpha_1^2+\xi_4^{\mathrm{I}}\alpha_2^2\right)+2k_{\mathrm{N}}^2\left(\xi_3^{\mathrm{I}}\cos\theta_1-\xi_3^{\mathrm{R}}\sin\theta_1\right)\alpha_1^3/\alpha_2\\
&+2\gamma_1\left(\xi_2^{\mathrm{I}}\cos\theta_2+\xi_2^{\mathrm{R}}\sin\theta_2\right)
\end{aligned}
\tag{3.67}
$$

对于稳态响应，其幅值 α_2 和新的相位角 θ_2 都应为常数，即

$$
-\left(0.5c_{\mathrm{d}}+\alpha\zeta_1\right)\alpha_1+k_{\mathrm{N}}^2\left(\zeta_4^{\mathrm{I}}\sin\theta_1-\zeta_4^{\mathrm{R}}\cos\theta_1\right)\alpha_1^2\alpha_2=0
\tag{3.68}
$$

$$
\begin{aligned}
&\sigma_1+k_{\mathrm{N}}^2\left(3\zeta_5^{\mathrm{I}}-\xi_5^{\mathrm{I}}\right)\alpha_1^2+k_{\mathrm{N}}^2\left(3\zeta_6^{\mathrm{I}}-\xi_4^{\mathrm{I}}\right)\alpha_2^2-\gamma_1\left(\xi_2^{\mathrm{I}}\cos\theta_2+\xi_2^{\mathrm{R}}\sin\theta_2\right)\\
&+k_{\mathrm{N}}^2\left[\cos\theta_1\left(3\zeta_4^{\mathrm{I}}\alpha_2^2-\xi_3^{\mathrm{I}}\alpha_1^2\right)+\sin\theta_1\left(3\zeta_4^{\mathrm{R}}\alpha_2^2+\xi_3^{\mathrm{R}}\alpha_1^2\right)\right]\alpha_1/\alpha_2=0
\end{aligned}
\tag{3.69}
$$

$$
\begin{aligned}
&-\left(0.5c_{\mathrm{d}}+\alpha\xi_1\right)\alpha_2-k_{\mathrm{N}}^2\left(\xi_3^{\mathrm{I}}\sin\theta_1+\xi_3^{\mathrm{R}}\cos\theta_1\right)\alpha_1^3\\
&-\gamma_1\left(\xi_2^{\mathrm{R}}\cos\theta_2-\xi_2^{\mathrm{I}}\sin\theta_2\right)\alpha_2=0
\end{aligned}
\tag{3.70}
$$

$$
\begin{aligned}
&\sigma_2+2k_{\mathrm{N}}^2\left(\xi_5^{\mathrm{I}}\alpha_1^2+\xi_4^{\mathrm{I}}\alpha_2^2\right)+2k_{\mathrm{N}}^2\left(\xi_3^{\mathrm{I}}\cos\theta_1-\xi_3^{\mathrm{R}}\sin\theta_1\right)\alpha_1^3/\alpha_2\\
&+2\gamma_1\left(\xi_2^{\mathrm{I}}\cos\theta_2+\xi_2^{\mathrm{R}}\sin\theta_2\right)=0
\end{aligned}
\tag{3.71}
$$

因为 ζ_4 和 ξ_3 与 Euler 梁线性派生系统的黏弹性系数、黏性阻尼系数和速度脉动幅值无关，而仅与固有频率、模态和轴向运动平均速度有关，所以，由式（3.68）和（3.70）可得

$$
\frac{\zeta_4^{\mathrm{R}}}{\xi_3^{\mathrm{R}}}=-\frac{\zeta_4^{\mathrm{I}}}{\xi_3^{\mathrm{I}}}=C
\tag{3.72}
$$

将式（3.72）代入（3.68）—（3.71），然后消去 θ_1 和 θ_2，得到双模态解的响应为

$$
9\left(c_{\mathrm{d}}+2\alpha\zeta_1\right)^2+\left[2\sigma_1+\sigma_2+6k_{\mathrm{N}}^2\left(\zeta_5^{\mathrm{I}}\alpha_1^2+\zeta_6^{\mathrm{I}}\alpha_2^2\right)\right]^2=36k_{\mathrm{N}}^4C^2\alpha_1^2\alpha_2^2\left|\xi_2\right|^2
\tag{3.73}
$$

$$9\left[C\left(c_{\mathrm{d}}+2\alpha\xi_{1}\right)\alpha_{2}^{2}-\left(c_{\mathrm{d}}+2\alpha\zeta_{1}\right)\alpha_{1}^{2}\right]^{2}+\left\{3C\alpha_{2}^{2}\left[\sigma_{2}+2k_{\mathrm{N}}^{2}\left(\xi_{5}^{\mathrm{I}}\alpha_{1}^{2}+\xi_{4}^{\mathrm{I}}\alpha_{2}^{2}\right)\right]\right.$$
$$\left.+\alpha_{1}^{2}\left[2\sigma_{1}+\sigma_{2}+6k_{\mathrm{N}}^{2}\left(\zeta_{5}^{\mathrm{I}}\alpha_{1}^{2}+\zeta_{6}^{\mathrm{I}}\alpha_{2}^{2}\right)\right]\right\}^{2}=36C^{2}\alpha_{2}^{4}\left|\xi_{2}\right|^{2}\gamma_{1}^{2} \tag{3.74}$$

对于系统双模态解的稳定性，我们将解得的振幅和相位角，回代到式（3.39）、（3.41）、（3.66）和（3.67）右端系数矩阵的特征方程，然后根据Routh–Hurwitz 判据求得系统双模态解的稳定性。

参照第二章的数值算例，选取相同的材料参数，当 κ=0.5、k_f=0.2、k_s=0.72 和 γ_0=1.13 时，前两阶固有频率分别为 ω_1=2.31785557 和 ω_2=8.85811584，相应的调谐参数为 σ_1=1.90454913。由于响应关于 σ_2 轴对称的，因此以下曲线只给出正值部分。

给定 α=0.00001、c_d=0.001、γ_0=1.13 和 γ_1=0.05，图 3.1 给出了存在内共振时，前两阶模态的响应曲线及其稳定性情况。图中实线代表稳定解；虚线代表不稳定解。从图中可以看出，响应的解有三种情况：零解、单模态解和双模态解。单模态解曲线向右偏，呈现为硬弹簧特性。双模态解只在局部范围存在。由图 3.1 可知，当 $|\sigma_2|$>0.49903 时，系统存在稳定的零解；当 $|\sigma_2|$<0.49903 时，系统存在不稳定的零解。当 σ_2=PB1（σ_2=−0.49903）时发生超临界叉式分岔，当 σ_2=PB2（σ_2=0.49903）时发生次临界叉式分岔。双模态解存在两组稳定部分，第一部分稳定解在极限点 SN1（σ_2=1.125）和 hopf 分叉点 HB1（σ_2=1.530）之间，第二部分稳定解在 SN2（σ_2=1.641）和 SN3（σ_2=1.759）之间。

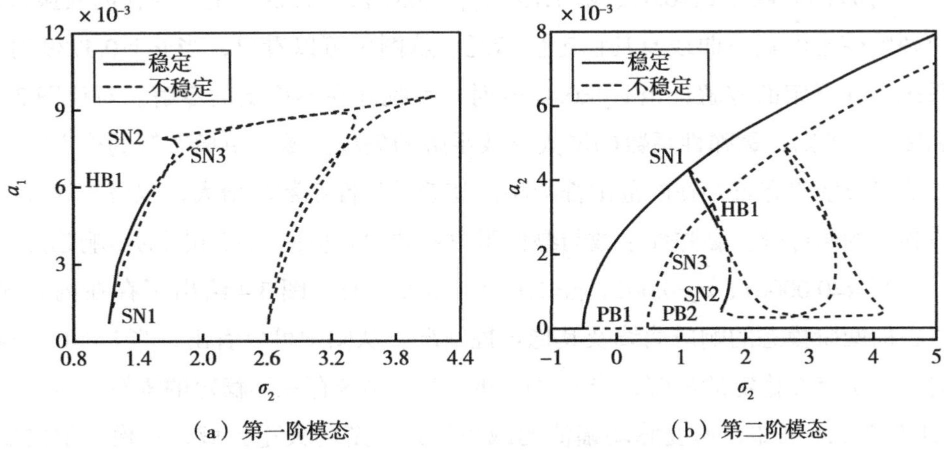

（a）第一阶模态　（b）第二阶模态

图 3.1　响应曲线及其稳定性（α=0.00001、c_d=0.001、γ_0=1.13 和 γ_1=0.05）

给定 α=0.00001、c_d=0.01、γ_0=1.13 和 γ_1=0.05，图 3.2 给出了存在内共振时，前两阶模态的响应曲线及其稳定性情况。从图中可以看出，当 $|\sigma_2|>0.4984$ 时，系统存在稳定的零解；当 $|\sigma_2|<0.4984$ 时，系统存在不稳定的零解。对比图 3.1 和图 3.2 可知，黏性阻尼系数的增大导致零解的失稳区域、单模态解的稳态响应幅值以及双模态解存在的范围都减小。随着黏性阻尼系数的增大，双模态解分离成独立的两部分。与零解和单模态解相比，双模态解对黏性阻尼系数的变化更为敏感。

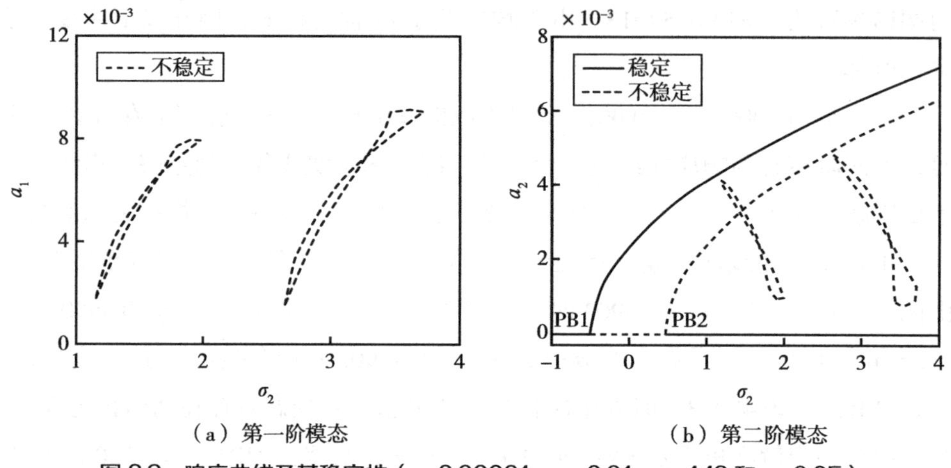

（a）第一阶模态　　（b）第二阶模态

图 3.2 响应曲线及其稳定性（α=0.00001、c_d=0.01、γ_0=1.13 和 γ_1=0.05）

当 α=0.00005、c_d=0.01、γ_0=1.13 和 γ_1=0.05 时，图 3.3 给出了存在内共振时，前两阶模态的响应曲线及其稳定性情况。从图中可以看出，当 $|\sigma_2|>0.4739$ 时，系统存在稳定的零解；当 $|\sigma_2|<0.4739$ 时，系统存在不稳定的零解。对比图 3.2 和图 3.3 可知，黏弹性系数的增大导致零解的失稳区域、单模态解的稳态响应幅值以及双模态解存在的范围都减小。随着黏弹性系数的增大，双模态解分离成独立的两部分。黏弹性系数与黏性阻尼系数对响应曲线有相同的影响趋势。

当 α=0.00001、c_d=0.001、γ_0=1.13 和 γ_1=0.03 时，图 3.4 给出了存在内共振时，前两阶模态的响应曲线及其稳定性情况。从图中可以看出，当 $|\sigma_2|>0.2984$ 时，系统存在稳定的零解；当 $|\sigma_2|<0.2984$ 时，系统存在不稳定的零解。对比图 3.1 和图 3.4 可知，速度脉动幅值的减小导致零解的失稳区域、单模态解的稳态响应幅值以及双模态解存在的范围都减小。双模态解存在两段稳定部分，第

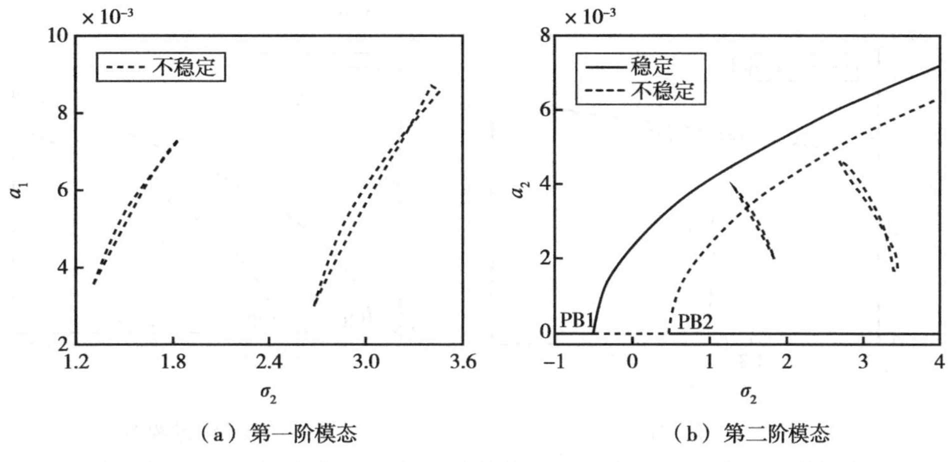

图 3.3　响应曲线及其稳定性（α=0.00005、c_d=0.01、γ_0=1.13 和 γ_1=0.05）

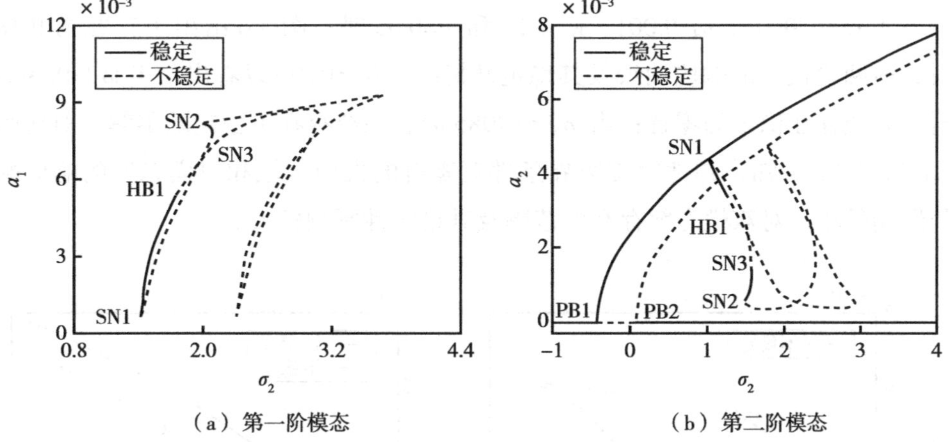

图 3.4　响应曲线及其稳定性（α=0.00001、c_d=0.001、γ_0=1.13 和 γ_1=0.03）

一部分稳定解在极限点 SN1（σ_2=1.424）和 hopf 分叉点 HB1（σ_2=1.740）之间，第二部分稳定解在 SN2（σ_2=1.995）和 SN3（σ_2=2.097）之间。

当 α=0.00001、c_d=0.001、γ_0=0.86 和 γ_1=0.05 时，图 3.5 给出了存在内共振时，前两阶模态的响应曲线及其稳定性情况。从图中可以看出，当 $|\sigma_2|$>0.6424 时，系统存在稳定的零解；当 $|\sigma_2|$<0.6424 时，系统存在不稳定的零解。对比图 3.1 和图 3.5 可知，零解的失稳区域随轴向平均速度的减小而增大，而单模态解的稳态响应幅值以及双模态解存在的范围都随轴向平均速度的减小而减小。

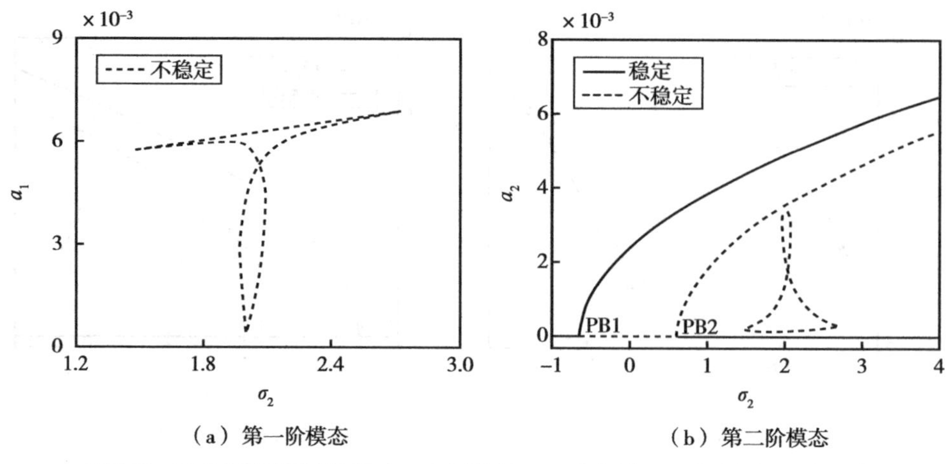

图 3.5　响应曲线及其稳定性（α=0.00001、c_d=0.001、γ_0=0.86 和 γ_1=0.05）

当 α=0.00001、c_d=0.001、γ_0=1.13 和 γ_1=0.05 时，图 3.6 给出了存在内共振时，前两阶模态的响应曲线及其稳定性情况。从图中可以看出，当 $|\sigma_2|>0.4985$ 时，系统存在稳定的零解；当 $|\sigma_2|<0.4985$ 时，系统存在不稳定的零解。对比图 3.1 和图 3.6 可知，弹性简支边界条件对零解的失稳区域和单模态解的响应幅值影响较小，对双模态解存在的范围及其稳定性影响较大。

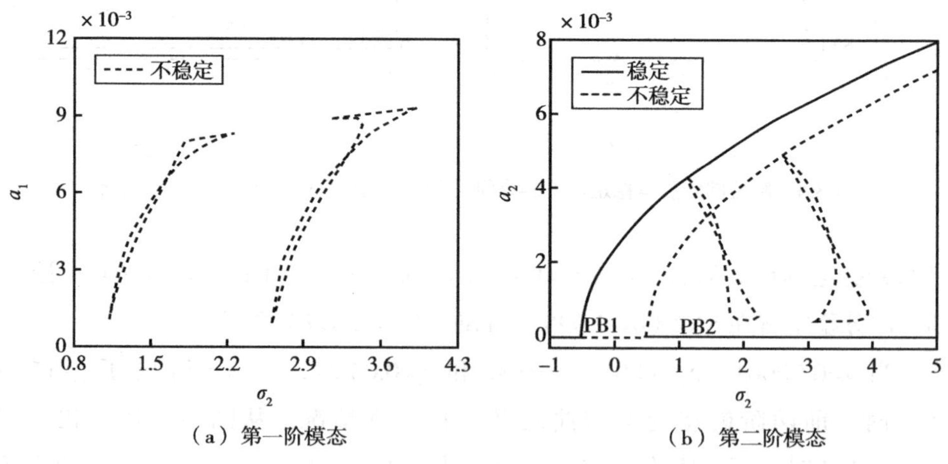

图 3.6　响应曲线及其稳定性（α=0.00001、c_d=0.001、γ_0=1.13 和 γ_1=0.05）

三、数值验证

在本节中，我们将采用微分求积法对前面通过直接多尺度法得到的近似解析结果进行数值验证。

取 Euler 梁的计算区域为 $0 \leqslant x \leqslant 1$，并令 $\varepsilon=1$。采用微分求积法对原始系统（3.12）进行离散，得到

$$\begin{aligned}
&\ddot{v}_i+\sum_{k=1}^{N}\left(2\gamma A_{ik}^{(1)}+\alpha\tilde{A}_{ik}^{(4)}\right)\dot{v}_k+c_{\mathrm{d}}\dot{v}_i+k_{\mathrm{s}}v_i\\
&+\sum_{k=1}^{N}\left\{\left[\kappa\gamma^2-\left(x_i-1\right)\dot{\gamma}-1\right]\tilde{A}_{ik}^{(2)}+k_{\mathrm{f}}^2\tilde{A}_{ik}^{(4)}+c_{\mathrm{d}}\gamma A_{ik}^{(1)}+\alpha\gamma\tilde{A}_{ik}^{(5)}\right\}v_k\\
&-\frac{1}{2}k_{\mathrm{N}}^2\sum_{k=1}^{N}\tilde{A}_{ik}^{(2)}v_k\sum_{g=1}^{N}I_g\left(\sum_{k=1}^{N}A_{gk}^{(1)}v_k\right)^2=0 \qquad (i=2,3,\cdots,N-1)
\end{aligned} \tag{3.75}$$

其中，权系数 I_g（g=1, 2, ⋯, N）[143]为

$$\begin{pmatrix}1&1&\cdots&1&1\\x_1&x_2&\cdots&x_{N-1}&x_N\\\vdots&\vdots&&\vdots&\vdots\\x_1^{N-2}&x_2^{N-2}&\cdots&x_{N-1}^{N-2}&x_N^{N-2}\\x_1^{N-1}&x_2^{N-1}&\cdots&x_{N-1}^{N-1}&x_N^{N-1}\end{pmatrix}\begin{pmatrix}I_1\\I_2\\\vdots\\I_{N-1}\\I_N\end{pmatrix}=\begin{pmatrix}1\\1/2\\\vdots\\1/(N-1)\\1/N\end{pmatrix} \tag{3.76}$$

选取样点数 N=15、初始位移 $v_0=0.0001\sin(\pi x_i)$、$\sigma_2=0$、$\alpha=0.00001$、$c_{\mathrm{d}}=0.001$、$\gamma_0=0.86$ 和 $\gamma_1=0.05$，图 3.7 给出了运动梁中点从初始状态经历暂态然后再进入稳态时的时间历程图和相轨迹图。图 3.8 是图 3.7 的局部放大图。图 3.9 给出

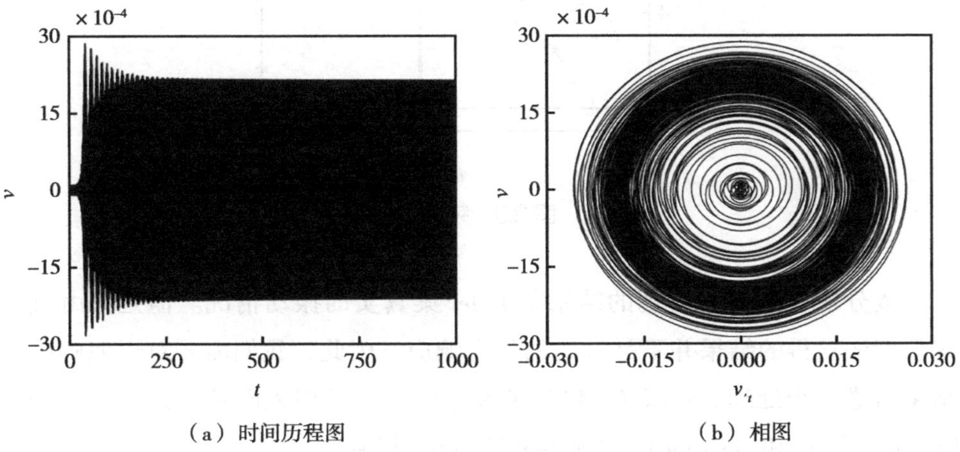

（a）时间历程图　　（b）相图

图 3.7 全局响应

了 t_1=500、t_2=1000 和 T=0.01 时，图 3.7（a）的频谱图。从图 3.9 可以看出，第二阶模态的振幅比第一阶及其他阶模态大很多，因此我们可以用第二阶模态的响应近似替代系统整体的响应。

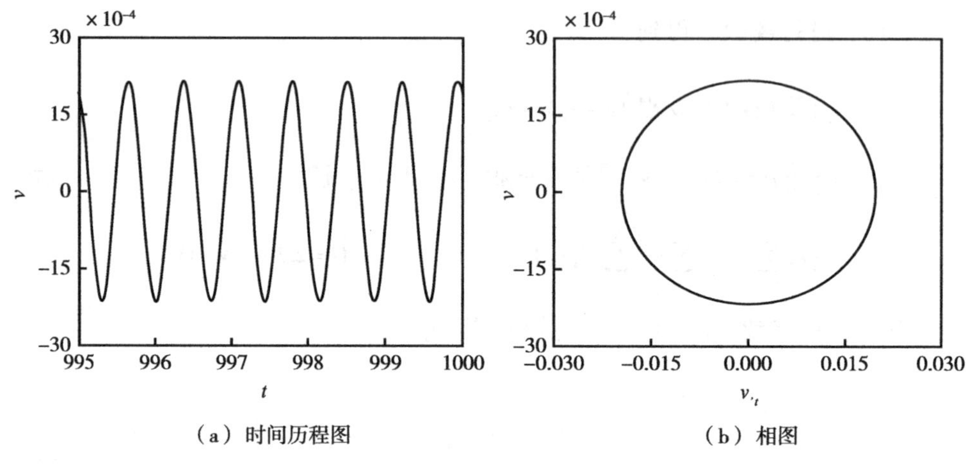

（a）时间历程图　　（b）相图

图 3.8　图 3.7 的局部放大图

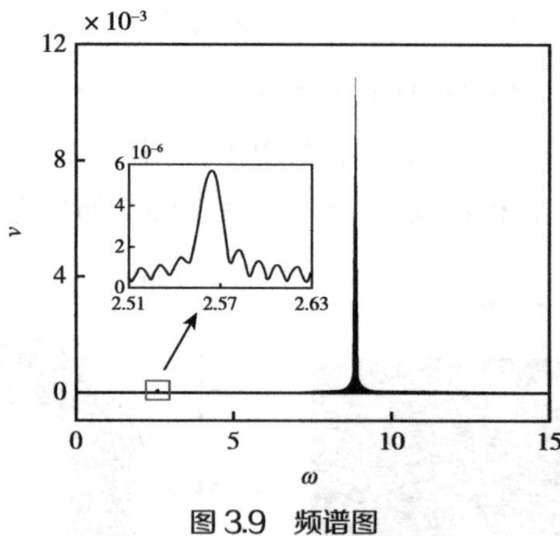

图 3.9　频谱图

微分求积法求解得到的结果是 Euler 梁真实的振动情况。但是，由直接多尺度法求得的结果并不是真实的稳态响应。因此，我们需要对近似解析的结果做进一步处理。将式（3.44）代入（3.24），并引入欧拉公式 $\cos(\omega t)=(e^{i\omega t}+e^{-i\omega t})/2$ 和 $\sin(\omega t)=(e^{i\omega t}-e^{-i\omega t})/2i$，得到

$$V_0 = 2\left[\left(\varphi_1^{\mathrm{R}} p_1 - \varphi_1^{\mathrm{I}} q_1\right)\cos\left(\omega_1 + \frac{\sigma_2}{2}\right)T_0 - \left(\varphi_1^{\mathrm{I}} p_1 + \varphi_1^{\mathrm{R}} q_1\right)\sin\left(\omega_1 + \frac{\sigma_2}{2}\right)T_0\right] + 2\left[\left(\varphi_2^{\mathrm{R}} p_2 - \varphi_2^{\mathrm{I}} q_2\right)\cos 3\left(\omega_1 + \frac{\sigma_2}{2}\right)T_0 - \left(\varphi_2^{\mathrm{I}} p_2 + \varphi_2^{\mathrm{R}} q_2\right)\sin 3\left(\omega_1 + \frac{\sigma_2}{2}\right)T_0\right] \tag{3.77}$$

式（3.77）的最大值表示梁中点运动的稳态响应幅值。

当 N=15、α=0.00001、c_{d}=0.001、γ_0=1.13 和 γ_1=0.05 时，图 3.10 给出了不同方法下，梁中点稳态响应的比较。其中实线表示由直接多尺度法得到的近似解析结果；圆点表示由微分求积法得到的数值结果。从图 3.10 可看出，微分求积法的数值结果和直接多尺度法的近似解析结果在定性上有相同的趋势，而在定量上有微小差别。

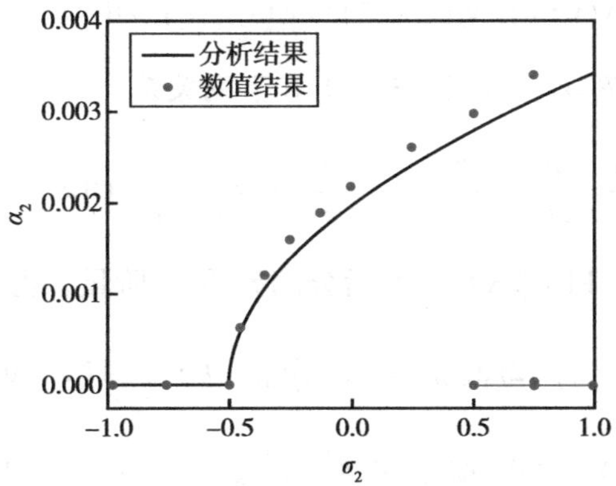

图 3.10　不同方法下梁中点运动稳态响应曲线的比较

第四节　计及内共振的双频参数共振

一、直接多尺度分析

假设梁的轴向运动速度在平均速度 γ_0 附近存在微小周期脉动

$$\gamma(t) = \gamma_0 + \varepsilon\gamma_1 \sin(\Omega_1 t) + \varepsilon\gamma_2 \sin(\Omega_2 t) \tag{3.78}$$

其中，$\varepsilon\gamma_1$ 和 $\varepsilon\gamma_2$ 表示轴向运动速度脉动的幅值，Ω_1 和 Ω_2 表示轴向运动速度脉动

的频率。将式（3.78）代入式（3.12）和（3.13），得到

$$\begin{aligned}&v_{,tt}+2\gamma_0 v_{,xt}+\left(\kappa\gamma_0^2-1\right)v_{,xx}+k_f^2 v_{,xxxx}+k_s v=-\varepsilon\{c_d\left(v_{,t}+\gamma_0 v_{,x}\right)\\&+\alpha\left(v_{,xxxxt}+\gamma_0 v_{,xxxxx}\right)+2\gamma_1\sin\left(\Omega_1 t\right)\left(v_{,xt}+\kappa\gamma_0 v_{,xx}\right)\\&+(1-x)\Omega_1\gamma_1\cos\left(\Omega_1 t\right)v_{,xx}+2\gamma_2\sin\left(\Omega_2 t\right)\left(v_{,xt}+\kappa\gamma_0 v_{,xx}\right)\\&+(1-x)\Omega_2\gamma_2\cos\left(\Omega_2 t\right)v_{,xx}-\frac{1}{2}k_N^2 v_{,xx}\int_0^1 v_{,x}^2\,\mathrm{d}x\}+O\left(\varepsilon^2\right)\end{aligned}\tag{3.79}$$

$$\begin{aligned}&v\big|_{x=0}=0,\ \left[k_f^2 v_{,xx}+\varepsilon\alpha\left(v_{,xxt}+\gamma_0 v_{,xxx}\right)+O\left(\varepsilon^2\right)\right]\Big|_{x=0}=0;\\&v\big|_{x=1}=0,\ \left[k_f^2 v_{,xx}+\varepsilon\alpha\left(v_{,xxt}+\gamma_0 v_{,xxx}\right)+O\left(\varepsilon^2\right)\right]\Big|_{x=1}=0.\end{aligned}\tag{3.80}$$

假设式（3.79）和（3.80）的一阶近似解为

$$v(x,t;\varepsilon)=v_0\left(x,T_0,T_1\right)+\varepsilon v_1\left(x,T_0,T_1\right)+O\left(\varepsilon^2\right)\tag{3.81}$$

其中，$T_0=t$ 和 $T_1=\varepsilon t$。将式（3.81）和下列关系

$$\frac{\partial}{\partial t}=\frac{\partial}{\partial T_0}+\varepsilon\frac{\partial}{\partial T_1},\ \frac{\partial^2}{\partial t^2}=\frac{\partial^2}{\partial T_0^2}+2\varepsilon\frac{\partial^2}{\partial T_0\partial T_1}+O\left(\varepsilon^2\right)\tag{3.82}$$

代入式（3.79）和（3.80），然后分离 ε^0 和 ε^1 阶量，得到

$$\varepsilon^0:\ v_{0,T_0T_0}+2\gamma_0 v_{0,xT_0}+\left(\kappa\gamma_0^2-1\right)v_{0,xx}+k_f^2 v_{0,xxxx}+k_s v_0=0\tag{3.83}$$

$$\varepsilon^0:\ v_0\big|_{x=0}=0,\ \ v_0\big|_{x=1}=0;\ k_f^2 v_{0,xx}\big|_{x=0}=0,\ k_f^2 v_{0,xx}\big|_{x=1}=0.\tag{3.84}$$

$$\begin{aligned}\varepsilon^1:\ &v_{1,T_0T_0}+2\gamma_0 v_{1,xT_0}+\left(\kappa\gamma_0^2-1\right)v_{1,xx}+k_f^2 v_{1,xxxx}+k_s v_1=-2\left(v_{0,T_0T_1}+\gamma_0 v_{0,xT_1}\right)\\&-c_d\left(v_{0,T_0}+\gamma_0 v_{0,x}\right)-\alpha\left(v_{0,xxxxT_0}+\gamma_0 v_{0,xxxxx}\right)-(1-x)\Omega_1\gamma_1\cos(\Omega_1 t)v_{0,xx}\\&-2\gamma_1\sin(\Omega_1 t)\left(v_{0,xT_0}+\kappa\gamma_0 v_{0,xx}\right)-2\gamma_2\sin(\Omega_2 t)\left(v_{0,xT_0}+\kappa\gamma_0 v_{0,xx}\right)\\&-(1-x)\Omega_2\gamma_2\cos(\Omega_2 t)v_{0,xx}+\frac{1}{2}k_N^2 v_{0,xx}\int_0^1 v_{0,x}^2\,\mathrm{d}x\end{aligned}\tag{3.85}$$

$$\begin{aligned}\varepsilon^1\quad &v_1\big|_{x=0}=0,\ \left[k_f^2 v_{1,xx}+\varepsilon\alpha\left(v_{0,xxt}+\gamma_0 v_{0,xxx}\right)+O\left(\varepsilon^2\right)\right]\Big|_{x=0}=0;\\&v_1\big|_{x=1}=0,\ \left[k_f^2 v_{1,xx}+\varepsilon\alpha\left(v_{0,xxt}+\gamma_0 v_{0,xxx}\right)+O\left(\varepsilon^2\right)\right]\Big|_{x=1}=0.\end{aligned}\tag{3.86}$$

二、次谐波参数共振

引入调谐参数 σ_1，描述第二阶固有频率 ω_2 与 $3\omega_1$ 之间的接近程度；引入

调谐参数 σ_2，描述脉动频率 Ω_1 与 $2\omega_1$ 之间的接近程度；引入调谐参数 σ_3，描述脉动频率 Ω_2 与 $2\omega_2$ 之间的接近程度

$$\omega_2 = 3\omega_1 + \varepsilon\sigma_1,\quad \Omega_1 = 2\omega_1 + \varepsilon\sigma_2,\quad \Omega_2 = 2\omega_2 + \varepsilon\sigma_3. \tag{3.87}$$

假设式（3.83）的解为

$$v_0(x,T_0,T_1) = \varphi_1(x)A_1(T_1)\mathrm{e}^{\mathrm{i}\omega_1 T_0} + \varphi_2(x)A_2(T_1)\mathrm{e}^{\mathrm{i}\omega_2 T_0} + cc \tag{3.88}$$

将式（3.87）和（3.88）代入（3.85），得到

$$\begin{aligned}
&v_{1,T_0T_0} + 2\gamma_0 v_{1,xT_0} + \left(\kappa\gamma_0^2 - 1\right)v_{1,xx} + k_f^2 v_{1,xxxx} + k_s v_1 = \\
&-\Big[2\zeta_0 \dot{A}_1 + (c_d\zeta_0 + \alpha\zeta_1)A_1 + \gamma_1\zeta_2 A_2 \mathrm{e}^{\mathrm{i}(\sigma_1-\sigma_2)T_1} + \gamma_1\zeta_3\bar{A}_1\mathrm{e}^{\mathrm{i}\sigma_2 T_1} \\
&-\frac{1}{2}k_N^2\zeta_4 A_2\bar{A}_1^2\mathrm{e}^{\mathrm{i}\sigma_1 T_1} - \frac{1}{2}k_N^2\zeta_5 A_1^2\bar{A}_1 - k_N^2\zeta_6 A_2 A_1\bar{A}_2\Big]\mathrm{e}^{\mathrm{i}\omega_1 T_0} \\
&-\Big[2\xi_0\dot{A}_2 + (c_d\xi_0 + \alpha\xi_1)A_2 + \gamma_1\xi_2 A_1\mathrm{e}^{\mathrm{i}(\sigma_2-\sigma_1)T_1} + \gamma_2\xi_3\bar{A}_2\mathrm{e}^{\mathrm{i}\sigma_3 T_1} \\
&-\frac{1}{2}k_N^2\xi_4 A_1^3\mathrm{e}^{-\mathrm{i}\sigma_1 T_1} - \frac{1}{2}k_N^2\xi_5 A_2^2\bar{A}_2 - k_N^2\xi_6 A_2 A_1\bar{A}_1\Big]\mathrm{e}^{\mathrm{i}\omega_2 T_0} + cc + NST
\end{aligned} \tag{3.89}$$

其中

$$\begin{aligned}
&\zeta_0 = \mathrm{i}\omega_1\varphi_1 + \gamma_0\varphi_1',\ \zeta_1 = \mathrm{i}\omega_1\varphi_1'''' + \gamma_0\varphi_1''''',\\
&\zeta_2 = \left[(1-x)\omega_1 + \mathrm{i}\kappa\gamma_0\right]\varphi_2'' - \omega_2\varphi_2',\ \zeta_3 = \left[(1-x)\omega_1 - \mathrm{i}\kappa\gamma_0\right]\bar{\varphi}_1'' - \omega_1\bar{\varphi}_1',\\
&\zeta_4 = \varphi_2''\int_0^1\bar{\varphi}_1'^2\,\mathrm{d}x + 2\bar{\varphi}_1''\int_0^1\varphi_2'\bar{\varphi}_1'\,\mathrm{d}x,\ \zeta_5 = 2\varphi_1''\int_0^1\varphi_1'\bar{\varphi}_1'\,\mathrm{d}x + \bar{\varphi}_1''\int_0^1\varphi_1'^2\mathrm{d}x,\\
&\zeta_6 = \varphi_2''\int_0^1\varphi_1'\bar{\varphi}_2'\,\mathrm{d}x + \varphi_1''\int_0^1\varphi_2'\bar{\varphi}_2'\,\mathrm{d}x + \bar{\varphi}_2''\int_0^1\varphi_2'\varphi_1'\,\mathrm{d}x;\\
&\xi_0 = \mathrm{i}\omega_2\varphi_2 + \gamma_0\varphi_2',\quad \xi_1 = \mathrm{i}\omega_2\varphi_2'''' + \gamma_0\varphi_2''''',\\
&\xi_2 = \left[(1-x)\omega_1 - \mathrm{i}\kappa\gamma_0\right]\varphi_1'' + \omega_1\varphi_1',\ \xi_3 = \left[(1-x)\omega_2 - \mathrm{i}\kappa\gamma_0\right]\bar{\varphi}_2'' - \omega_2\bar{\varphi}_2',\\
&\xi_4 = \varphi_1''\int_0^1\varphi_1'^2\,\mathrm{d}x,\ \xi_5 = 2\varphi_2''\int_0^1\varphi_2'\bar{\varphi}_2'\,\mathrm{d}x + \bar{\varphi}_2''\int_0^1\varphi_2'^2\,\mathrm{d}x,\\
&\xi_6 = \varphi_2''\int_0^1\varphi_1'\bar{\varphi}_1'\,\mathrm{d}x + \varphi_1''\int_0^1\varphi_2'\bar{\varphi}_1'\,\mathrm{d}x + \bar{\varphi}_1''\int_0^1\varphi_2'\varphi_1'\,\mathrm{d}x.
\end{aligned} \tag{3.90}$$

为了求解黏弹性效应简支边界条件，我们假设 v_1（x，T_0，T_1）的形式为

$$v_1(x,T_0,T_1) = \psi_1(x,T_1)\mathrm{e}^{\mathrm{i}\omega_1 T_0} + \psi_2(x,T_1)\mathrm{e}^{\mathrm{i}\omega_2 T_0} + cc + NST \tag{3.91}$$

其中，ψ_n（n=1，2）表示黏弹性效应简支边界条件（3.86）下的函数。将式（3.91）代入（3.89），然后再根据边界条件（3.84）、（3.86）和可解性条件得到

$$\alpha A_1\gamma_0\varphi_{1,xxx}\bar{\varphi}_{1,x}\big|_0^1=\Big\langle-\Big[2\zeta_0\dot{A}_1+\left(c_{\mathrm{d}}\zeta_0+\alpha\zeta_1\right)A_1+\gamma_1\zeta_2A_2\,\mathrm{e}^{\mathrm{i}(\sigma_1-\sigma_2)T_1}$$
$$+\gamma_1\zeta_3\bar{A}_1\,\mathrm{e}^{\mathrm{i}\sigma_2T_1}-\frac{1}{2}k_{\mathrm{N}}^2\zeta_4A_2\bar{A}_1^2\,\mathrm{e}^{\mathrm{i}\sigma_1T_1}-\frac{1}{2}k_{\mathrm{N}}^2\zeta_5A_1^2\bar{A}_1-k_{\mathrm{N}}^2\zeta_6A_2A_1\bar{A}_2\Big],\varphi_1\Big\rangle \tag{3.92}$$

$$\alpha A_2\gamma_0\varphi_{2,xxx}\bar{\varphi}_{2,x}\big|_0^1=\Big\langle-\Big[2\xi_0\dot{A}_2+\left(c_{\mathrm{d}}\xi_0+\alpha\xi_1\right)A_2+\gamma_1\xi_2A_1\,\mathrm{e}^{\mathrm{i}(\sigma_2-\sigma_1)T_1}$$
$$+\gamma_2\xi_3\bar{A}_2\,\mathrm{e}^{\mathrm{i}\sigma_3T_1}-\frac{1}{2}k_{\mathrm{N}}^2\xi_4A_1^3\,\mathrm{e}^{-\mathrm{i}\sigma_1T_1}-\frac{1}{2}k_{\mathrm{N}}^2\xi_5A_2^2\bar{A}_2-k_{\mathrm{N}}^2\xi_6A_2A_1\bar{A}_1\Big],\varphi_2\Big\rangle \tag{3.93}$$

应用内积的性质，整理（3.92）和（3.93），得到

$$\begin{aligned}&\dot{A}_1+\left(0.5c_{\mathrm{d}}+\alpha\zeta_1\right)A_1+\gamma_1\zeta_2A_2\,\mathrm{e}^{\mathrm{i}(\sigma_1-\sigma_2)T_1}+\gamma_1\zeta_3\bar{A}_1\,\mathrm{e}^{\mathrm{i}\sigma_2T_1}\\&+k_{\mathrm{N}}^2\zeta_4A_2\bar{A}_1^2\,\mathrm{e}^{\mathrm{i}\sigma_1T_1}+k_{\mathrm{N}}^2\zeta_5A_1^2\bar{A}_1+k_{\mathrm{N}}^2\zeta_6A_2A_1\bar{A}_2=0\end{aligned} \tag{3.94}$$

$$\begin{aligned}&\dot{A}_2+\left(0.5c_{\mathrm{d}}+\alpha\xi_1\right)A_2+\gamma_1\xi_2A_1\,\mathrm{e}^{\mathrm{i}(\sigma_2-\sigma_1)T_1}+\gamma_2\xi_3\bar{A}_2\,\mathrm{e}^{\mathrm{i}\sigma_3T_1}\\&+k_{\mathrm{N}}^2\xi_4A_1^3\,\mathrm{e}^{-\mathrm{i}\sigma_1T_1}+k_{\mathrm{N}}^2\xi_5A_2^2\bar{A}_2+k_{\mathrm{N}}^2\xi_6A_2A_1\bar{A}_1=0\end{aligned} \tag{3.95}$$

其中

$$\begin{aligned}&\zeta_1\leftrightarrow\frac{\int_0^1\zeta_1\bar{\varphi}_1\,\mathrm{d}x+\gamma_0\varphi_{1,xxx}\bar{\varphi}_{1,x}\big|_0^1}{\int_0^1 2\zeta_0\bar{\varphi}_1\,\mathrm{d}x},\ \zeta_2\leftrightarrow\frac{\int_0^1\zeta_2\bar{\varphi}_1\,\mathrm{d}x}{\int_0^1 2\zeta_0\bar{\varphi}_1\,\mathrm{d}x},\ \zeta_3\leftrightarrow\frac{\int_0^1\zeta_3\bar{\varphi}_1\,\mathrm{d}x}{\int_0^1 2\zeta_0\bar{\varphi}_1\,\mathrm{d}x},\\&\zeta_4\leftrightarrow-\frac{\int_0^1\zeta_4\bar{\varphi}_1\,\mathrm{d}x}{\int_0^1 4\zeta_0\bar{\varphi}_1\,\mathrm{d}x},\ \zeta_5\leftrightarrow-\frac{\int_0^1\zeta_5\bar{\varphi}_1\,\mathrm{d}x}{\int_0^1 4\zeta_0\bar{\varphi}_1\,\mathrm{d}x},\ \zeta_6\leftrightarrow-\frac{\int_0^1\zeta_6\bar{\varphi}_1\,\mathrm{d}x}{\int_0^1 2\zeta_0\bar{\varphi}_1\,\mathrm{d}x}.\end{aligned} \tag{3.96}$$

$$\begin{aligned}&\xi_1\leftrightarrow\frac{\int_0^1\xi_1\bar{\varphi}_2\,\mathrm{d}x+\gamma_0\varphi_{2,xxx}\bar{\varphi}_{2,x}\big|_0^1}{\int_0^1 2\xi_0\bar{\varphi}_2\,\mathrm{d}x},\ \xi_2\leftrightarrow\frac{\int_0^1\xi_2\bar{\varphi}_2\,\mathrm{d}x}{\int_0^1 2\xi_0\bar{\varphi}_2\,\mathrm{d}x},\ \xi_3\leftrightarrow\frac{\int_0^1\xi_3\bar{\varphi}_2\,\mathrm{d}x}{\int_0^1 2\xi_0\bar{\varphi}_2\,\mathrm{d}x},\\&\xi_4\leftrightarrow-\frac{\int_0^1\xi_4\bar{\varphi}_2\,\mathrm{d}x}{\int_0^1 4\xi_0\bar{\varphi}_2\,\mathrm{d}x},\ \xi_5\leftrightarrow-\frac{\int_0^1\xi_5\bar{\varphi}_2\,\mathrm{d}x}{\int_0^1 4\xi_0\bar{\varphi}_2\,\mathrm{d}x},\ \xi_6\leftrightarrow-\frac{\int_0^1\xi_6\bar{\varphi}_2\,\mathrm{d}x}{\int_0^1 2\xi_0\bar{\varphi}_2\,\mathrm{d}x}.\end{aligned} \tag{3.97}$$

给定具体的参数值，数值验证均表明 ζ_1 和 ξ_1 是正实数；ζ_2、ζ_3、ζ_4、ξ_2、ξ_3 和 ξ_4 是复数；ζ_5、ζ_6、ξ_5 和 ξ_6 是负虚数。

引入直角坐标变换

$$A_1(T_1)=\left[p_1(T_1)+\mathrm{i}\,q_1(T_1)\right]\mathrm{e}^{\mathrm{i}S_1T_1},\ A_2(T_1)=\left[p_2(T_1)+\mathrm{i}\,q_2(T_1)\right]\mathrm{e}^{\mathrm{i}S_2T_1}. \tag{3.98}$$

其中，p_h 和 q_h（h=1，2）是 T_1 的实函数，且

$$S_1=\frac{1}{2}\sigma_2,\ S_2=\frac{3}{2}\sigma_2-\sigma_1,\ \sigma_3=3\sigma_2-2\sigma_1. \tag{3.99}$$

将式（3.98）代入（3.94）和（3.95），分离结果中的实部和虚部，得到

$$\begin{aligned}\dot{p}_1 = &-\left(0.5c_{\mathrm{d}}+\alpha\zeta_1+\gamma_1\zeta_3^{\mathrm{R}}\right)p_1+\left(S_1-\gamma_1\zeta_3^{\mathrm{I}}\right)q_1-\gamma_1\zeta_2^{\mathrm{R}}p_2\\&+\gamma_1\zeta_2^{\mathrm{I}}q_2+k_{\mathrm{N}}^2\left\{q_1\left[\left(p_1^2+q_1^2\right)\zeta_5^{\mathrm{I}}+\left(p_2^2+q_2^2\right)\zeta_6^{\mathrm{I}}\right]\right.\\&\left.-2p_1q_1\left(\zeta_4^{\mathrm{I}}p_2+\zeta_4^{\mathrm{R}}q_2\right)-\left(p_1^2-q_1^2\right)\left(\zeta_4^{\mathrm{R}}p_2-\zeta_4^{\mathrm{I}}q_2\right)\right\}\end{aligned}\tag{3.100}$$

$$\begin{aligned}\dot{q}_1 = &-\left(S_1+\gamma_1\zeta_3^{\mathrm{I}}\right)p_1-\left(0.5c_{\mathrm{d}}+\alpha\zeta_1-\gamma_1\zeta_3^{\mathrm{R}}\right)q_1-\gamma_1\zeta_2^{\mathrm{I}}p_2\\&-\gamma_1\zeta_2^{\mathrm{R}}q_2-k_{\mathrm{N}}^2\left\{p_1\left[\left(p_1^2+q_1^2\right)\zeta_5^{\mathrm{I}}+\left(p_2^2+q_2^2\right)\zeta_6^{\mathrm{I}}\right]\right.\\&\left.-2p_1q_1\left(\zeta_4^{\mathrm{R}}p_2-\zeta_4^{\mathrm{I}}q_2\right)+\left(p_1^2-q_1^2\right)\left(\zeta_4^{\mathrm{I}}p_2+\zeta_4^{\mathrm{R}}q_2\right)\right\}\end{aligned}\tag{3.101}$$

$$\begin{aligned}\dot{p}_2 = &-\gamma_1\xi_2^{\mathrm{R}}p_1+\gamma_1\xi_2^{\mathrm{I}}q_1-\left(0.5c_{\mathrm{d}}+\alpha\xi_1+\gamma_2\xi_3^{\mathrm{R}}\right)p_2+\left(S_2-\gamma_2\xi_3^{\mathrm{I}}\right)q_2\\&+k_{\mathrm{N}}^2\left\{q_2\left[\left(p_1^2+q_1^2\right)\xi_6^{\mathrm{I}}+\left(p_2^2+q_2^2\right)\xi_5^{\mathrm{I}}\right]\right.\\&\left.+q_1\left(3p_1^2-q_1^2\right)\xi_4^{\mathrm{I}}-p_1\left(p_1^2-3q_1^2\right)\xi_4^{\mathrm{R}}\right\}\end{aligned}\tag{3.102}$$

$$\begin{aligned}\dot{q}_2 = &-\gamma_1\xi_2^{\mathrm{I}}p_1-\gamma_1\xi_2^{\mathrm{R}}q_1-\left(S_2+\gamma_2\xi_3^{\mathrm{I}}\right)p_2-\left(0.5c_{\mathrm{d}}+\alpha\xi_1-\gamma_2\xi_3^{\mathrm{R}}\right)q_2\\&-k_{\mathrm{N}}^2\left\{p_2\left[\left(p_1^2+q_1^2\right)\xi_6^{\mathrm{I}}+\left(p_2^2+q_2^2\right)\xi_5^{\mathrm{I}}\right]\right.\\&\left.-q_1\left(3p_1^2-q_1^2\right)\xi_4^{\mathrm{R}}-p_1\left(p_1^2-3q_1^2\right)\xi_4^{\mathrm{I}}\right\}\end{aligned}\tag{3.103}$$

当系统达到稳定状态时，方程组（3.100）—（3.103）中 $\dot{p}_1=\dot{q}_1=\dot{p}_2=\dot{q}_2=0$。因此，方程组（3.100）—（3.103）变为非线性代数方程组。对于给定的参数，我们可以得到代数方程组的解响应。根据李雅普诺夫（Lyapunov）一次近似理论，可以判断解响应的稳定性。若 Jacobi 矩阵的全部特征根均有负实部，则系统渐进稳定；反之，只要有一个特征根的实部为正值，则系统不稳定。

参照第二章的数值算例，选取相同的材料参数，当 κ=0.5、k_{f}=0.2、k_{s}=0.72 和 γ_0=0.86 时，前两阶固有频率分别为 ω_1= 2.91711543 和 ω_2= 9.41224813，相应的调谐参数为 σ_1=0.66090184。由于响应关于 σ_2 轴对称的，因此以下曲线只给出正值部分。当 α=0.00001、c_{d}=0.001、γ_1=0.04、γ_2=0.03、k_{N}=23.09401 时，图 3.11 给出了 1∶3 内共振下，双频参数共振在 σ_2–γ_1 平面内的响应曲线及其稳定性情况。响应的解有两种情况：零解和非零解。非零解曲线向右弯曲，呈现为硬弹簧特性。其中实线表示稳定解；虚线表示不稳定解。从图 3.11 中可以看出，能量在前两阶模态间相互转化，而零解的失稳区域相同。当调谐参数 σ_2<–0.13341 时，响应只存在稳定的零解。在通过超临界叉式分岔点 P_1（σ_2=–0.13341）后，出现了一个稳定的非零解分枝，而零解失去稳定性。随着

调谐参数 σ_2 的增大，在亚临界叉式分岔点 P_2（σ_2=0.13297）处，出现了一个不稳定的非零解分枝，而不稳定的零解变得稳定起来。当调谐参数 σ_2 通过另一个超临界音叉分岔点 P_3（σ_2=0.31352）后，零解再次失去稳定性，并出现了一个稳定的非零解分枝。随着调谐参数 σ_2 持续增大，在亚临界音叉分岔点 P_4（σ_2=0.56814）处，出现了一个不稳定的非零解分枝，而零解再次变得稳定起来，此后零解一直保持稳定。接下来我们观察非零解及其稳定性变化的情况。

观察 P_1 处的非零解分枝，我们可以看到随着调谐参数 σ_2 的增大，非零解分枝一直保持稳定状态。观察发现，P_2 处的不稳定非零解分枝与 P_3 处的稳定非零解分枝形成了一条解曲线，其稳定性在 Hopf 分岔点 P_5（σ_2=0.42427）处发生了变化。随着调谐参数 σ_2 的增大，P_4 处的非零解分枝一直是不稳定的。

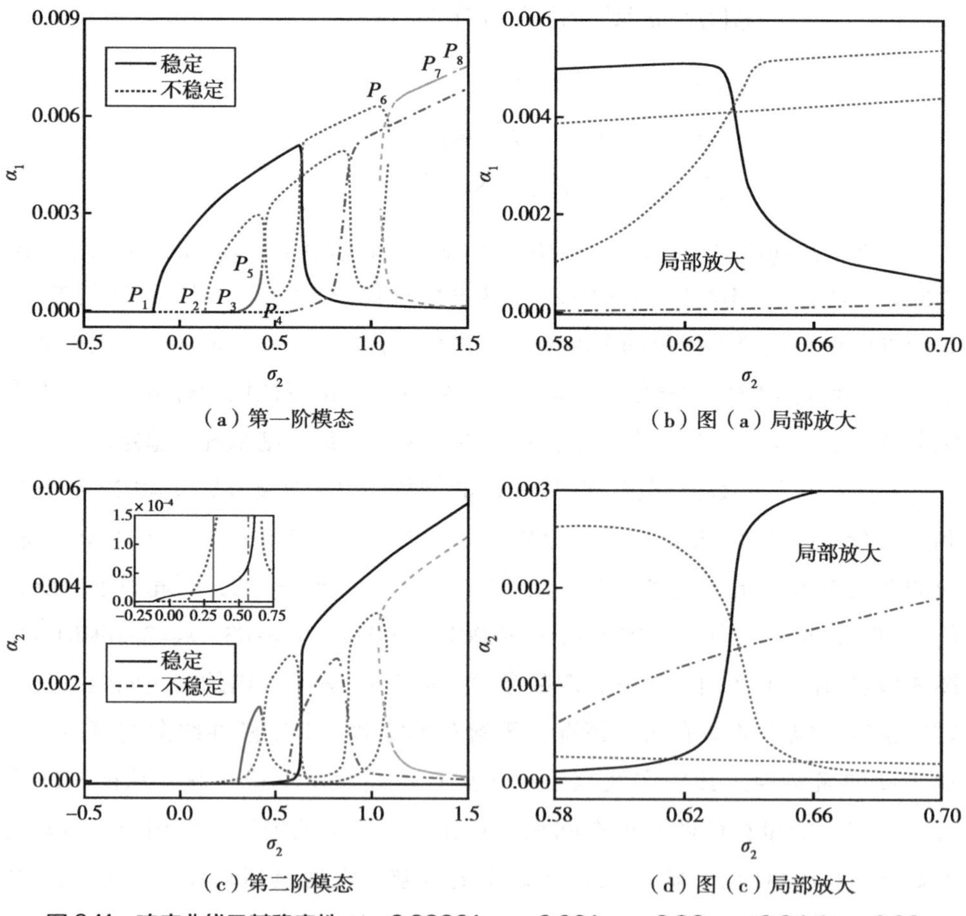

（a）第一阶模态

（b）图（a）局部放大

（c）第二阶模态

（d）图（c）局部放大

图 3.11 响应曲线及其稳定性：α=0.00001、c_d=0.001、γ_0=0.86、γ_1=0.04 和 γ_1=0.03

当调谐参数 $\sigma_2 \geqslant 1.04431$ 时，出现了一条独立的非零解分枝（绿色曲线），其稳定性在反 Hopf 分岔点 P_6（σ_2=1.12646）、Hopf 分岔点 P_7（σ_2=1.37718）和反 Hopf 分岔点 P_8（σ_2=1.45442）处发生了变化。

当 γ_0=0.86、c_d=0.001、γ_1=0.04、γ_2=0.03 和 k_N= 23.09401 时，图 3.12—图 3.16 给出了 1∶3 内共振下，不同黏弹性系数 α 在 σ_2–γ_1 平面内对双频参数共振响应曲线的影响。在图 3.12—图 3.16 中，黏弹性系数 α 分别为 0.0001、0.0001568、0.0001587、0.00016 和 0.00018。观察图 3.12 可以发现，超临界叉式分岔点 P_1（P_3）处的稳定非零解分枝与亚临界叉式分岔点 P_2（P_4）处的不稳定非零解分枝形成一条解曲线，其稳定性在鞍结分岔点 P_5（Hopf 分岔点 P_6）处发生变化。与图 3.11 不同，随着调谐参数 σ_2 的增大，系统出现了两条独立的非零解分枝（蓝色曲线和绿色曲线），其稳定性分别在反 Hopf 分岔点 P_7 和 P_8 处发生变化。在第一阶模态中，蓝色解曲线上分枝不稳定而下分枝稳定，绿色解曲线上分枝稳定而下分枝不稳定。在第二阶模态中的变化趋势正好相反。

从图 3.13 可以看出，在超临界叉式分岔点 P_1（P_3）处的稳定非零解分枝与亚临界叉式分岔点 P_2（P_4）处的不稳定非零解分枝连成了一条解曲线，其稳定性在鞍结分岔点 P_5（Hopf 分岔点 P_6）处发生变化。随着调谐参数 σ_2 的增大，两条独立的非零解分枝（蓝色曲线和绿色曲线）出现，其稳定性分别在鞍结分岔点 P_7 和反 Hopf 分岔点 P_8 处发生变化。在第一阶模态中，绿色解曲线上分枝不稳定而下分枝稳定；在第二阶模态中，绿色解曲线上分枝稳定而下分枝不稳定。观察图 3.14 可以发现，超临界叉式分岔点 P_1 处的稳定非零解分枝在 Hopf 分岔点 P_5 处失去稳定性，不稳定状态一直持续到反 Hopf 分岔点 P_7，解曲线在通过 P_7 后再次恢复稳定性。亚临界叉式分岔点 P_2 处的非零解分枝一直保持不稳定状态。超临界叉式分岔点 P_3 处的稳定非零解分枝与亚临界叉式分岔点 P_4 处的不稳定非零解分枝连成了一条解曲线，其稳定性在鞍结分岔点 P_6 处发生变化。随着调谐参数 σ_2 的增大，出现了一条独立的不稳定非零解分枝，其稳定性在鞍结分岔点 P_8 处发生变化。

从图 3.15 可以看出，超临界叉式分岔点 P_1 处的稳定非零解分枝在 Hopf 分岔点 P_3 处失去稳定性，不稳定状态一直持续到反 Hopf 分岔点 P_4，解曲线在通过 P_7 后再次恢复稳定性。亚临界叉式分岔点 P_2 处的非零解分枝一直保持不稳定状态。非零解曲线在局部区域形成了一个孤立环，其稳定性分别在鞍结分岔

点 P_5 和 Hopf 分岔点 P_6 处发生变化。观察图 3.16 发现，超临界叉式分岔点 P_1（亚临界叉式分岔点 P_2）处的非零解分枝一直保持稳定（不稳定）状态。在第一阶模态中，非零解曲线随调谐参数 σ_2 的增大而单调递增。在第二阶模态中，随着调谐参数 σ_2 的增大，不稳定的非零解曲线先增大后减小。

比较图 3.11—图 3.16 可以看出，不同的黏弹性系数会导致系统出现不同的动力学特性。当黏弹性系数较小时，系统的动力学特性趋于复杂；当黏弹性系数较大时，系统的动力学特性趋于稳定。相同系统参数下，频率较大的零解失稳区间略小于较小的零解失稳区间，零解失稳区间随着黏弹性系数的增大而减小。较大的超临界和亚临界叉式分岔点随着黏弹性系数的增大而消失。

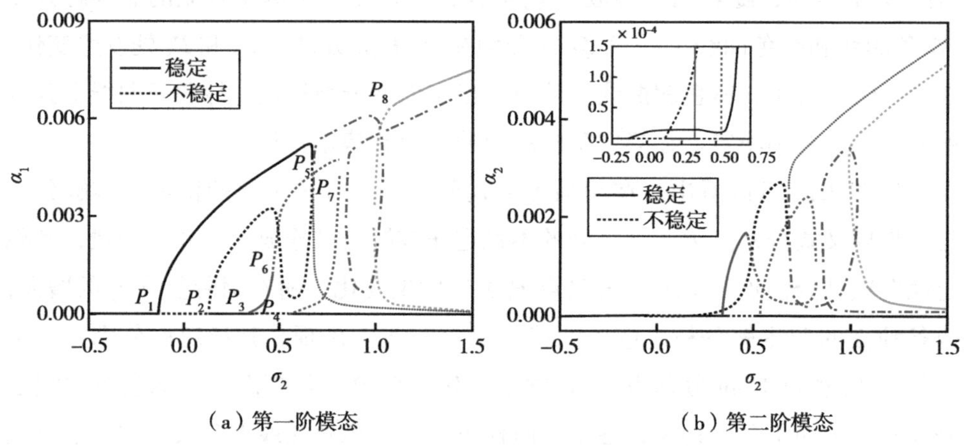

（a）第一阶模态　（b）第二阶模态

图 3.12　响应曲线及其稳定性：α=0.0001

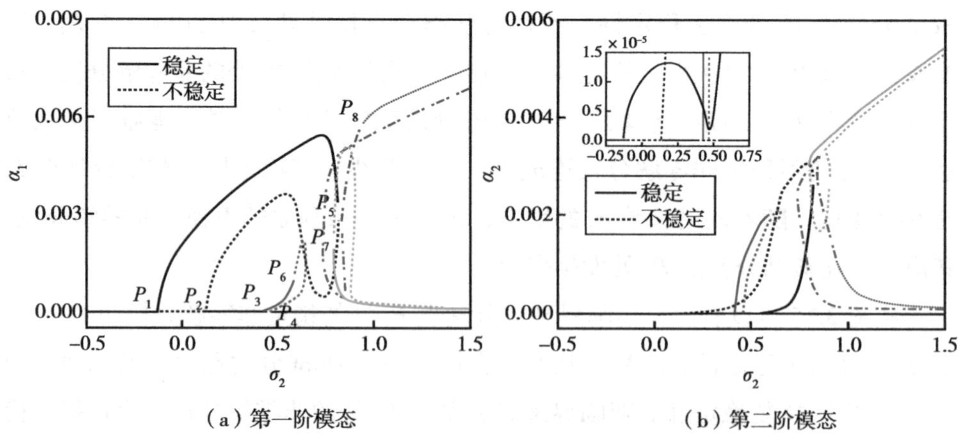

（a）第一阶模态　（b）第二阶模态

图 3.13　响应曲线及其稳定性：α=0.0001568

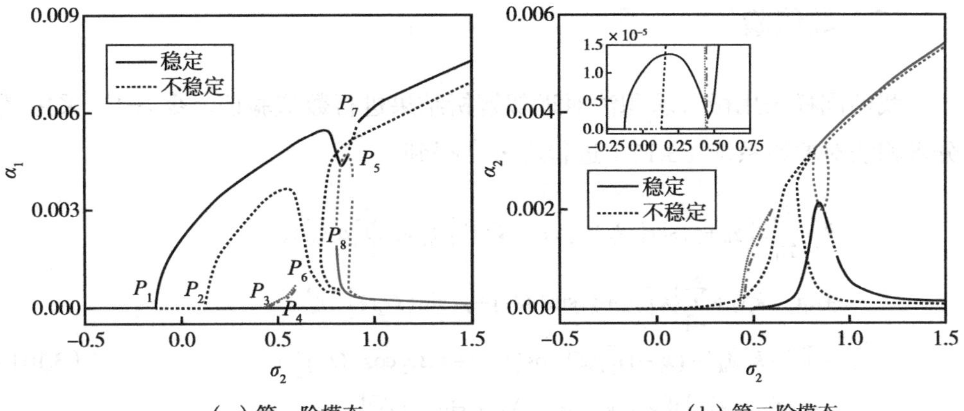

（a）第一阶模态　　（b）第二阶模态

图 3.14　响应曲线及其稳定性：α=0.0001587

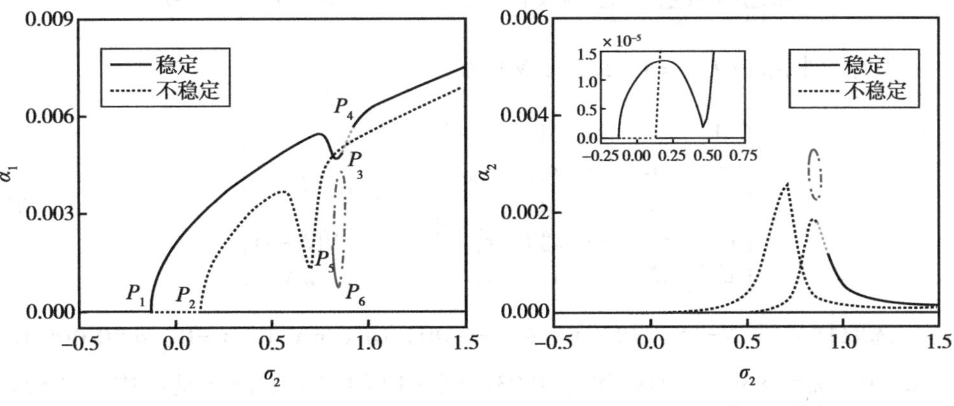

（a）第一阶模态　　（b）第二阶模态

图 3.15　响应曲线及其稳定性：α=0.00016

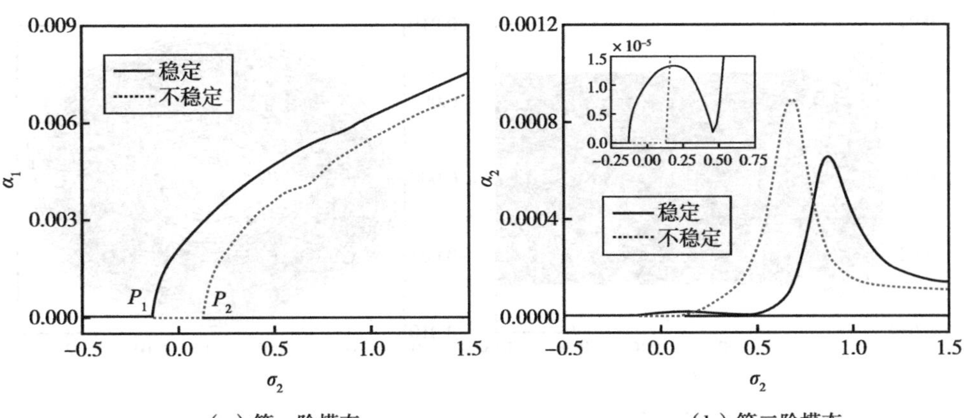

（a）第一阶模态　　（b）第二阶模态

图 3.16　响应曲线及其稳定性：α=0.00018

三、数值验证

我们同样采用微分求积法对近似解析结果进行数值验证。令 $\varepsilon=1$。采用微分求积法对原始系统（3.12）进行离散，得到

$$
\begin{aligned}
&\ddot{v}_i+\sum_{k=1}^{N}2\left[\gamma_0+\gamma_1\sin\left(\Omega_1 t\right)+\gamma_2\sin\left(\Omega_2 t\right)\right]A_{ik}^{(1)}\dot{v}_k+\sum_{k=1}^{N}\alpha\tilde{A}_{ik}^{(4)}\dot{v}_k\\
&+c_{\mathrm{d}}\dot{v}_i+k_{\mathrm{s}}v_i+\sum_{k=1}^{N}\Big\{\kappa\left[\gamma_0+\gamma_1\sin\left(\Omega_1 t\right)+\gamma_2\sin\left(\Omega_2 t\right)\right]^2\tilde{A}_{ik}^{(2)}\\
&-\tilde{A}_{ik}^{(2)}+k_{\mathrm{f}}^2\tilde{A}_{ik}^{(4)}-\left(x_i-1\right)\left[\gamma_1\Omega_1\cos\left(\Omega_1 t\right)+\gamma_2\Omega_2\cos\left(\Omega_2 t\right)\right]\tilde{A}_{ik}^{(2)}\\
&+\left(c_{\mathrm{d}}A_{ik}^{(1)}+\alpha\tilde{A}_{ik}^{(5)}\right)\left[\gamma_0+\gamma_1\sin\left(\Omega_1 t\right)+\gamma_2\sin\left(\Omega_2 t\right)\right]\Big\}v_k\\
&-\frac{1}{2}k_{\mathrm{N}}^2\sum_{k=1}^{N}\tilde{A}_{ik}^{(2)}v_k\sum_{g=1}^{N}I_g\left(\sum_{k=1}^{N}A_{gk}^{(1)}v_k\right)^2=0 \qquad \left(i=2,3,\cdots,N-1\right)
\end{aligned}
\tag{3.104}
$$

其中，权系数 I_g（g=1，2，…，N）为

$$
\begin{pmatrix}
1 & 1 & \cdots & 1 & 1\\
x_1 & x_2 & \cdots & x_{N-1} & x_N\\
\vdots & \vdots & & \vdots & \vdots\\
x_1^{N-2} & x_2^{N-2} & \cdots & x_{N-1}^{N-2} & x_N^{N-2}\\
x_1^{N-1} & x_2^{N-1} & \cdots & x_{N-1}^{N-1} & x_N^{N-1}
\end{pmatrix}
\begin{pmatrix}
I_1\\ I_2\\ \vdots\\ I_{N-1}\\ I_N
\end{pmatrix}
=
\begin{pmatrix}
1\\ 1/2\\ \vdots\\ 1/\left(N-1\right)\\ 1/N
\end{pmatrix}
\tag{3.105}
$$

选取样点数 N=15、初始位移 $v_0=0.001\sin(\pi x_i)$、$\sigma_2=0$、$\alpha=0.00001$、$c_{\mathrm{d}}=0.001$、$\gamma_0=0.86$、$\gamma_1=0.04$ 和 $\gamma_2=0.03$，图 3.17 给出了轴向运动梁中点从初始状态经历暂态然后再进入稳态时的时间历程图和相轨迹图。图 3.18 是图 3.17

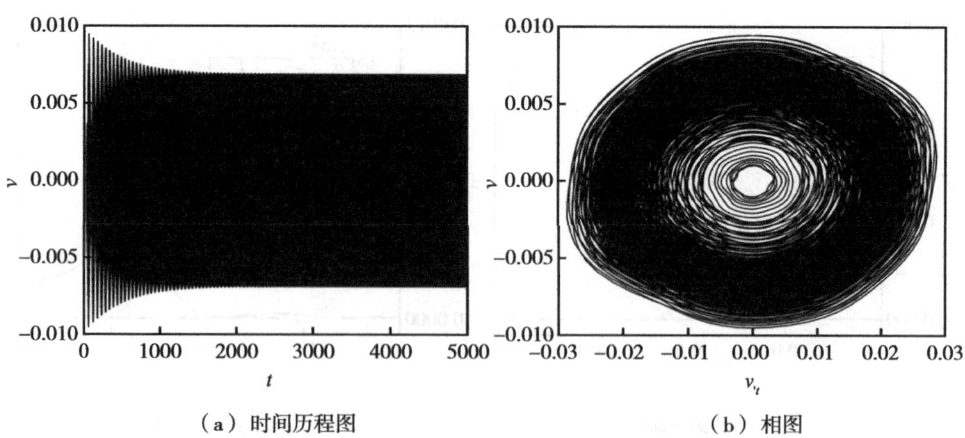

（a）时间历程图　　（b）相图

图 3.17　全局响应：$v_0=0.001\sin(\pi x_i)$ 和 $\sigma_2=0$

的局部放大图。图 3.19 给出了 t_1=4000、t_2=5000 和 T=0.001 时，图 3.17（a）的频谱图。从图 3.19 可以看出，第一阶模态的振幅比第二阶及其他阶模态大很多，此时第一阶模态起主要作用。

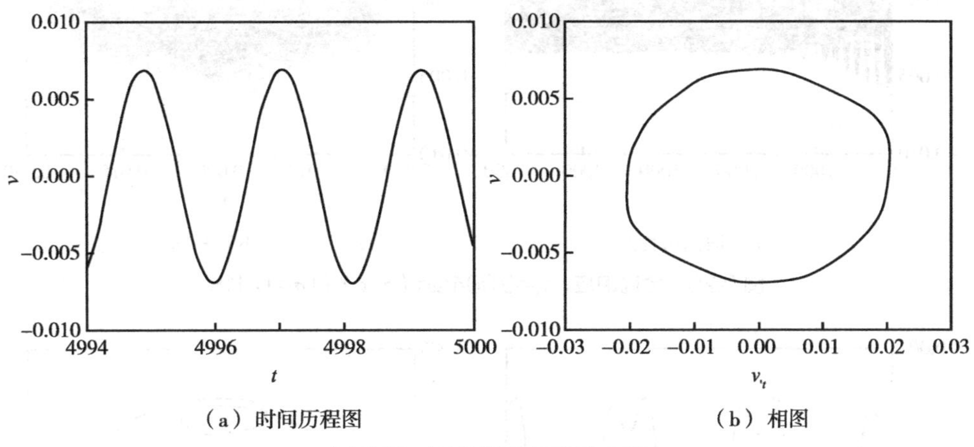

（a）时间历程图　　（b）相图

图 3.18　图 3.17 的局部放大图

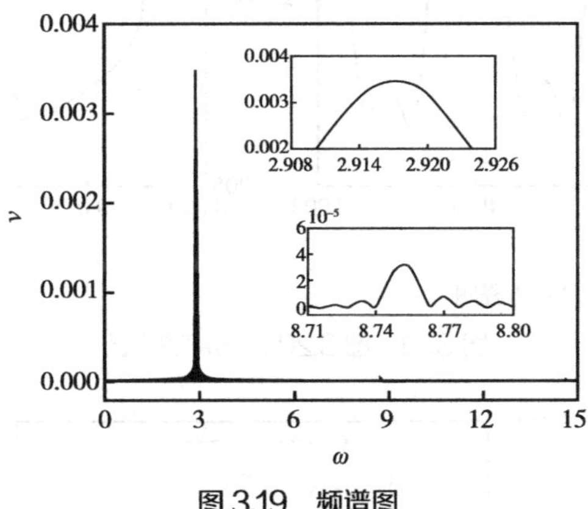

图 3.19　频谱图

当 v_0=0.004sin（πx_i）、σ_2=0.418 时，图 3.20 给出了梁中点从初始状态经历暂态然后再进入稳态时的时间历程图和相轨迹图。图 3.21 是图 3.20 的局部放大图，此时系统正处于周期运动状态。图 3.22 由快速傅里叶变换（FFT）得到的频谱图。从图 3.22 可以看出，第一阶与第二阶模态的振幅比其他阶模态大很多。此时，第一阶与第二阶模态起主要作用。

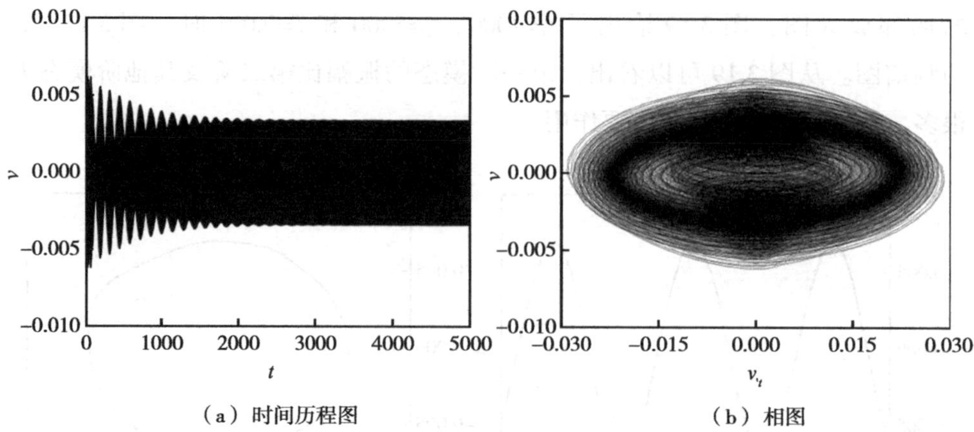

（a）时间历程图　　（b）相图

图 3.20　全局响应：v_0=0.004sin（πx_i）和 σ_2=0.418

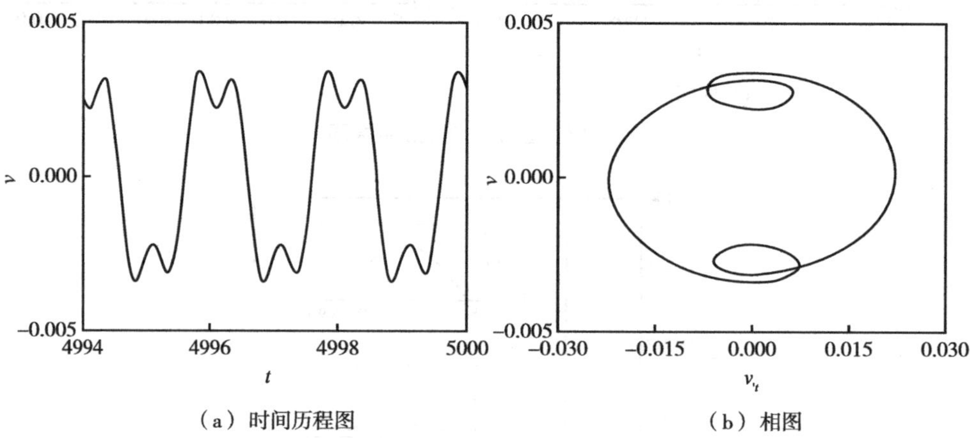

（a）时间历程图　　（b）相图

图 3.21　图 3.20 的局部放大图

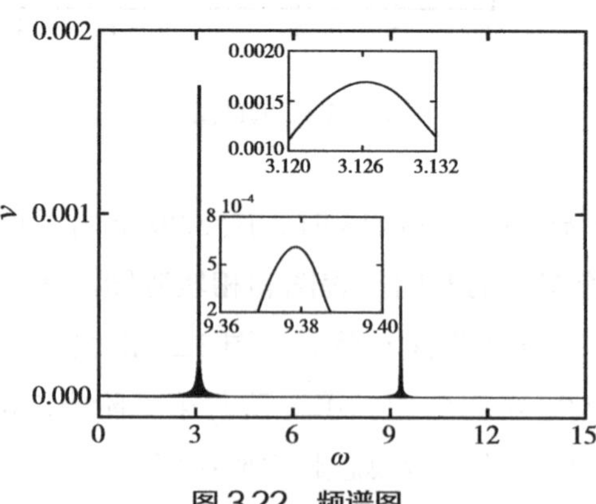

图 3.22　频谱图

当初始位移 v_0=0.0085sin（πx_i）、σ_2=0.6603、N=15、α=0.00001、c_d=0.001、γ_0=0.86、γ_1=0.04 和 γ_2=0.03 时，图 3.23 给出了轴向运动梁中点从初始状态经历暂态然后再进入稳态时的时间历程图和相轨迹图。图 3.24 是图 3.23 的局部放大图，此时系统于周期运动状态。图 3.25 是图 3.24（a）的频谱图。从图 3.23—图 3.25 可以看出，内共振导致能量在前两阶模态间相互转化。

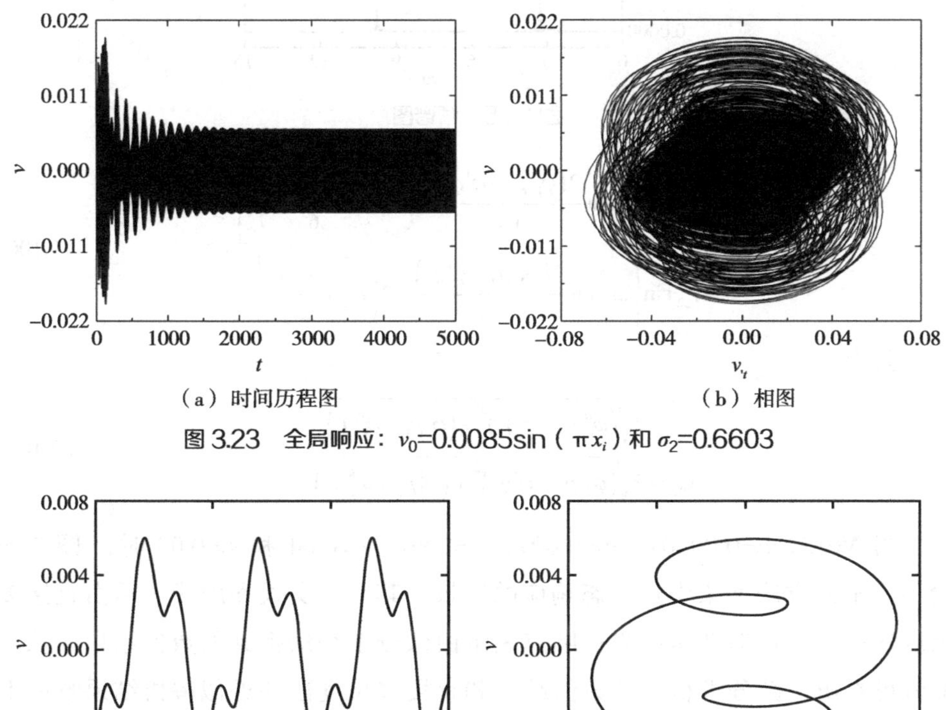

（a）时间历程图　　（b）相图

图 3.23　全局响应：v_0=0.0085sin（πx_i）和 σ_2=0.6603

（a）时间历程图　　（b）相图

图 3.24　图 3.23 的局部放大图

由直接多尺度法解得的结果并不是真实的稳态响应，我们需要对近似解析的结果进一步处理。将式（3.98）代入式（3.88），并根据 $\cos(\omega t)=(e^{i\omega t}+e^{-i\omega t})/2$、$\sin(\omega t)=(e^{i\omega t}-e^{-i\omega t})/2i$ 和 $\sigma_3=3\sigma_2-2\sigma_1$ 得到运动梁中点的稳态响应幅值为

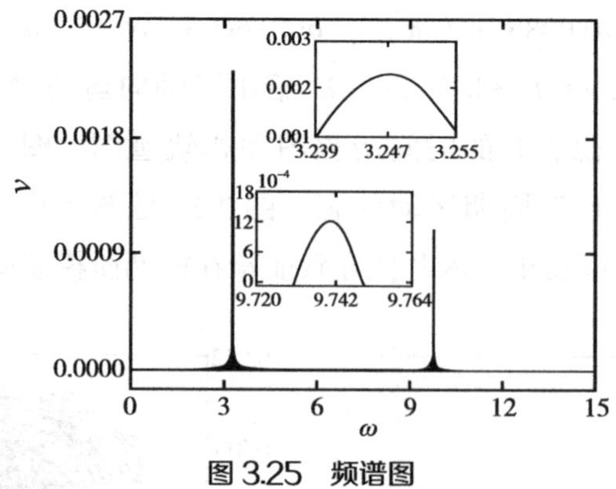

图 3.25 频谱图

$$
\begin{aligned}
v_0 = & v_{01}\sin\left[\arcsin\frac{2\left(\varphi_1^{\mathrm{R}}p_1-\varphi_1^{\mathrm{I}}q_1\right)}{v_{01}}-\left(\omega_1+\frac{\sigma_3+2\sigma_1}{6}\right)t\right] \\
& +v_{02}\sin\left[\arcsin\frac{2\left(\varphi_2^{\mathrm{R}}p_2-\varphi_2^{\mathrm{I}}q_2\right)}{v_{02}}-3\left(\omega_2+\frac{\sigma_3}{2}\right)t\right]
\end{aligned} \tag{3.106}
$$

其中

$$
\begin{aligned}
v_{01} &= 2\sqrt{\left(\varphi_1^{\mathrm{R}}p_1-\varphi_1^{\mathrm{I}}q_1\right)^2+\left(\varphi_1^{\mathrm{I}}p_1+\varphi_1^{\mathrm{R}}q_1\right)^2} \\
v_{02} &= 2\sqrt{\left(\varphi_2^{\mathrm{R}}p_2-\varphi_2^{\mathrm{I}}q_2\right)^2+\left(\varphi_2^{\mathrm{I}}p_2+\varphi_2^{\mathrm{R}}q_2\right)^2}
\end{aligned} \tag{3.107}
$$

当 N=15、α=0.00001、c_{d}=0.001、γ_0=0.86、γ_1=0.04 和 γ_2=0.03 时，图 3.26 给出了不同方法下梁中点稳态响应的比较。其中，实线和虚线表示由直接多尺度法得到的近似解析结果；圆点表示由微分求积法得到的数值结果。从图 3.26 可看出，微分求积法的数值结果和直接多尺度法的近似解析结果整体上吻合较好。

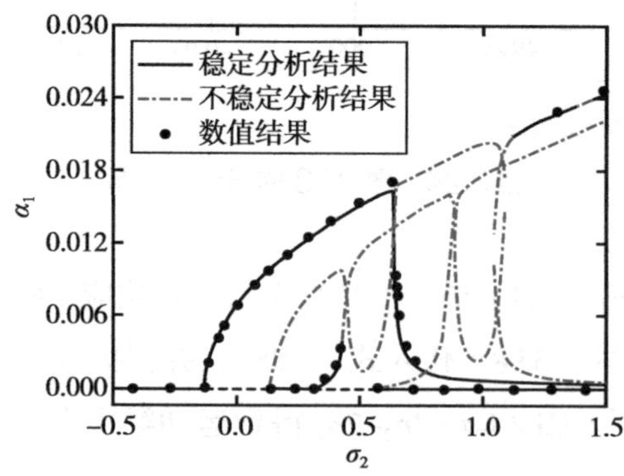

图 3.26 不同方法下梁中点运动稳态响应曲线的比较

第五节　小　结

本章研究了 1:3 内共振条件下轴向加速运动黏弹性 Euler 梁的非线性参数振动。在第二章的基础上，得到了轴向加速运动黏弹性 Euler 梁横向非线性振动的偏微分 – 积分型控制方程和考虑黏弹性效应的简支边界条件。采用直接多尺度法研究了系统的稳态响应。根据可解性条件和 Routh–Hurwitz 判据确定了 1:3 内共振和单频参数激励下系统稳态响应的稳定性。通过一系列的数值例子，讨论了系统参数对稳态响应的影响。最后，通过微分求积方法验证了近似解析结果。结果表明：

（1）对于考虑 1:3 内共振和单频参数激励的轴向运动 Euler 梁，响应的解有三种情况：零解、单模态解和双模态解；单模态解曲线向右偏，呈现了硬弹簧的特性；双模态解只在局部范围内存在。

（2）黏性阻尼系数的增大导致零解的失稳区域、单模态解的稳态响应幅值以及双模态解存在的范围都减小。随着黏性阻尼系数的增大，双模态解分离成独立的两部分，且存在范围减小。黏弹性系数、速度脉动幅值与黏性阻尼系数对响应曲线有相同的影响趋势。

（3）平均速度的减小导致零解的失稳区域增大，而单模态解的稳态响应幅值以及双模态解存在的范围都随轴向平均速度的减小而减小。

（4）微分求积法的数值结果与直接多尺度法的近似解析结果在定性上有相同的趋势，而在定量上有微小差异。

此外，本章还研究了 1:3 内共振和双频参数激励下轴向加速运动 Euler 梁非线性参数振动的稳态响应。采用相同方法，通过一系列数值算例，讨论了黏弹性系数对系统稳态响应的影响。最后，采用微分求积方法进行了数值验证。结果表明：

（1）对于考虑 1:3 内共振和双频参数激励的轴向运动 Euler 梁，响应的解有两种情况：零解和非零解。非零解曲线向右偏，呈现了硬弹簧的特性。

（2）当黏弹性系数较小时，系统的动力学特性趋于复杂；当黏弹性系数较大时，系统的动力学特性趋于稳定。

（3）相同系统参数下，频率较大的零解失稳区间略小于较小的零解失稳区间，零解失稳区间随着黏弹性系数的增大而减小。较大的超临界和亚临界叉式分岔点随着黏弹性系数的增大而消失。

第四章

面内加速平动黏弹性板的建模

第一节 前 言

在第二章和第三章中，我们进一步分析和研究了轴向加速运动黏弹性 Euler 梁的线性稳定性和非线性稳态响应。因为梁是一维连续体，所以国内外众多学者对其做了大量研究。而板是二维连续体，其控制方程和边界条件都要比梁的复杂得多。目前，关于平动板的研究相对较少。因此，本章将重点研究计及内共振和黏弹性效应简支边界条件的面内加速平动黏弹性板的动态稳定性。

本章将采用能量法，考虑取物质时间导数的 Kelvin 黏弹性本构关系，引入平动速度与径向张力的变化关系，导出面内变速平动板的非线性偏微分控制方程和考虑黏弹性效应的简支边界条件。在忽略非线性项的基础上，采用直接多尺度法分析拟内共振和次谐波参数共振共存的情形，根据可解性条件和 Routh–Hurwitz 判据确定系统的稳定性边界。通过一系列数值算例，分析相关参数对系统稳定性边界的影响。最后，采用微分求积法验证由直接多尺度法得到的近似解析结果。

第二节 面内加速平动板建模

在本章中，我们的研究对象为面内平动薄板。薄板是指厚度 h 远小于板中面的特征尺寸 l 的板，即 h/l 远小于 1。以矩形板为例，特征尺寸是指长度和宽度。通常认为厚度 h 与较小特征尺寸 l 的比值小于 1/20 时，我们可以按薄板进行计算。本文中薄板弯曲理论以以下四个假定为基础：

（1）在板变形前，原来垂直于面内平动板中面的线段，在板承受拉伸和弯曲变形后，仍垂直于弯曲的中面。

（2）应力分量 τ_{zx}、τ_{zy} 及 σ_z 比其他三个应力分量要小得多，因此，可以忽略它们所引起的形变；

（3）垂直于中面的正应变 ε_z 可以忽略不计，即 $\varepsilon_z=0$；

（4）薄板中面上的点都没有沿中面的位移，即中面上的点沿 x 方向的位移为零，沿 y 方向的位移也为零。

考虑弹性模量为 E、单位面积质量为 ρ、横截面对中性层的惯性矩为 I、黏性阻尼系数为 c_d、黏弹性系数为 η、初始静张力为 N_{x0} 的均匀薄板以随时间变化的速度 $\Gamma(t)$ 沿轴向平动。薄板的两端支撑间距为 a，薄板宽度为 b，厚度为 h。其物理模型如图 4.1 所示。

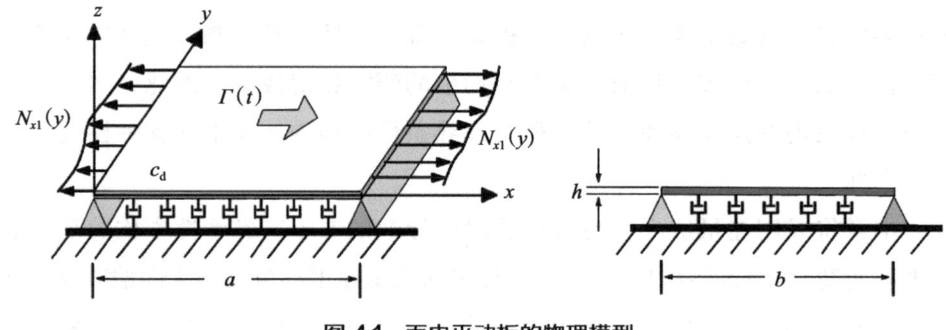

图 4.1 面内平动板的物理模型

薄板的动能 T 为

$$T=\int_0^a\int_0^b\frac{\rho}{2}\left[\Gamma^2+\left(\frac{\mathrm{d}w}{\mathrm{d}t}\right)^2\right]\mathrm{d}y\mathrm{d}x=\frac{1}{2}\int_0^a\int_0^b\rho\left[\Gamma^2+\left(w_{,t}+\Gamma w_{,x}\right)^2\right]\mathrm{d}y\mathrm{d}x \tag{4.1}$$

其中，$w(x,y,t)$ 为板在空间坐标（x，y）处和 t 时刻的横向位移。

由张力 N_{x1} 引起的势能 U 为

$$U=\int_0^a\int_0^b\frac{1}{2}N_{x1}w_{,x}^2\,\mathrm{d}y\mathrm{d}x \tag{4.2}$$

考虑由板面内加速度引起的纵向变张力，根据牛顿第二定律，同时引入有限支撑刚度参数，可将沿纵向变化的轴力近似表示为

$$N_{x1} = N_{x0} + \chi\rho A\Gamma^2 + (x-a)\rho A\Gamma_{,t} \tag{4.3}$$

其中，N_{x0} 为初始静张力，χ 为支撑刚度参数。

板的变形功的变分 δW_d 为

$$\delta W_d = -\int_0^a\int_0^b\int_{-h/2}^{h/2}\left(\sigma_x\delta\varepsilon_x + \sigma_y\delta\varepsilon_y + \tau_{xy}\delta\gamma_{xy}\right)\mathrm{d}z\mathrm{d}y\mathrm{d}x \tag{4.4}$$

其中，σ_x 和 σ_y 表示板的正应力，τ_{xy} 表示板的切应力，ε_x 和 ε_y 表示板的正应变，γ_{xy} 板的切应变，z 表示横截面上任意一点到中性层的长度。应变－位移关系为

$$\varepsilon_x = -zw_{,xx},\ \varepsilon_y = -zw_{,yy},\ \gamma_{xy} = -2zw_{,xy}. \tag{4.5}$$

根据取物质时间导数的 Kelvin 黏弹性本构关系，得到

$$\begin{aligned}
\sigma_x &= \frac{1}{1-\mu^2}\left\{E\varepsilon_x + \eta\left(\varepsilon_{x,t} + \Gamma\varepsilon_{x,x}\right) + \mu\left[E\varepsilon_y + \eta\left(\varepsilon_{y,t} + \Gamma\varepsilon_{y,x}\right)\right]\right\}\\
\sigma_y &= \frac{1}{1-\mu^2}\left\{E\varepsilon_y + \eta\left(\varepsilon_{y,t} + \Gamma\varepsilon_{y,x}\right) + \mu\left[E\varepsilon_x + \eta\left(\varepsilon_{x,t} + \Gamma\varepsilon_{x,x}\right)\right]\right\}\\
\tau_{xy} &= \frac{1}{2(1+\mu)}\left[E\gamma_{xy} + \eta\left(\gamma_{xy,t} + \Gamma\gamma_{xy,x}\right)\right]
\end{aligned} \tag{4.6}$$

耗散力引起的虚功的变分 δW_e 为

$$\delta W_e = -\int_0^a\int_0^b c_d\frac{\mathrm{d}w}{\mathrm{d}t}\delta w\mathrm{d}y\mathrm{d}x = -\int_0^a\int_0^b c_d\left(w_{,t} + \Gamma w_{,x}\right)\delta w\mathrm{d}y\mathrm{d}x \tag{4.7}$$

由广义哈密顿（Hamilton）原理得

$$\delta\int_{t_1}^{t_2}(T-U)\mathrm{d}t + \int_{t_1}^{t_2}(\delta W_d + \delta W_e)\mathrm{d}t = 0 \tag{4.8}$$

将式（4.1）、（4.2）、（4.4）和（4.7）[与相关联的公式（4.3）、（4.5）和（4.6）]代入（4.8），得到平动板横向振动的动力学方程为

$$\begin{aligned}
&\rho\left(\Gamma_{,t}w_{,x} + w_{,tt} + 2\Gamma w_{,xt} + \Gamma^2 w_{,xx}\right) + D\left(w_{,xxxx} + 2w_{,xxyy} + w_{,yyyy}\right)\\
&-\left(N_{x0} + \chi\rho A\Gamma^2 + (x-L)\rho A\Gamma_{,t}\right)w_{,xx}\\
&= -\frac{\eta D}{E}\left(w_{,xxxt} + \Gamma w_{,xxxx} + w_{,yyyt} + \Gamma w_{,xyyy} + 2w_{,xxyt} + 2\Gamma w_{,xxyy}\right)\\
&+6\frac{D}{Eh^2}\left\{E\left[\left(w_{,x}\right)^2 w_{,xx} + 2w_{,x}w_{,y}w_{,xy} + \left(w_{,y}\right)^2 w_{,yy}\right]\right.\\
&\left.+\mu E\left[\left(w_{,y}\right)^2 w_{,xx} - 2w_{,x}w_{,y}w_{,xy} + \left(w_{,x}\right)^2 w_{,yy}\right]\right\} - c_d\left(w_{,t} + \Gamma w_{,x}\right)
\end{aligned} \tag{4.9}$$

其中，$D=Eh^3/[12(1-\mu^2)]$。考虑黏弹性效应的简支边界条件为

$$
\begin{aligned}
&w\big|_{x=0}^{x=1}=0, \quad -D\left\{w_{,xx}+\frac{\eta}{E}\left[w_{,xxt}+\Gamma\left(w_{,xxx}+\mu w_{,xyy}\right)\right]\right\}\Bigg|_{x=0}^{x=1}=0;\\
&w\big|_{y=0}^{y=1}=0, \quad -D\left[w_{,yy}+\frac{\eta}{E}\left(w_{,yyt}+\Gamma w_{,xyy}\right)\right]\Bigg|_{y=0}^{y=1}=0.
\end{aligned} \tag{4.10}
$$

引入以下无量纲参数和变量

$$
\begin{aligned}
&w\leftrightarrow\frac{w}{\sqrt{\varepsilon}h},\ t\leftrightarrow\frac{t}{a}\sqrt{\frac{N_{x0}}{\rho}},\ x\leftrightarrow\frac{x}{a},\ y\leftrightarrow\frac{y}{b},\ \gamma=\Gamma\sqrt{\frac{\rho}{N_{x0}}},\\
&\eta\leftrightarrow\frac{D\eta}{\varepsilon Ea^3\sqrt{\rho N_{x0}}},\ \zeta=\frac{D}{N_{x0}a^2},c_{\mathrm{d}}=\frac{c_{\mathrm{d}}a}{\varepsilon h}\sqrt{\frac{\rho}{N_{x0}}},\xi=\frac{a}{b},\ \kappa=1-\chi.
\end{aligned} \tag{4.11}
$$

其中，ε 是一个无量纲参数，表示黏弹性系数 η、黏性阻尼系数 cd 以及横向位移 w 都是小量。将式（4.11）代入（4.9）和（4.10），得到无量纲化的动力学方程为

$$
\begin{aligned}
&w_{,tt}+2\gamma w_{,xt}+\left[\kappa\gamma^2-(x-1)\gamma_{,t}-1\right]w_{,xx}+\zeta\left(w_{,xxxx}+2\xi^2w_{,xxyy}+\xi^4w_{,yyyy}\right)=\\
&-\varepsilon\eta\left[\left(w_{,xxxxt}+2\xi^2w_{,xxyyt}+\xi^4w_{,yyyyt}\right)+\gamma\left(w_{,xxxxx}+2\xi^2w_{,xxxyy}+\xi^4w_{,xyyyy}\right)\right]\\
&+6\varepsilon\zeta\left[\left(w_{,x}^2w_{,xx}+2\xi^2w_{,x}w_{,y}w_{,xy}+\xi^4w_{,y}^2w_{,yy}\right)\right.\\
&\left.+\mu\xi^2\left(w_{,y}^2w_{,xx}-2w_{,x}w_{,y}w_{,xy}+w_{,x}^2w_{,yy}\right)\right]-\varepsilon c_{\mathrm{d}}\left(w_{,t}+\gamma k_1w_{,x}\right)
\end{aligned} \tag{4.12}
$$

四边简支（SSSS）的无量纲化边界条件为

$$
\begin{aligned}
&w\big|_{x=0}^{x=1}=0, \quad \left[w_{,xx}+\frac{\varepsilon\eta}{\zeta}\left(w_{,xxt}+\gamma w_{,xxx}+\frac{\mu\gamma}{\xi^2}w_{,xyy}\right)\right]\Bigg|_{x=0}^{x=1}=0;\\
&w\big|_{y=0}^{y=1}=0, \quad \left[w_{,yy}+\frac{\varepsilon\eta}{\zeta}\left(w_{,yyt}+\gamma w_{,xyy}\right)\right]\Bigg|_{y=0}^{y=1}=0.
\end{aligned} \tag{4.13}
$$

平动侧简支非平动侧固支（SCSC）的无量纲化边界条件为

$$
\begin{aligned}
&w\big|_{x=0}^{x=1}=0, \quad \left[w_{,xx}+\frac{\varepsilon\eta}{\zeta}\left(w_{,xxt}+\gamma w_{,xxx}+\frac{\mu\gamma}{\xi^2}w_{,xyy}\right)\right]\Bigg|_{x=0}^{x=1}=0\\
&w\big|_{y=0}^{y=1}=0, \quad w_{,y}\big|_{y=0}^{y=1}=0
\end{aligned} \tag{4.14}
$$

平动侧固支非平动侧简支（CSCS）的无量纲化边界条件为

$$
\begin{aligned}
&w\big|_{x=0}^{x=1}=0, && w_{,x}\big|_{x=0}^{x=1}=0\\
&w\big|_{y=0}^{y=1}=0, && \left[w_{,yy}+\frac{\varepsilon\eta}{\zeta}\left(w_{,yyt}+\gamma w_{,xyy}\right)\right]_{y=0}^{y=1}=0
\end{aligned}
\tag{4.15}
$$

四边固支（CCCC）的无量纲化边界条件为

$$
\begin{aligned}
&w\big|_{x=0}^{x=1}=0, \quad w_{,x}\big|_{x=0}^{x=1}=0\\
&w\big|_{y=0}^{y=1}=0, \quad w_{,y}\big|_{y=0}^{y=1}=0
\end{aligned}
\tag{4.16}
$$

第三节　直接多尺度法

在式（4.12）中，不计外激励项、非线性项和高阶小量项，可以得到面内变速平动黏弹性板无量纲化的线性振动控制方程

$$
\begin{aligned}
&w_{,tt}+2\gamma w_{,xt}+\left(\gamma^2-1\right)w_{,xx}+\gamma_{,t}\,w_{,x}+\zeta\left(w_{,xxxx}+2\xi^2 w_{,xxyy}+\xi^4 w_{,yyyy}\right)=\\
&-\varepsilon\eta\left[\left(w_{,xxxxt}+2\xi^2 w_{,xxyyt}+\xi^4 w_{,yyyyt}\right)+\gamma\left(w_{,xxxxx}+2\xi^2 w_{,xxxyy}+\xi^4 w_{,xyyyy}\right)\right]
\end{aligned}
\tag{4.17}
$$

设无量纲的面内平动速度在平均速度附近做微小的简谐脉动

$$
\gamma=\gamma_0+\varepsilon\gamma_1\sin(\omega t)
\tag{4.18}
$$

其中 γ_0 为平均速度；γ_1 和 ω 分别为面内平动速度脉动的振幅和频率。它们均为无量纲的参数。将式（4.18）代入（4.17）和（4.12），得到

$$
\begin{aligned}
&w_{,tt}+2\gamma_0 w_{,xt}+\left(\gamma_0^2-1\right)w_{,xx}+\zeta\left(w_{,xxxx}+2\xi^2 w_{,xxyy}+\xi^4 w_{,yyyy}\right)=\\
&-\varepsilon\left\{\eta\left[w_{,xxxxt}+2\xi^2 w_{,xxyyt}+\xi^4 w_{,yyyyt}+\gamma_0\left(w_{,xxxxx}+2\xi^2 w_{,xxxyy}+\xi^4 w_{,xyyyy}\right)\right]\right.\\
&\left.+\gamma_1\left[\omega\cos(\omega t)w_{,x}+2\sin(\omega t)w_{,xt}+2\gamma_0\sin(\omega t)w_{,xx}\right]\right\}+O\left(\varepsilon^2\right)
\end{aligned}
\tag{4.19}
$$

$$
\begin{aligned}
&w\big|_{x=0}^{x=1}=0, && \left[w_{,xx}+\frac{\varepsilon\eta}{\zeta}\left(w_{,xxt}+\gamma_0 w_{,xxx}+\frac{\mu\gamma_0}{\xi^2}w_{,xyy}\right)+O\left(\varepsilon^2\right)\right]_{x=0}^{x=1}=0\\
&w\big|_{y=0}^{y=1}=0, && \left[w_{,yy}+\frac{\varepsilon\eta}{\zeta}\left(w_{,yyt}+\gamma_0 w_{,xyy}\right)+O\left(\varepsilon^2\right)\right]_{y=0}^{y=1}=0
\end{aligned}
\tag{4.20}
$$

对式（4.19）和（4.20）应用直接多尺度方法，其一阶近似解可以写为

$$
w(x,y,t;\varepsilon)=w_0\left(x,y,T_0,T_1\right)+\varepsilon w_1\left(x,y,T_0,T_1\right)+O\left(\varepsilon^2\right)
\tag{4.21}
$$

其中 $T_0=t$ 为由平动板的某些固有频率而致的快时间尺度；$T_1=\varepsilon t$ 是由黏弹性和速度小扰动而引发的振幅和相位慢变的慢时间尺度。将式（4.21）和下列关系式

$$\frac{\partial}{\partial t}=\frac{\partial}{\partial T_0}+\varepsilon\frac{\partial}{\partial T_1},\ \frac{\partial^2}{\partial t^2}=\frac{\partial^2}{\partial T_0^2}+2\varepsilon\frac{\partial^2}{\partial T_0\partial T_1}+O\left(\varepsilon^2\right) \tag{4.22}$$

代入（4.19）和（4.20），分离 e^0 和 e^1 不同阶量，得到

$$\varepsilon^0: w_{0},_{T_0T_0}+2\gamma_0 w_{0},_{xT_0}+\left(\gamma_0^2-1\right)w_{0},_{xx}+\zeta\left(w_{0},_{xxxx}+2\xi^2 w_{0},_{xxyy}+\xi^4 w_{0},_{yyyy}\right)=0 \tag{4.23}$$

$$\varepsilon^0:\ w_0\Big|_{x=0}^{x=1}=0,\quad w_0,_{xx}\Big|_{x=0}^{x=1}=0;\qquad w_0\Big|_{y=0}^{y=1}=0,\quad w_0,_{yy}\Big|_{y=0}^{y=1}=0 \tag{4.24}$$

$$\begin{aligned}&\varepsilon^1:\ w_{1},_{T_0T_0}+2\gamma_0 w_{1},_{xT_0}+\left(\gamma_0^2-1\right)w_{1},_{xx}+\zeta\left(w_{1},_{xxxx}+2\xi^2 w_{1},_{xxyy}+\xi^4 w_{1},_{yyyy}\right)=\\&-\Big\{2\left(w_{0},_{T_0T_1}+\gamma_0 w_{0},_{xT_1}\right)+\omega\gamma_1\cos\left(\omega t\right)w_{0},_{x}+2\gamma_1\sin\left(\omega t\right)w_{0},_{xT_0}\\&+2\gamma_0\gamma_1\sin\left(\omega t\right)w_{0},_{xx}+\eta\Big[w_{0},_{xxxxT_0}+2\xi^2 w_{0},_{xxyyT_0}+\xi^4 w_{0},_{yyyyT_0}+\\&\gamma_0\left(w_{0},_{xxxxx}+2\xi^2 w_{0},_{xxxyy}+\xi^4 w_{0},_{xyyyy}\right)\Big]\Big\}\end{aligned} \tag{4.25}$$

$$\begin{aligned}&\varepsilon^1:\ w_1\Big|_{x=0}^{x=1}=0,\quad \left[w_{1},_{xx}+\frac{\eta}{\zeta}\left(w_{0},_{xxT_0}+\gamma_0 w_{0},_{xxx}+\frac{\mu\gamma_0}{\xi^2}w_{0},_{xyy}\right)\right]\Bigg|_{x=0}^{x=1}=0;\\&w_1\Big|_{y=0}^{y=1}=0,\qquad \left[w_{1},_{yy}+\frac{\eta}{\zeta}\left(w_{0},_{yyT_0}+\gamma_0 w_{0},_{xyy}\right)\right]\Bigg|_{y=0}^{y=1}=0\end{aligned} \tag{4.26}$$

同理，在 e^0 量阶，SCSC、CSCS 和 CCCC 的无量纲化边界条件分别为

$$w_0\Big|_{x=0}^{x=1}=0,\quad w_0,_{xx}\Big|_{x=0}^{x=1}=0;\qquad w_0\Big|_{y=0}^{y=1}=0,\quad w_0,_{y}\Big|_{y=0}^{y=1}=0 \tag{4.27}$$

$$w_0\Big|_{x=0}^{x=1}=0,\quad w_0,_{x}\Big|_{x=0}^{x=1}=0;\qquad w_0\Big|_{y=0}^{y=1}=0,\quad w_0,_{yy}\Big|_{y=0}^{y=1}=0 \tag{4.28}$$

$$w_0\Big|_{x=0}^{x=1}=0,\quad w_0,_{x}\Big|_{x=0}^{x=1}=0;\qquad w_0\Big|_{y=0}^{y=1}=0,\quad w_0,_{y}\Big|_{y=0}^{y=1}=0 \tag{4.29}$$

在式（4.12）中，我们忽略非线性项，得到面内平动板的线性动力学方程

$$\begin{aligned}&w,_{tt}+2\gamma w,_{xt}+\left[\kappa\gamma^2-\left(x-1\right)\gamma,_{t}-1\right]w,_{xx}+\zeta\left(w,_{xxxx}+2\xi^2 w,_{xxyy}+\xi^4 w,_{yyyy}\right)\\&=-\varepsilon c_{\mathrm{d}}\left(w,_{t}+\gamma k_1 w,_{x}\right)-\varepsilon\eta\Big[\left(w,_{xxxxt}+2\xi^2 w,_{xxyyt}+\xi^4 w,_{yyyyt}\right)\\&+\gamma\left(w,_{xxxxx}+2\xi^2 w,_{xxxyy}+\xi^4 w,_{xyyyy}\right)\Big]\end{aligned} \tag{4.30}$$

设面内平动速度在平均速度 γ_0 附近存在微小周期脉动，即

$$\gamma=\gamma_0+\varepsilon\gamma_1\sin(\omega t) \tag{4.31}$$

其中，$\varepsilon\gamma_1$ 和 ω 分别表示平动速度脉动的幅值和频率。将式（4.31）代入（4.30）和（4.13），得到

$$\begin{aligned}&w_{,tt}+2\gamma_0 w_{,xt}+\left(\kappa\gamma_0^2-1\right)w_{,xx}+\zeta\left(w_{,xxxx}+2\xi^2 w_{,xxyy}+\xi^4 w_{,yyyy}\right)\\&=-\varepsilon c_{\mathrm{d}}\left(w_{,t}+\gamma_0 w_{,x}\right)-\varepsilon\eta\Big[w_{,xxxxt}+2\xi^2 w_{,xxyyt}+\xi^4 w_{,yyyyt}\\&+\gamma_0\left(w_{,xxxxx}+2\xi^2 w_{,xxxyy}+\xi^4 w_{,xyyyy}\right)\Big]+O\left(\varepsilon^2\right)\end{aligned} \tag{4.32}$$

$$\begin{aligned}&w\Big|_{x=0}^{x=1}=0,\quad \left[w_{,xx}+\frac{\varepsilon\eta}{\zeta}\left(w_{,xxt}+\gamma_0 w_{,xxx}+\frac{\mu\gamma_0}{\xi^2}w_{,xyy}\right)+O\left(\varepsilon^2\right)\right]\Bigg|_{x=0}^{x=1}=0;\\&w\Big|_{y=0}^{y=1}=0,\quad \left[w_{,yy}+\frac{\varepsilon\eta}{\zeta}\left(w_{,yyt}+\gamma_0 w_{,xyy}\right)+O\left(\varepsilon^2\right)\right]\Bigg|_{y=0}^{y=1}=0.\end{aligned} \tag{4.33}$$

根据直接多尺度法，设方程（4.32）的一阶近似解为

$$w(x,y,t;\varepsilon)=w_0\left(x,y,T_0,T_1\right)+\varepsilon w_1\left(x,y,T_0,T_1\right)+O\left(\varepsilon^2\right) \tag{4.34}$$

其中，$T_0=t$ 和 $T_1=\varepsilon t$。将式（4.34）和下列关系

$$\frac{\partial}{\partial t}=\frac{\partial}{\partial T_0}+\varepsilon\frac{\partial}{\partial T_1},\ \frac{\partial^2}{\partial t^2}=\frac{\partial^2}{\partial T_0^2}+2\varepsilon\frac{\partial^2}{\partial T_0\partial T_1}+O\left(\varepsilon^2\right) \tag{4.35}$$

代入式（4.32）和（4.33），然后分离 ε^0 和 ε^1 阶量，得到

$$\varepsilon^0:\quad w_{0,T_0T_0}+2\gamma_0 w_{0,xT_0}+\left(\kappa\gamma_0^2-1\right)w_{0,xx}+\zeta\left(w_{0,xxxx}+2\xi^2 w_{0,xxyy}+\xi^4 w_{0,yyyy}\right)=0 \tag{4.36}$$

$$\varepsilon^0:\quad w_0\Big|_{x=0}^{x=1}=0,\quad w_{0,xx}\Big|_{x=0}^{x=1}=0;\qquad w_0\Big|_{y=0}^{y=1}=0,\quad w_{0,yy}\Big|_{y=0}^{y=1}=0. \tag{4.37}$$

$$\begin{aligned}\varepsilon^1:\quad &w_{1,T_0T_0}+2\gamma_0 w_{1,xT_0}+\left(\kappa\gamma_0^2-1\right)w_{1,xx}+\zeta\left(w_{1,xxxx}+2\xi^2 w_{1,xxyy}+\xi^4 w_{1,yyyy}\right)\\&=-\Big\{2\left(w_{0,T_0T_1}+\gamma_0 w_{0,xT_1}\right)+c_{\mathrm{d}}\left(w_{0,T_0}+\gamma_0 w_{0,x}\right)+(1-x)\omega\gamma_1\cos(\omega t)w_{0,xx}\\&+2\gamma_1\sin(\omega t)w_{0,xT_0}+2\kappa\gamma_0\gamma_1\sin(\omega t)w_{0,xx}+\eta\Big[w_{0,xxxxT_0}+2\xi^2 w_{0,xxyyT_0}\\&+\xi^4 w_{0,yyyyT_0}+\gamma_0\left(w_{0,xxxxx}+2\xi^2 w_{0,xxxyy}+\xi^4 w_{0,xyyyy}\right)\Big]\Big\}\end{aligned} \tag{4.38}$$

$$\begin{aligned}\varepsilon^1:\quad &w_1\Big|_{x=0}^{x=1}=0,\quad \left[w_{1,xx}+\frac{\eta}{\zeta}\left(w_{0,xxT_0}+\gamma_0 w_{0,xxx}+\frac{\mu\gamma_0}{\xi^2}w_{0,xyy}\right)\right]\Bigg|_{x=0}^{x=1}=0;\\&w_1\Big|_{y=0}^{y=1}=0,\quad \left[w_{1,yy}+\frac{\eta}{\zeta}\left(w_{0,yyT_0}+\gamma_0 w_{0,xyy}\right)\right]\Bigg|_{y=0}^{y=1}=0.\end{aligned} \tag{4.39}$$

第四节　线性派生系统的振动模态和固有频率

线性派生系统（4.23）和（4.24）对应于面内平动弹性板的线性自由振动。本节将计算其固有频率和模态函数。所导出结果不仅是分析参数振动和非线性振动的基础，而且也可应用于计算线性受迫振动的响应。在以往求解轴向运动弦线和梁的偏微分方程中，复模态方法是一种行之有效的方法。受此启发，为了解决面内平动板横向振动控制方程中陀螺项的问题，我们同样假设它的模态函数表现为复数形式，式（4.23）的解可以写为

$$w_0\left(x,y,T_0,T_1\right)=\sum_{m=1}^{\infty}\sum_{n=1}^{\infty}A_{mn}\left(T_1\right)\psi_{mn}\left(x,y\right)e^{\mathrm{i}\omega_{mn}T_0}+cc \tag{4.40}$$

其中 A_{mn} 为待定的复函数；ψ_{mn} 和 ω_{mn} 分别为线性派生系统第 mn 阶模态函数和固有频率。将式（4.40）代入（4.23）导出

$$-\omega_{mn}^2\psi_{mn}+2\mathrm{i}\,\omega_{mn}\gamma_0\psi_{mn},_x+\left(\gamma_0^2-1\right)\psi_{mn},_{xx}+\zeta\left(\psi_{mn},_{xxxx}+2\xi^2\psi_{mn},_{xxyy}+\xi^4\psi_{mn},_{yyyy}\right)=0 \tag{4.41}$$

式（4.41）的解可以写为

$$\psi_{mn}\left(x,y\right)=\phi_n\left(x\right)\varphi_m\left(y\right) \tag{4.42}$$

对于 SSSS 板和 CSCS 板，y 方向为简支，将式（4.42）代入（4.24）和（4.28）的后两式，导出

$$\varphi_m\left(y\right)=\sin\left(m\pi y\right) \tag{4.43}$$

对于 SCSC 板和 CCCC 板，y 方向为固支，无法得到精确解析解。我们选取下列满足 y 方向为固支边界条件的静止 Euler 梁的模态函数

$$\varphi_m\left(y\right)=\cos\vartheta_m x-\cosh\vartheta_m x-\frac{\cos\vartheta_m-\cosh\vartheta_m}{\sin\vartheta_m-\sinh\vartheta_m}\left(\sin\vartheta_m x-\sinh\vartheta_m x\right) \tag{4.44}$$

其中

$$\cos\vartheta_m\cosh\vartheta_m-1=0 \tag{4.45}$$

将式（4.42）代入（4.41），结果乘以 $\varphi_m(y)$ 并对 y 从 0 到 1 进行一次积分，得到

$$\zeta\phi_{n,xxxx}+\left(\gamma_0^2+2B_2\zeta\xi^2-1\right)\phi_{n,xx}+2\mathrm{i}\,\omega_{mn}\gamma_0\phi_{n,x}+\left(B_4\zeta\xi^4-\omega_{mn}^2\right)\phi_n=0 \tag{4.46}$$

其中

$$B_2=\frac{\int_0^1\varphi_{m,yy}\,\varphi_m\mathrm{d}y}{\int_0^1\varphi_m^2\mathrm{d}y},\quad B_4=\frac{\int_0^1\varphi_{m,yyyy}\,\varphi_m\mathrm{d}y}{\int_0^1\varphi_m^2\mathrm{d}y} \tag{4.47}$$

式（4.46）的解可以写为

$$\phi_n(x)=C_{1n}\left(e^{\mathrm{i}\beta_{1n}x}+C_{2n}e^{\mathrm{i}\beta_{2n}x}+C_{3n}e^{\mathrm{i}\beta_{3n}x}+C_{4n}e^{\mathrm{i}\beta_{4n}x}\right) \tag{4.48}$$

将式（4.48）代入（4.46），导出

$$\zeta\beta_{jn}^4-\left(\gamma_0^2+2B_2\zeta\xi^2-1\right)\beta_{jn}^2-2\omega_{mn}\gamma_0\beta_{jn}+\left(B_4\zeta\xi^4-\omega_{mn}^2\right)=0 \\ (j=1,2,3,4) \tag{4.49}$$

对于平动侧简支的边界条件，其模态函数为

$$\phi_n(x)=C_{1n}\cdot \\ \left\{\mathrm{e}^{\mathrm{i}\beta_{1n}x}-\frac{\left(\beta_{4n}^2-\beta_{1n}^2\right)\left(\mathrm{e}^{\mathrm{i}\beta_{3n}}-\mathrm{e}^{\mathrm{i}\beta_{1n}}\right)}{\left(\beta_{4n}^2-\beta_{2n}^2\right)\left(\mathrm{e}^{\mathrm{i}\beta_{3n}}-\mathrm{e}^{\mathrm{i}\beta_{2n}}\right)}\mathrm{e}^{\mathrm{i}\beta_{2n}x}-\frac{\left(\beta_{4n}^2-\beta_{1n}^2\right)\left(\mathrm{e}^{\mathrm{i}\beta_{2n}}-\mathrm{e}^{\mathrm{i}\beta_{1n}}\right)}{\left(\beta_{4n}^2-\beta_{3n}^2\right)\left(\mathrm{e}^{\mathrm{i}\beta_{2n}}-\mathrm{e}^{\mathrm{i}\beta_{3n}}\right)}\mathrm{e}^{\mathrm{i}\beta_{3n}x}\right. \\ \left.-\left[1-\frac{\left(\beta_{4n}^2-\beta_{1n}^2\right)\left(\mathrm{e}^{\mathrm{i}\beta_{3n}}-\mathrm{e}^{\mathrm{i}\beta_{1n}}\right)}{\left(\beta_{4n}^2-\beta_{2n}^2\right)\left(\mathrm{e}^{\mathrm{i}\beta_{3n}}-\mathrm{e}^{\mathrm{i}\beta_{2n}}\right)}+\frac{\left(\beta_{4n}^2-\beta_{1n}^2\right)\left(\mathrm{e}^{\mathrm{i}\beta_{2n}}-\mathrm{e}^{\mathrm{i}\beta_{1n}}\right)}{\left(\beta_{4n}^2-\beta_{3n}^2\right)\left(\mathrm{e}^{\mathrm{i}\beta_{2n}}-\mathrm{e}^{\mathrm{i}\beta_{3n}}\right)}\right]\mathrm{e}^{\mathrm{i}\beta_{4n}x}\right\} \tag{4.50}$$

对应的频率方程为

$$\left[\mathrm{e}^{\mathrm{i}(\beta_{1n}+\beta_{2n})}+\mathrm{e}^{\mathrm{i}(\beta_{3n}+\beta_{4n})}\right]\left(\beta_{1n}^2-\beta_{2n}^2\right)\left(\beta_{3n}^2-\beta_{4n}^2\right)+\left[\mathrm{e}^{\mathrm{i}(\beta_{1n}+\beta_{3n})}+\mathrm{e}^{\mathrm{i}(\beta_{2n}+\beta_{4n})}\right]\left(\beta_{3n}^2\right. \\ \left.-\beta_{1n}^2\right)\left(\beta_{2n}^2-\beta_{4n}^2\right)+\left[\mathrm{e}^{\mathrm{i}(\beta_{2n}+\beta_{3n})}+\mathrm{e}^{\mathrm{i}(\beta_{1n}+\beta_{4n})}\right]\left(\beta_{2n}^2-\beta_{3n}^2\right)\left(\beta_{1n}^2-\beta_{4n}^2\right)=0 \tag{4.51}$$

对于平动侧固支的边界条件，其模态函数为

$$\phi_n(x)=C_{1n}\cdot \\ \left\{e^{\mathrm{i}\beta_{1n}x}-\frac{\left(\beta_{4n}-\beta_{1n}\right)\left(e^{\mathrm{i}\beta_{3n}}-e^{\mathrm{i}\beta_{1n}}\right)}{\left(\beta_{4n}-\beta_{2n}\right)\left(e^{\mathrm{i}\beta_{3n}}-e^{\mathrm{i}\beta_{2n}}\right)}e^{\mathrm{i}\beta_{2n}x}-\frac{\left(\beta_{4n}-\beta_{1n}\right)\left(e^{\mathrm{i}\beta_{2n}}-e^{\mathrm{i}\beta_{1n}}\right)}{\left(\beta_{4n}-\beta_{3n}\right)\left(e^{\mathrm{i}\beta_{2n}}-e^{\mathrm{i}\beta_{3n}}\right)}e^{\mathrm{i}\beta_{3n}x}\right. \\ \left.-\left[1-\frac{\left(\beta_{4n}-\beta_{1n}\right)\left(e^{\mathrm{i}\beta_{3n}}-e^{\mathrm{i}\beta_{1n}}\right)}{\left(\beta_{4n}-\beta_{2n}\right)\left(e^{\mathrm{i}\beta_{3n}}-e^{\mathrm{i}\beta_{2n}}\right)}-\frac{\left(\beta_{4n}-\beta_{1n}\right)\left(e^{\mathrm{i}\beta_{2n}}-e^{\mathrm{i}\beta_{1n}}\right)}{\left(\beta_{4n}-\beta_{3n}\right)\left(e^{\mathrm{i}\beta_{2n}}-e^{\mathrm{i}\beta_{3n}}\right)}\right]e^{\mathrm{i}\beta_{4n}x}\right\} \tag{4.52}$$

对应的频率方程为

$$\left[e^{i(\beta_{1n}+\beta_{2n})}+e^{i(\beta_{3n}+\beta_{4n})}\right](\beta_{1n}-\beta_{2n})(\beta_{3n}-\beta_{4n})+\left[e^{i(\beta_{1n}+\beta_{3n})}+e^{i(\beta_{2n}+\beta_{4n})}\right](\beta_{3n}-\beta_{1n})(\beta_{2n}-\beta_{4n})+\left[e^{i(\beta_{2n}+\beta_{3n})}+e^{i(\beta_{1n}+\beta_{4n})}\right](\beta_{2n}-\beta_{3n})(\beta_{1n}-\beta_{4n})=0 \tag{4.53}$$

一、四边简支板

若给定 E=2.10×10^{11}Pa、ρ=7850kg/m^3、a=1.5m、b=1.5m、h=0.02m 和 P_0=68376N，由式（4.11）可解得板刚度 ζ=1 和长宽比 ξ=1。线性派生系统前四阶固有频率随面内平均速度的变化如图 4.2 所示。其中实线表示第一阶固有频率 ω_{11}；虚线表示第二阶固有频率 ω_{12}；点划线表示第三阶固有频率 ω_{21}；点线表示第四阶固有频率 ω_{22}。从图中可以看出，固有频率随着面内平均速度的增加而减小。这种现象和轴向运动弦线或梁的是一样的。当面内平均速度等于特殊值时，可能会发生内共振。从中可以得到，当 γ_0=1.8231 时，第二阶固有频率等于第三阶固有频率，即 $\omega_{12}=\omega_{21}$；当 γ_0=3.60443 时，第二阶固有频率等于第一阶固有频率的三倍，即 $\omega_{12}=3\omega_{11}$。

若给定 ζ=1 和 γ_0=1，线性派生系统前四阶固有频率随长宽比的变化如图 4.3 所示。其中实线表示第一阶固有频率 ω_{11}；虚线表示第二阶固有频率 ω_{12}；点划线表示第三阶固有频率 ω_{21}；点线表示第四阶固有频率 ω_{22}。从图中可以看出，固有频率随着长宽比的增加而增加，这种现象在振动理论的应用中是一个非常典型的特征。随着板长宽比的增加，ω_{21} 和 ω_{22} 增加的速度要比 ω_{11} 和 ω_{12} 增加的快许多。

若给定 ξ=1 和 γ_0=1，线性派生系统前四阶固有频率随刚度比的变化如图 4.4

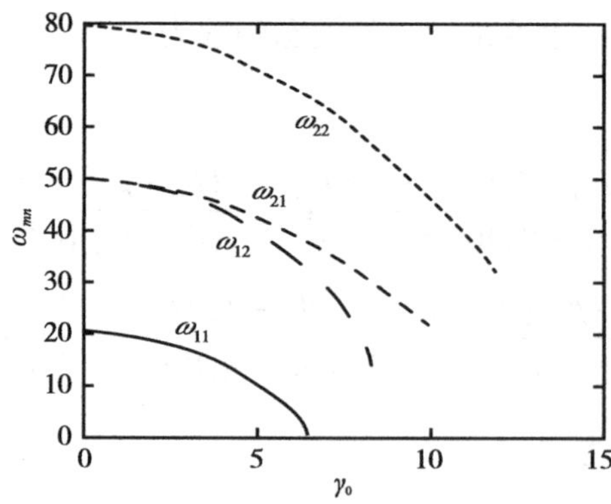

图 4.2 面内平动 SSSS 板前四阶固有频率随面内平动平均速度的变化

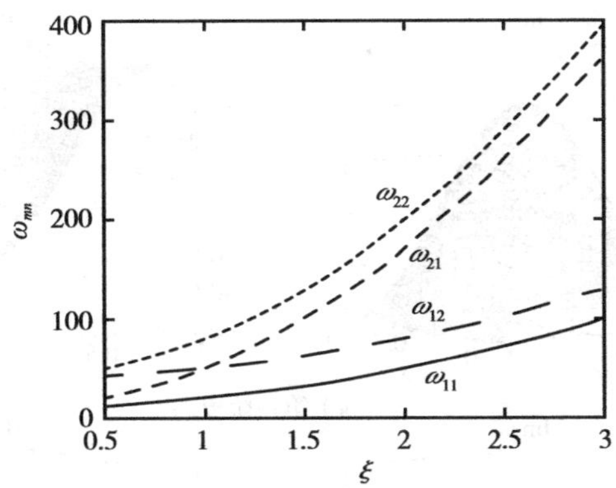

图 4.3 面内平动 SSSS 板前四阶固有频率随长宽比的变化

所示。其中实线表示第一阶固有频率 ω_{11}；虚线表示第二阶固有频率 ω_{12}；点划线表示第三阶固有频率 ω_{21}；点线表示第四阶固有频率 ω_{22}。从图中可以看出，固有频率随着刚度比的增加而增加。从式（5.7）中可以明显看出，板的刚度项随着长宽比的增加而增加。在当前的这组参数下，ω_{21} 比 ω_{12} 稍微小一点。

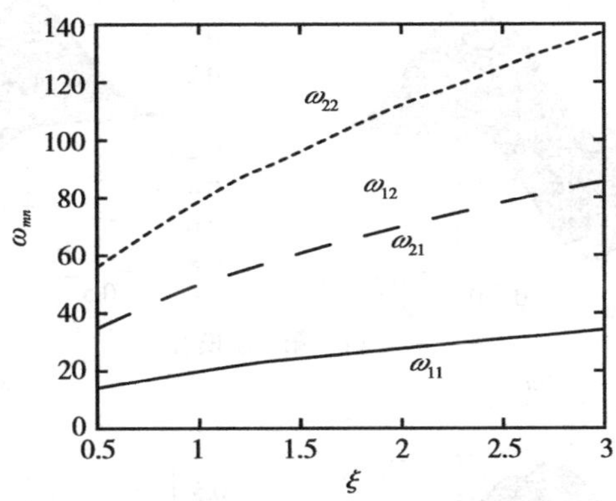

图 4.4 面内平动 SSSS 板前四阶固有频率随刚度比的变化

若给定 ξ=1、ζ=1 和 γ_0=1，线性派生系统前四阶模态函数如图 4.5 所示。虽然板的边界条件是对称的，但是从图 4.5 中可以看出，由于面内平动速度的存在，无论是模态函数的实部还是虚部都不是关于板中点对称或反对称。这种现象在轴向运动梁中也是存在的。

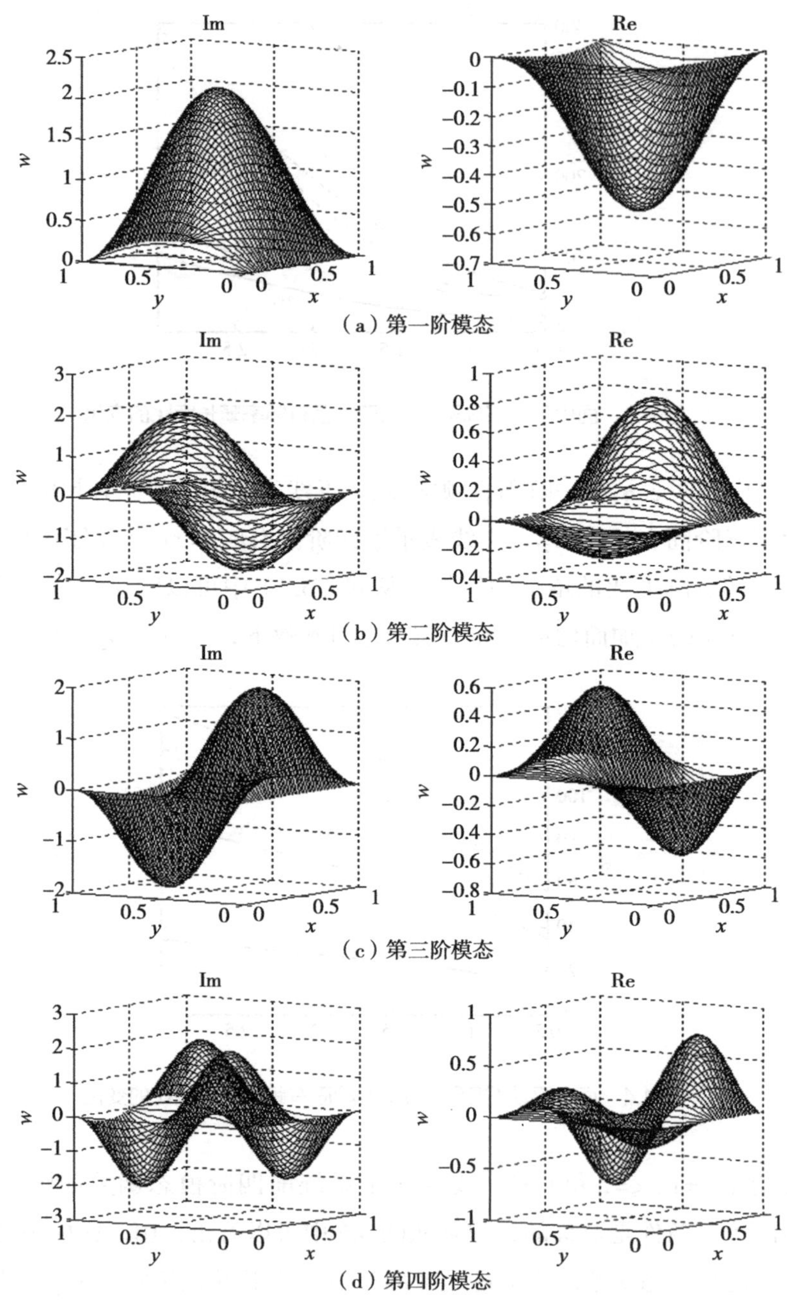

（a）第一阶模态

（b）第二阶模态

（c）第三阶模态

（d）第四阶模态

图 4.5　面内平动 SSSS 板前四阶模态

二、平动侧简支非平动侧固支板

若给定 $\zeta=1$ 和 $\xi=1$，面内平动 SCSC 板的线性派生系统前四阶固有频率随面内平均速度的变化如图 4.6 所示。其中实线表示第一阶固有频率 ω_{11}；虚线表示第二阶固有频率 ω_{12}；点划线表示第三阶固有频率 ω_{21}；点线表示第四阶固有频率 ω_{22}。

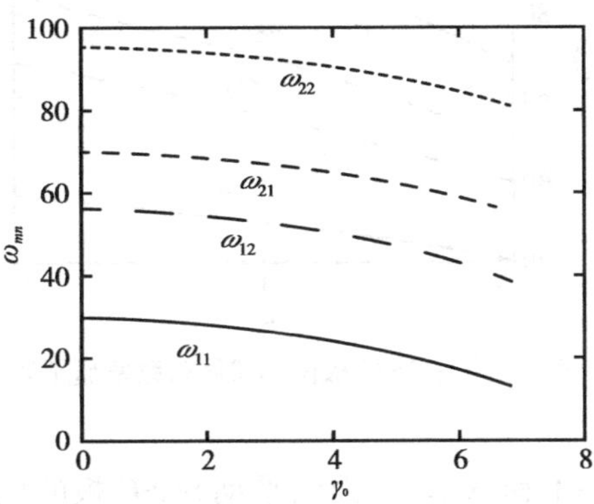

图 4.6　面内平动 SCSC 板前四阶固有频率随面内平动平均速度的变化

若给定 $\zeta=1$ 和 $\gamma_0=1$，面内平动 SCSC 板的线性派生系统前四阶固有频率随长宽比的变化如图 4.7 所示。其中实线表示第一阶固有频率 ω_{11}；虚线表示第二阶固有频率 ω_{12}；点划线表示第三阶固有频率 ω_{21}；点线表示第四阶固有频率 ω_{22}。

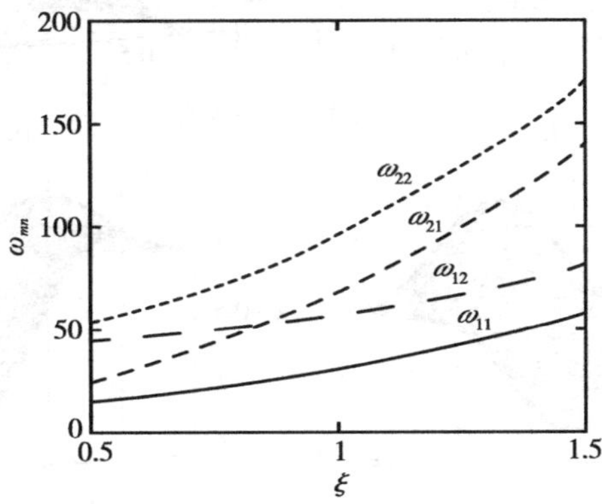

图 4.7　面内平动 SCSC 板前四阶固有频率随长宽比的变化

若给定 ζ=1 和 γ_0=1，面内平动 SCSC 板的线性派生系统前四阶固有频率随长宽比的变化如图 4.8 所示。其中实线表示第一阶固有频率 ω_{11}；虚线表示第二阶固有频率 ω_{12}；点划线表示第三阶固有频率 ω_{21}；点线表示第四阶固有频率 ω_{22}。

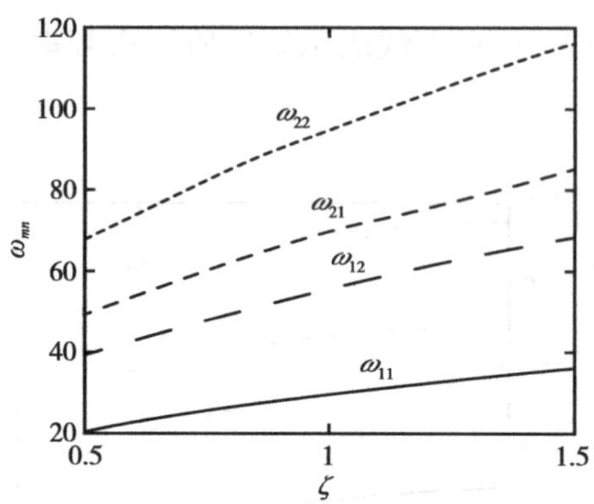

图 4.8　面内平动 SCSC 板前四阶固有频率随刚度比的变化

若给定 ξ =1、ζ =1 和 γ 0=1，面内平动 SCSC 板的线性派生系统前四阶模态函数如图 4.9 所示。

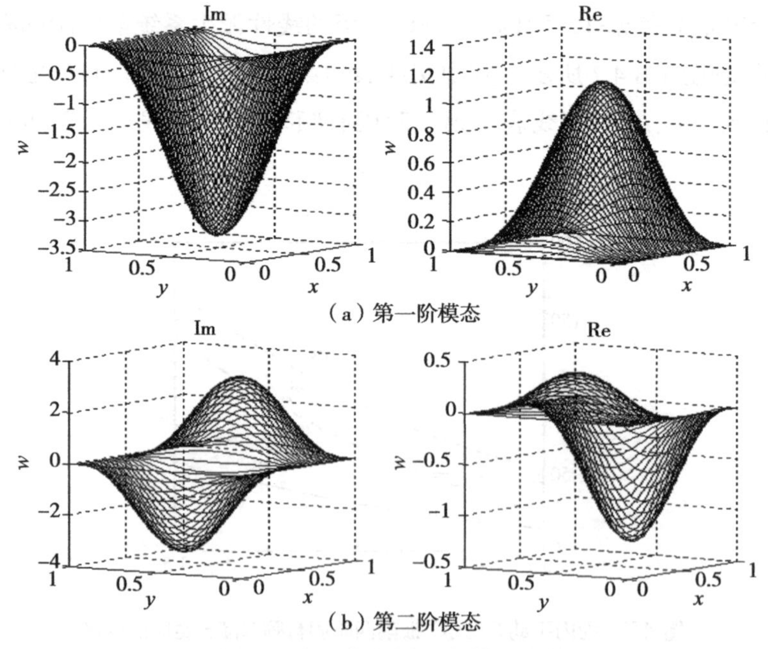

图 4.9　面内平动 SCSC 板前四阶模态

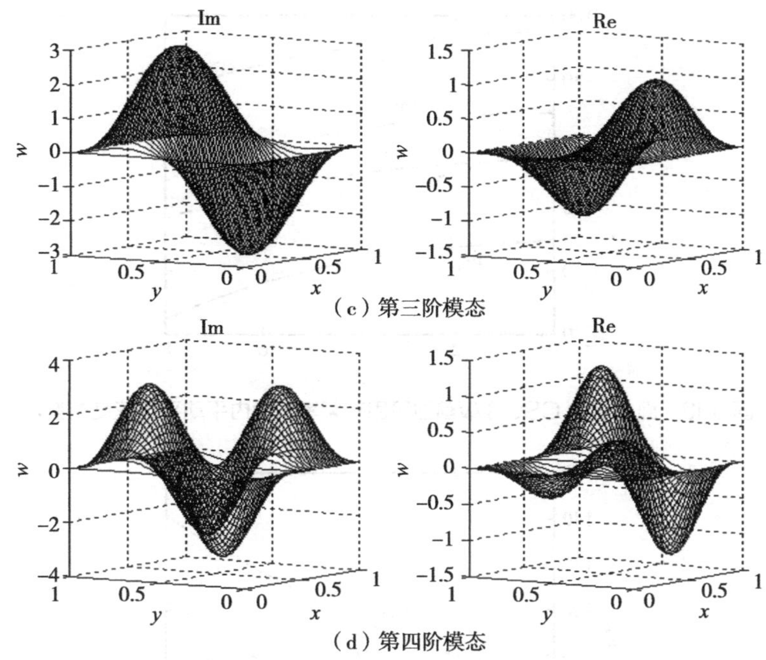

图 4.9　面内平动 SCSC 板前四阶模态（续）

三、侧固支非平动侧简支板

若给定 ζ=1 和 ξ=1，面内平动 CSCS 板的线性派生系统前四阶固有频率随面内平均速度的变化如图 4.10 所示。其中实线表示第一阶固有频率 ω_{11}；虚线表示第二阶固有频率 ω_{12}；点划线表示第三阶固有频率 ω_{21}；点线表示第四阶固有频率 ω_{22}。

若给定 ζ=1 和 γ_0=1，面内平动 CSCS 板的线性派生系统前四阶固有频率随长宽比的变化如图 4.11 所示。其中实线表示第一阶固有频率 ω_{11}；虚线表示第二阶固有频率 ω_{12}；点划线表示第三阶固有频率 ω_{21}；点线表示第四阶固有频率 ω_{22}。

若给定 ξ=1 和 γ_0=1，面内平动 CSCS 板的线性派生系统前四阶固有频率随刚度比的变化如图 4.12 所示。其中实线表示第一阶固有频率 ω_{11}；虚线表示第二阶固有频率 ω_{12}；点划线表示第三阶固有频率 ω_{21}；点线表示第四阶固有频率 ω_{22}。

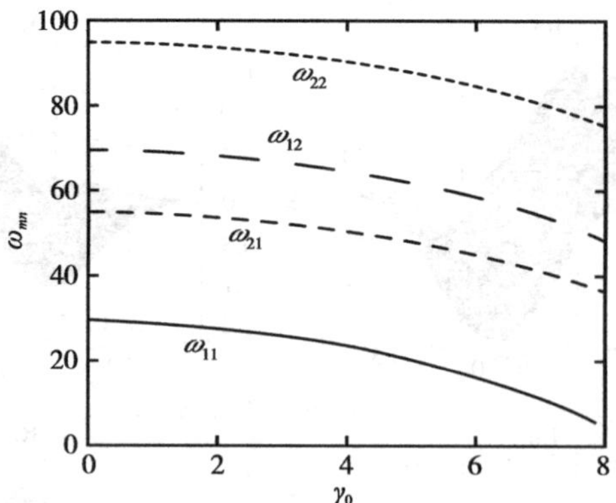

图 4.10 面内平动 CSCS 板前四阶固有频率随面内平动平均速度的变化

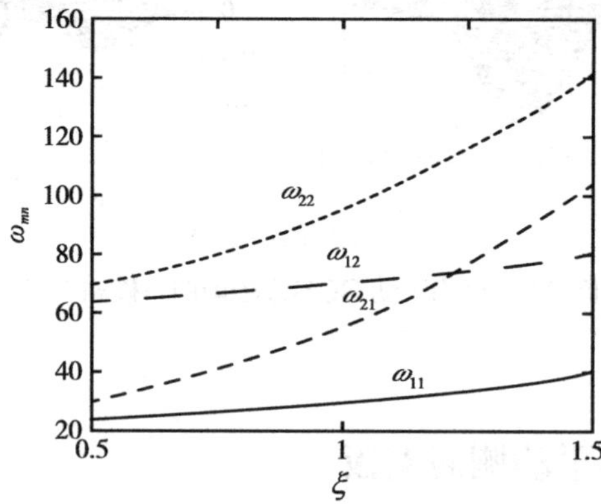

图 4.11 面内平动 CSCS 板前四阶固有频率随长宽比的变化

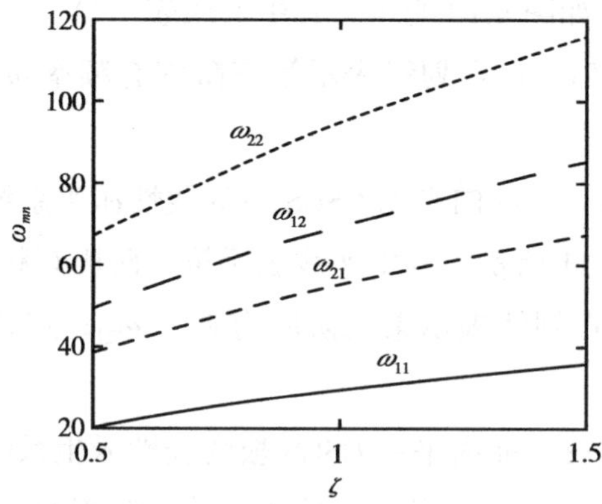

图 4.12 面内平动 CSCS 板前四阶固有频率随刚度比的变化

若给定 ξ=1、ζ=1 和 γ_0=1，面内平动 CSCS 板的线性派生系统前四阶模态函数如图 4.13 所示。

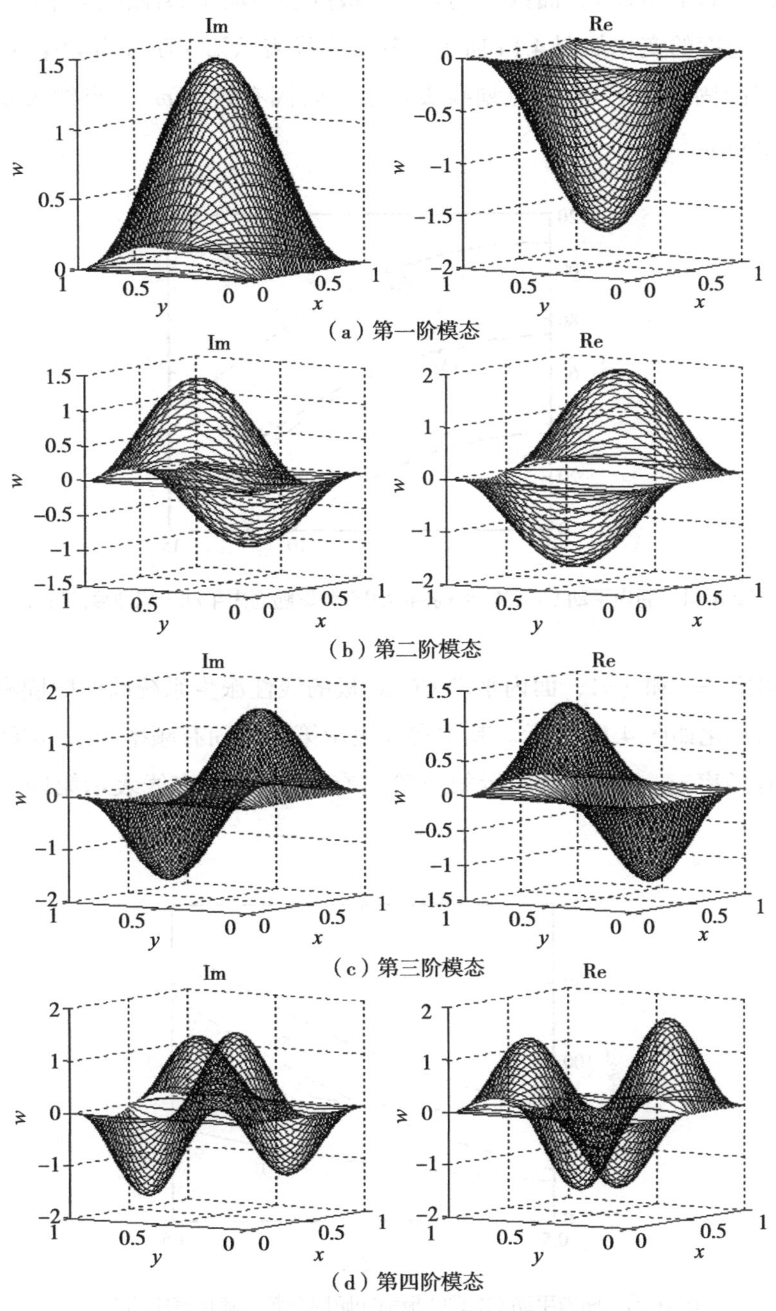

（a）第一阶模态

（b）第二阶模态

（c）第三阶模态

（d）第四阶模态

图 4.13　面内平动 CSCS 板前四阶模态

四、四边固支板

若给定 ζ=1 和 ξ=1，面内平动 CCCC 板的线性派生系统前四阶固有频率随面内平均速度的变化如图 4.14 所示。其中实线表示第一阶固有频率 ω_{11}；虚线表示第二阶固有频率 ω_{12}；点划线表示第三阶固有频率 ω_{21}；点线表示第四阶固有频率 ω_{22}。

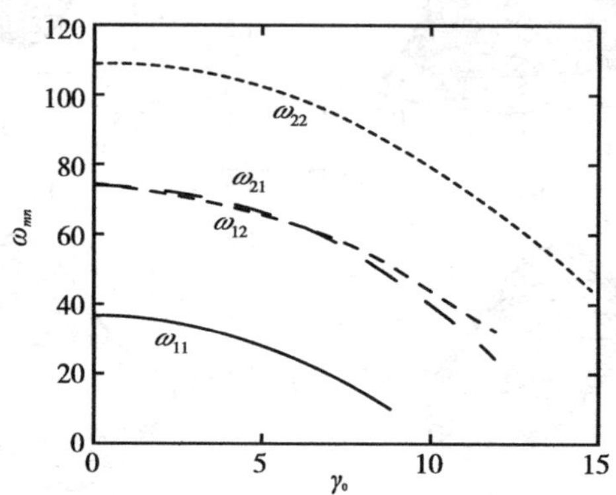

图 4.14　面内平动 CCCC 板前四阶固有频率随面内平动平均速度的变化

若给定 ζ=1 和 γ_0=1，面内平动 CCCC 板的线性派生系统前四阶固有频率随长宽比的变化如图 4.15 所示。其中实线表示第一阶固有频率 ω_{11}；虚线表示第二阶固有频率 ω_{12}；点划线表示第三阶固有频率 ω_{21}；点线表示第四阶固有频率 ω_{22}。

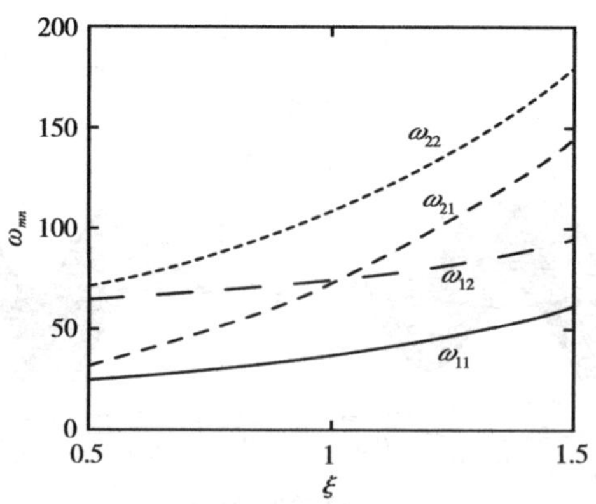

图 4.15　面内平动 CCCC 板前四阶固有频率随长宽比的变化

若给定 $\xi=1$ 和 $\gamma_0=1$，面内平动 CCCC 板的线性派生系统前四阶固有频率随刚度比的变化如图 4.16 所示。其中实线表示第一阶固有频率 ω_{11}；虚线表示第二阶固有频率 ω_{12}；点划线表示第三阶固有频率 ω_{21}；点线表示第四阶固有频率 ω_{22}。

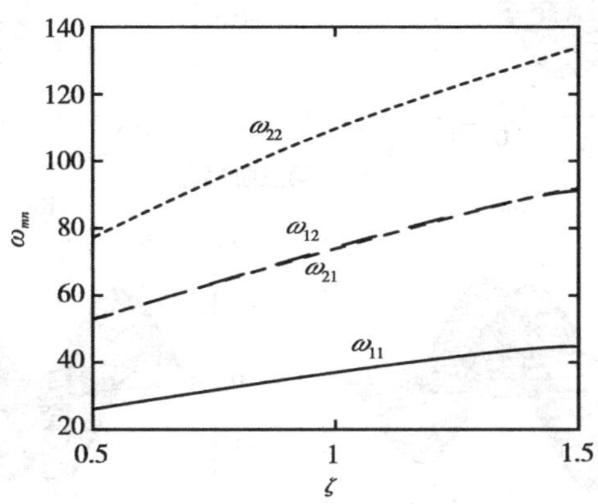

图 4.16　面内平动 CCCC 板前四阶固有频率随刚度比的变化

若给定 $\xi=1$、$\zeta=1$ 和 $\gamma_0=1$，面内平动 CCCC 板的线性派生系统前四阶模态函数如图 4.17 所示。

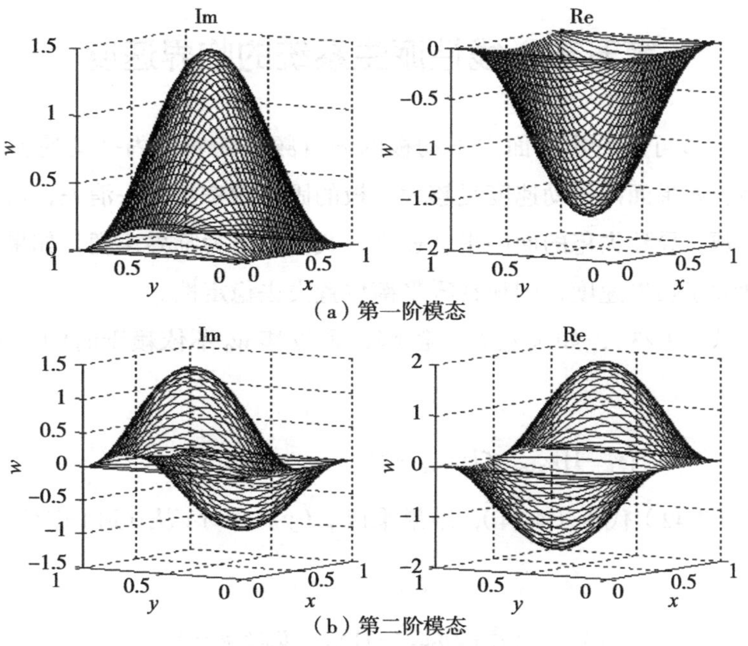

4.17　面内平动 CCCC 板前四阶模态

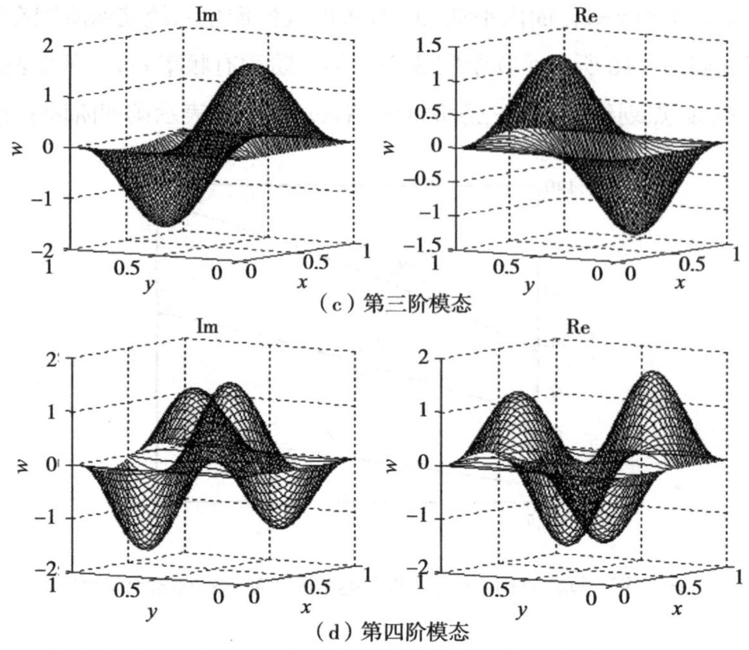

（c）第三阶模态

（d）第四阶模态

4.17 面内平动 CCCC 板前四阶模态（续）

第五节　线性派生系统的临界速度

由上一节可以看出，面内平动板的固有频率随着面内平动速度的不断增加而减小。如果面内平动速度足够大，板的固有频率会一一消失，可能发生压杆失稳问题。导致失稳的面内平动速度，我们称之为临界速度。如果板的面内平动速度大于临界速度，则板在零平衡位置失去稳定性。

考察式（4.23），如果它有平衡解，则位移 w_0 不依赖于时间，所以解 w_0 满足

$$\left(\gamma_0^2-1\right)w_{0,xx}+\zeta\left(w_{0,xxxx}+2\xi^2 w_{0,xxyy}+\xi^4 w_{0,yyyy}\right)=0 \tag{4.54}$$

将式（4.42）代入（4.54），结果乘以 $\varphi_m(y)$ 并对 y 从 0 到 1 进行一次积分，得到

$$\zeta\phi_{n,xxxx}+\left(\gamma_0^2+2B_2\zeta\xi^2-1\right)\phi_{n,xx}+B_4\zeta\xi^4\phi_n=0 \tag{4.55}$$

式（4.55）的特征方程为

$$\zeta\lambda^4+\left(\gamma_0^2+2B_2\zeta\xi^2-1\right)\lambda^2+B_4\zeta\xi^4=0 \tag{4.56}$$

式（4.56）的解为

$$\lambda_{1,2}=\pm\mathrm{i}\alpha,\ \lambda_{3,4}=\pm\mathrm{i}\beta \tag{4.57}$$

其中

$$\alpha=\sqrt{\frac{\left(v^2+2B_2\zeta\xi^2-1\right)-\sqrt{\left(v^2+2B_2\zeta\xi^2-1\right)^2-4B_4\zeta^2\xi^4}}{2\zeta}} \tag{4.58}$$

$$\beta=\sqrt{\frac{\left(v^2+2B_2\zeta\xi^2-1\right)+\sqrt{\left(v^2+2B_2\zeta\xi^2-1\right)^2-4B_4\zeta^2\xi^4}}{2\zeta}} \tag{4.59}$$

式（4.56）的解可以写为

$$W=C_1\cos\alpha x+C_2\sin\alpha x+C_3\cos\beta x+C_4\sin\beta x \tag{4.60}$$

对于 SSSS 板和 SCSC 板，平动侧为简支，应用式（4.50），导出

$$\begin{pmatrix} 1 & 0 & 1 & 0 \\ -\alpha^2 & 0 & -\beta^2 & 0 \\ \cos(\alpha) & \sin(\alpha) & \cos(\beta) & \sin(\beta) \\ -\alpha^2\cos(\alpha) & -\alpha^2\sin(\alpha) & -\beta^2\cos(\beta) & -\beta^2\sin(\beta) \end{pmatrix}\begin{pmatrix} C_1 \\ C_2 \\ C_3 \\ C_4 \end{pmatrix}=0 \tag{4.61}$$

式（4.61）有非零解的条件为其系数矩阵的行列式为零

$$\sin(\alpha)\sin(\beta)=0 \tag{4.62}$$

对于 CSCS 板和 CCCC 板，平动侧为固支，应用式（4.50），导出

$$\begin{pmatrix} 1 & 0 & 1 & 0 \\ 0 & \alpha & 0 & \beta \\ \cos(\alpha) & \sin(\alpha) & \cos(\beta) & \sin(\beta) \\ -\alpha\sin(\alpha) & \alpha\cos(\alpha) & -\beta\sin(\beta) & \beta\cos(\beta) \end{pmatrix}\begin{pmatrix} C_1 \\ C_2 \\ C_3 \\ C_4 \end{pmatrix}=0 \tag{4.63}$$

式（4.63）有非零解的条件为其系数矩阵的行列式为零

$$2\alpha\beta-2\alpha\beta\cos(\alpha)\cos(\beta)-(\alpha^2+\beta^2)\sin(\alpha)\sin(\beta)=0 \tag{4.64}$$

若给定 $\gamma_0=1$，对于不同的长宽比，面内平动 SSSS 板线性派生系统的临界速度随刚度比的变化如图 4.18 所示。其中虚线表示 $\xi=0.5$；实线表示 $\xi=1.0$；点线表示 $\xi=2.0$。

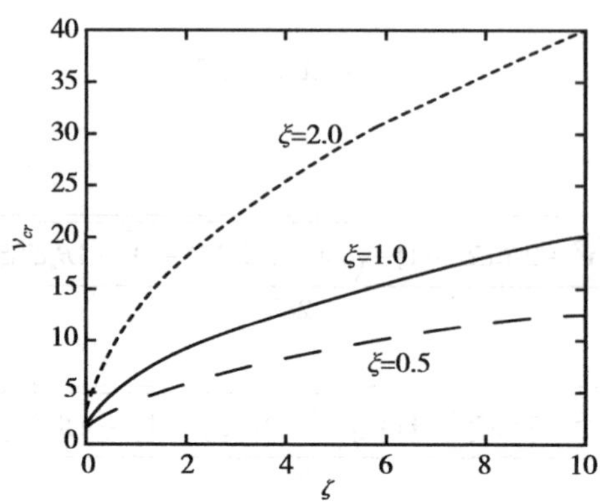

图 4.18 面内平动 SSSS 板临界速度随刚度比的变化

若给定 $\gamma_0=1$，对于不同的长宽比，面内平动 SCSC 板线性派生系统的临界速度随刚度比的变化如图 4.19 所示。其中虚线表示 $\xi=0.5$；实线表示 $\xi=1.0$；点线表示 $\xi=2.0$。

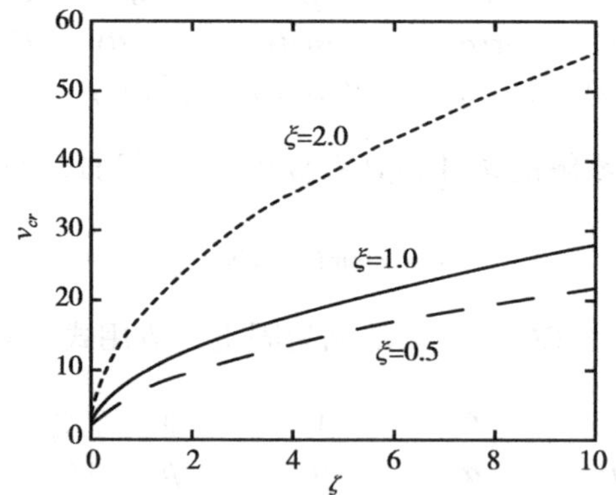

图 4.19 面内平动 SCSC 板临界速度随刚度比的变化

若给定 $\gamma_0=1$，对于不同的长宽比，面内平动 CSCS 板线性派生系统的临界速度随刚度比的变化如图 4.20 所示。其中虚线表示 $\xi=0.5$；实线表示 $\xi=1.0$；点线表示 $\xi=2.0$。若给定 $\gamma_0=1$，对于不同的长宽比，面内平动 CCCC 板线性派生系统的临界速度随刚度比的变化如图 4.21 所示。其中虚线表示 ξ=0.5；实线表示 ξ=1.0；点线表示 ξ=2.0。

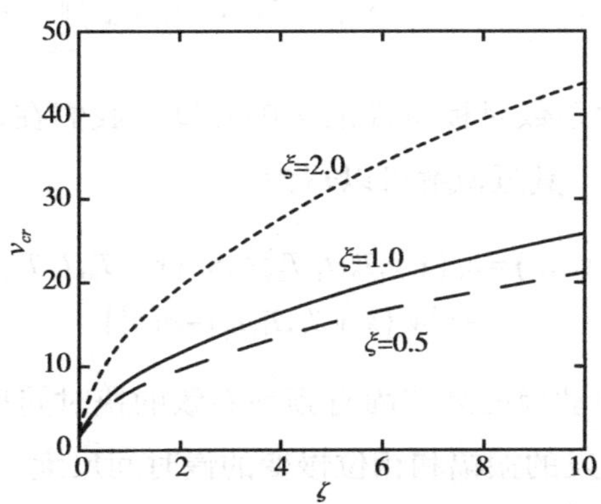

图 4.20　面内平动 CSCS 板临界速度随刚度比的变化

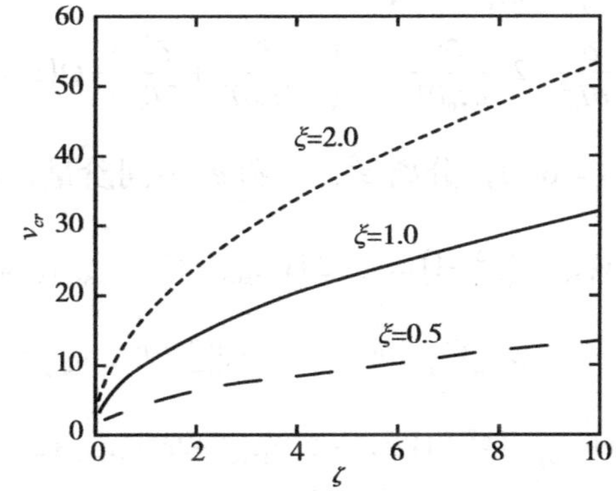

图 4.21　面内平动 CCCC 板临界速度随刚度比的变化

第六节　黏弹性系数对自由振动系统的影响

对于自由振动系统，面内平动黏弹性板的控制方程为

$$\begin{aligned} &w,_{tt}+2\gamma w,_{xt}+\left(\gamma^2-1\right)w,_{xx}+\zeta\left(w,_{xxxx}+2\xi^2 w,_{xxyy}+\xi^4 w,_{yyyy}\right)= \\ &-\varepsilon\eta\left[w,_{xxxxt}+2\xi^2 w,_{xxyyt}+\xi^4 w,_{yyyyt}+\gamma\left(w,_{xxxxx}+2\xi^2 w,_{xxxyy}+\xi^4 w,_{xyyyy}\right)\right] \end{aligned} \tag{4.65}$$

及四边简支的边界条件为

$$w\Big|_{x=0}^{x=1}=0,\quad \left[w_{,xx}+\frac{\varepsilon\eta}{\zeta}\left(w_{,xxt}+\gamma w_{,xxx}+\frac{\mu\gamma}{\xi^2}w_{,xyy}\right)\right]_{x=0}^{x=1}=0$$
$$w\Big|_{y=0}^{y=1}=0,\qquad \left[w_{,yy}+\frac{\varepsilon\eta}{\zeta}\left(w_{,yyt}+\gamma w_{,xyy}\right)\right]_{y=0}^{y=1}=0 \tag{4.66}$$

为了计算黏弹性系数对板特性的影响程度，我们在这一节中使用二阶精度的直接多尺度方法。其近似解可以写为

$$\begin{aligned}w(x,y,t;\varepsilon)&=w_0(x,y,T_0,T_1,T_2)+\varepsilon w_1(x,y,T_0,T_1,T_2)\\&\quad+\varepsilon^2w_2(x,y,T_0,T_1,T_2)+o(\varepsilon^2)\end{aligned} \tag{4.67}$$

其中 $T_0=t$ 为由平动板的某些固有频率而致的快时间尺度；$T_1=\varepsilon t$ 是由黏弹性和速度小扰动而引发的振幅和相位慢变的慢时间尺度。将式（4.67）和下列关系式

$$\begin{aligned}&\frac{\partial}{\partial t}=\frac{\partial}{\partial T_0}+\varepsilon\frac{\partial}{\partial T_1}+\varepsilon^2\frac{\partial}{\partial T_2},\\&\frac{\partial^2}{\partial t^2}=\frac{\partial^2}{\partial T_0^2}+2\varepsilon\frac{\partial^2}{\partial T_0\partial T_1}+\varepsilon^2\left(2\frac{\partial^2}{\partial T_0\partial T_2}+\frac{\partial^2}{\partial T_1^2}\right)+O(\varepsilon^3)\end{aligned} \tag{4.68}$$

代入（4.65）和（4.66），分离 e^0、e^1 和 e^2 不同阶量，得到

$$\varepsilon^0:\ w_{0,T_0T_0}+2\gamma w_{0,xT_0}+(\gamma^2-1)w_{0,xx}+\zeta\left(w_{0,xxxx}+2\xi^2w_{0,xxyy}+\xi^4w_{0,yyyy}\right)=0 \tag{4.69}$$

$$\varepsilon^0:\ w_0\Big|_{x=0}^{x=1}=0,\quad w_{0,xx}\Big|_{x=0}^{x=1}=0;\qquad w_0\Big|_{y=0}^{y=1}=0,\quad w_{0,yy}\Big|_{y=0}^{y=1}=0 \tag{4.70}$$

$$\begin{aligned}\varepsilon^1:\ &w_{1,T_0T_0}+2\gamma w_{1,xT_0}+(\gamma^2-1)w_{1,xx}+\zeta\left(w_{1,xxxx}+2\xi^2w_{1,xxyy}+\xi^4w_{1,yyyy}\right)=\\&-\Big\{2\left(w_{0,T_0T_1}+\gamma w_{0,xT_1}\right)+\eta\Big[w_{0,xxxxT_0}+2\xi^2w_{0,xxyyT_0}+\xi^4w_{0,yyyyT_0}\\&+\gamma\left(w_{0,xxxxx}+2\xi^2w_{0,xxxyy}+\xi^4w_{0,xyyyy}\right)\Big]\Big\}\end{aligned} \tag{4.71}$$

$$\varepsilon^1:\ w_1\Big|_{x=0}^{x=1}=0,\quad \left[w_{1,xx}+\frac{\eta}{\zeta}\left(w_{0,xxT_0}+\gamma_0w_{0,xxx}+\frac{\mu\gamma}{\xi^2}w_{0,xyy}\right)\right]_{x=0}^{x=1}=0;$$
$$w_1\Big|_{y=0}^{y=1}=0,\qquad \left[w_{1,yy}+\frac{\eta}{\zeta}\left(w_{0,yyT_0}+\gamma w_{0,xyy}\right)\right]_{y=0}^{y=1}=0 \tag{4.72}$$

$$\begin{aligned}\varepsilon^2:\ &w_{2,T_0T_0}+2\gamma w_{2,xT_0}+(\gamma^2-1)w_{2,xx}+\zeta\left(w_{2,xxxx}+2\xi^2w_{2,xxyy}+\xi^4w_{2,yyyy}\right)=\\&-\Big\{w_{0,T_1T_1}+2\left(w_{0,T_0T_2}+\gamma w_{0,xT_2}\right)+\eta\left(w_{0,xxxxT_1}+2\xi^2w_{0,xxyyT_1}+\xi^4w_{0,yyyyT_1}\right)\\&+2\left(w_{1,T_0T_1}+\gamma w_{1,xT_1}\right)+\eta\Big[w_{1,xxxxT_0}+2\xi^2w_{1,xxyyT_0}+\xi^4w_{1,yyyyT_0}+\\&\gamma\left(w_{1,xxxxx}+2\xi^2w_{1,xxxyy}+\xi^4w_{1,xyyyy}\right)\Big]\Big\}\end{aligned} \tag{4.73}$$

$$\varepsilon^1: w_2\Big|_{x=0}^{x=1}=0, \quad \left[w_{2,xx}+\frac{\eta}{\zeta}\left(w_{0,xxT_1}+w_{1,xxT_0}+\gamma w_{1,xxx}+\frac{\mu\gamma}{\xi^2}w_{1,xyy}\right)\right]\Bigg|_{x=0}^{x=1}=0;$$
$$w_2\Big|_{y=0}^{y=1}=0, \quad \left[w_{2,yy}+\frac{\eta}{\zeta}\left(w_{0,yyT_1}+w_{1,yyT_0}+\gamma w_{1,xyy}\right)\right]\Bigg|_{y=0}^{y=1}=0 \tag{4.74}$$

式（4.69）的解可以写为

$$w_0\left(x,y,T_0,T_1,T_2\right)=\sum_{m=1}^{\infty}\sum_{n=1}^{\infty}\psi_{mn}\left(x,y\right)A_{mn}\left(T_1,T_2\right)e^{\mathrm{i}\omega_{mn}T_0}+cc \tag{4.75}$$

其中 A_{mn} 为待定的复函数；ψ_{mn} 和 ω_{mn} 分别为线性派生系统第 mn 阶模态函数和固有频率。将式（4.75）代入（4.71），导出

$$\begin{aligned}&w_{1,T_0T_0}+2\gamma w_{1,xT_0}+\left(\gamma^2-1\right)w_{1,xx}+\zeta\left(w_{1,xxxx}+2\xi^2w_{1,xxyy}+\xi^4w_{1,yyyy}\right)=\\&-\Big\{2\left(\mathrm{i}\omega_{mn}\psi_{mn}+\gamma\psi_{mn,x}\right)A_{mn,T_1}+\eta\Big[\mathrm{i}\omega_{mn}\left(\psi_{mn,xxxx}+2\xi^2\psi_{mn,xxyy}+\xi^4\psi_{mn,yyyy}\right)\\&+\gamma\left(\psi_{mn,xxxxx}+2\xi^2\psi_{mn,xxxyy}+\xi^4\psi_{mn,xyyyy}\right)\Big]A_{mn}\Big\}\mathrm{e}^{\mathrm{i}\omega_{mn}T_0}+cc\end{aligned} \tag{4.76}$$

可解性条件要求非齐次方程（4.76）的非齐次部分与其伴随方程的齐次解正交，即

$$\begin{aligned}&\Big\langle 2\left(\mathrm{i}\omega_{mn}\psi_{mn}+\gamma\psi_{mn,x}\right)A_{mn,T_1}+\eta\Big[\mathrm{i}\omega_{mn}\left(\psi_{mn,xxxx}+2\xi^2\psi_{mn,xxyy}+\xi^4\psi_{mn,yyyy}\right)\\&+\gamma\left(\psi_{mn,xxxxx}+2\xi^2\psi_{mn,xxxyy}+\xi^4\psi_{mn,xyyyy}\right)\Big]A_{mn},\psi_{mn}\Big\rangle=0\end{aligned} \tag{4.77}$$

应用内积的性质，式（4.77）可整理为

$$A_{mn,T_1}+\eta\chi_{mn}A_{mn}=0 \tag{4.78}$$

其中

$$\begin{aligned}\chi_{mn}=&\Big[\mathrm{i}\omega_{mn}\Big(\int_0^1\int_0^1\psi_{mn,xxxx}\bar{\psi}_{mn}\mathrm{d}x\mathrm{d}y+2\xi^2\int_0^1\int_0^1\psi_{mn,xxyy}\bar{\psi}_{mn}\mathrm{d}x\mathrm{d}y+\\&\xi^4\int_0^1\int_0^1\psi_{mn,yyyy}\bar{\psi}_{mn}\mathrm{d}x\mathrm{d}y\Big)+\gamma\Big(\int_0^1\int_0^1\psi_{mn,xxxxx}\bar{\psi}_{mn}\mathrm{d}x\mathrm{d}y+2\xi^2\cdot\\&\int_0^1\int_0^1\psi_{mn,xxxyy}\bar{\psi}_{mn}\mathrm{d}x\mathrm{d}y+\xi^4\int_0^1\int_0^1\psi_{mn,xyyyy}\bar{\psi}_{mn}\mathrm{d}x\mathrm{d}y\Big)\Big]\Big/\\&\Big[2\Big(\mathrm{i}\omega_{mn}\int_0^1\int_0^1\psi_{mn}\bar{\psi}_{mn}\mathrm{d}x\mathrm{d}y+\gamma\int_0^1\int_0^1\psi_{mn,x}\bar{\psi}_{mn}\mathrm{d}x\mathrm{d}y\Big)\Big]\end{aligned} \tag{4.79}$$

对于给定的参数，数值计算均表明 χ_{mn} 是正实数。

将式（4.78）写成极坐标的形式

$$A_{mn}=a_{mn}\left(T_1,T_2\right)\mathrm{e}^{\mathrm{i}\beta_{mn}\left(T_1,T_2\right)} \tag{4.80}$$

其中 α_{mn} 和 β_{mn} 是 T_1 和 T_2 的实函数，分别对应于第 m 和 n 阶模态响应的幅值和相角。将式（4.80）代入（4.78），导出

$$a_{mn},_{T_1} = -\eta\chi_{mn}a_{mn}, \qquad \beta_{mn},_{T_1} = 0. \tag{4.81}$$

从中可以解得

$$a_{mn} = \mathrm{e}^{a_{mn0} - \eta\chi_{mn}T_1}, \qquad \beta_{mn} = \beta_{mn0}. \tag{4.82}$$

其中 α_{mn0} 和 β_{mn0} 是 T_2 的待定函数。则式（4.78）的解可以写为

$$A_{mn} = B_{mn}\,\mathrm{e}^{-\eta\chi_{mn}T_1} \tag{4.83}$$

其中

$$B_{mn}\left(T_2\right) = \mathrm{e}^{a_{mn0} + \mathrm{i}\beta_{mn0}} \tag{4.84}$$

将式（4.83）代入（4.75），导出

$$w_0\left(x,y,T_0,T_1,T_2\right) = \sum_{m=1}^{\infty}\sum_{n=1}^{\infty}\psi_{mn}\left(x,y\right)B_{mn}\left(T_2\right)\mathrm{e}^{\mathrm{i}\omega_{mn}T_0 - \eta\chi_{mn}T_1} + cc \tag{4.85}$$

这时，式（4.71）和（4.72）的所有特解均与（4.69）和（4.70）的解正交。因此，将式（4.25）与（4.71）和（4.72）的特解代入（4.73），导出

$$\begin{aligned} & w_2,_{T_0T_0} + 2\gamma w_2,_{xT_0} + \left(\gamma^2 - 1\right)w_2,_{xx} + \zeta\left(w_2,_{xxxx} + 2\xi^2 w_2,_{xxyy} + \xi^4 w_2,_{yyyy}\right) = \\ & -\Big\{2\left(\mathrm{i}\omega_{mn}\psi_{mn} + \gamma\psi_{mn},_x\right)B_{mn},_{T_2} + \eta^2\chi_{mn}\Big[\chi_{mn}\psi_{mn} - \big(\psi_{mn},_{xxxx} + 2\xi^2\psi_{mn},_{xxyy} \\ & + \xi^4\psi_{mn},_{yyyy}\big)\Big]B_{mn}\Big\}\mathrm{e}^{\mathrm{i}\omega_{mn}T_0 - \eta\chi_{mn}T_1} + NST + cc \end{aligned} \tag{4.86}$$

其中 NST 是由式（4.71）和（4.72）产生的长期项。根据可解性条件导出

$$B_{mn},_{T_2} + \eta^2\kappa_{mn}B_{mn} = 0 \tag{4.87}$$

其中

$$\begin{aligned} \kappa_{mn} = \chi_{mn}\Big[& \chi_{mn}\int_0^1\int_0^1\psi_{mn}\bar{\psi}_{mn}\mathrm{d}x\mathrm{d}y - \Big(\int_0^1\int_0^1\psi_{mn},_{xxxx}\bar{\psi}_{mn}\mathrm{d}x\mathrm{d}y + \\ & 2\xi^2\int_0^1\int_0^1\psi_{mn},_{xxyy}\bar{\psi}_{mn}\mathrm{d}x\mathrm{d}y + \xi^4\int_0^1\int_0^1\psi_{mn},_{yyyy}\bar{\psi}_{mn}\mathrm{d}x\mathrm{d}y\Big)\Big] \Big/ \\ & \Big[2\Big(\mathrm{i}\omega_{mn}\int_0^1\int_0^1\psi_{mn}\bar{\psi}_{mn}\mathrm{d}x\mathrm{d}y + \gamma\int_0^1\int_0^1\psi_{mn},_x\bar{\psi}_{mn}\mathrm{d}x\mathrm{d}y\Big)\Big] \end{aligned} \tag{4.88}$$

对于给定的参数，数值计算均表明 κ_{mn} 是虚数。

将式（4.87）写成极坐标的形式

$$B_{mn}=b_{mn}\left(T_2\right)\mathrm{e}^{\mathrm{i}\theta_{mn}(T_2)} \tag{4.89}$$

其中 b_{mn} 和 θ_{mn} 是 T_2 的实函数。将式（4.89）代入（4.87），导出

$$b_{mn},_{T_2}=0,\qquad \theta_{mn},_{T_2}=-\eta^2\,\mathrm{Im}\left(\kappa_{mn}\right) \tag{4.90}$$

这时，式（4.87）的解为

$$B_{mn}=b_{mn0}\,\mathrm{e}^{-\mathrm{i}\eta^2\,\mathrm{Im}(\kappa_{mn})T_2} \tag{4.91}$$

其中 b_{mn0} 是由初始条件决定的常数。将式（4.91）代入（4.85），导出

$$w_0=\sum_{m=1}^{\infty}\sum_{n=1}^{\infty}\psi_{mn}b_{mn0}\,\mathrm{e}^{\left[\sigma_{mn}+\mathrm{i}(\omega_{mn})_{VE}\right]T_0}+cc \tag{4.92}$$

其中

$$\sigma_{mn}=-\varepsilon\eta\chi_{mn},\qquad (\omega_{mn})_{VE}=\omega_{mn}-\varepsilon^2\eta^2\,\mathrm{Im}\left(\kappa_{mn}\right). \tag{4.93}$$

实部 σ_{mn} 代表面内平动黏弹性板线性自由振动的幅值随着时间的衰减率；虚部（ω_{mn}）$_{VE}$ 代表其频率。

若给定 ξ=1、ζ=1 和 η=0.01，图 4.22 分别给出了考虑物质导数时参数 χ_{mn} 和 κ_{mn} 随着面内平动速度的变化情况。从图中可以看出，参数 χ_{mn} 随着面内平动速度的增大而增大，参数 κ_{mn} 随着面内平动速度的增大先是稍微增大而后快速减小。图 4.23 分别给出了不考虑物质导数时参数 χ_{mn} 和参数 κ_{mn} 随着面内平动速度的变化情况。从图中可以看出，参数 χ_{mn} 随着面内平动速度的增大先是稍微增大而后快速减小，参数 κ_{mn} 随着面内平动速度的增大而增大。

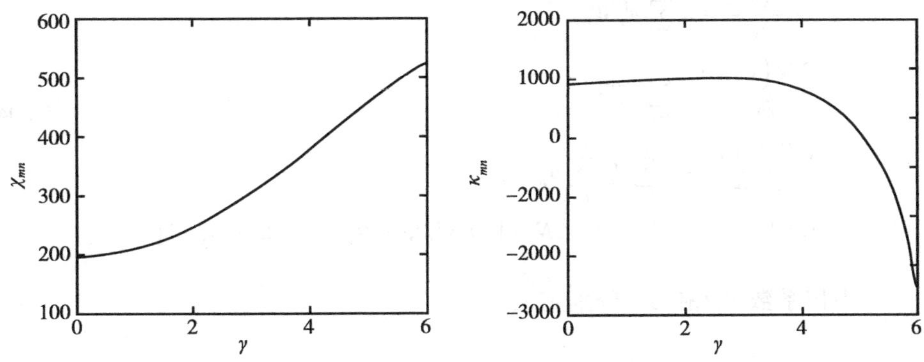

图 4.22　考虑物质导数时参数 χ_{mn} 和 κ_{mn} 随着面内平动速度的变化情况

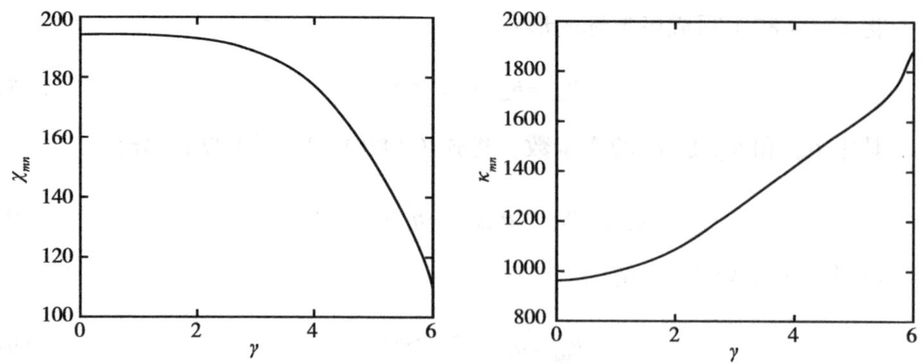

图 4.23 不考虑物质导数时参数 χ_{mn} 和 κ_{mn} 随着面内平动速度的变化情况

第七节 数值验证

接下来这一节将运用微分求积法对前面应用直接多尺度法得到的解析结果进行数值验证。其中，ε=1。

一、二维完全模型

首先，我们将面内变速平动黏弹性板转化为二维完全模型。其计算区域为 $0 \leqslant x \leqslant 1$ 和 $0 \leqslant y \leqslant 1$。$x$ 方向的网点数为 N_x，y 方向的网点数为 N_y。二维函数 W（x，y）在点（x_i，y_i）上对 x 的 r 阶偏导、对 y 的 s 阶偏导和对 x 的 r 阶以及对 y 的 s 阶混合偏导定义如下

$$\begin{gathered}\frac{\partial^r W\left(x_i,y_j\right)}{\partial x^r}=\sum_{k=1}^{N_x}A_{ik}^{(r)}W_{kj}\\ \frac{\partial^s W\left(x_i,y_j\right)}{\partial y^s}=\sum_{l=1}^{N_y}B_{jl}^{(s)}W_{il}\\ \frac{\partial^{r+s} W\left(x_i,y_j\right)}{\partial x^r\partial y^s}=\sum_{k=1}^{N_x}A_{ik}^{(r)}\sum_{l=1}^{N_y}B_{jl}^{(s)}W_{kl}\\ \left(i=1,2,\cdots,N_x,\ k=1,2,\cdots,N_x-1,\ j=1,2,\cdots,N_y,\ l=1,2,\cdots,N_y-1\right)\end{gathered} \tag{4.94}$$

其中权系数 $A_{ik}^{(r)}$ 和 $B_{jl}^{(s)}$ 分别定义为

$$A_{ik}^{(1)}=\begin{cases}\dfrac{\prod\limits_{\mu=1,\mu\neq i}^{N_x}\left(x_i-x_\mu\right)}{\left(x_i-x_k\right)\prod\limits_{\mu=1,\mu\neq k}^{N_x}\left(x_k-x_\mu\right)} & \left(i,k=1,2,\cdots,N_x,\ i\neq k\right)\\ \sum\limits_{\mu=1,\mu\neq i}^{N_x}\dfrac{1}{x_i-x_\mu} & \left(i=1,2,\cdots,N_x,\ i=k\right)\end{cases} \tag{4.95}$$

$$B_{jl}^{(1)}=\begin{cases}\dfrac{\prod\limits_{\mu=1,\mu\neq j}^{N_y}\left(y_j-y_\mu\right)}{\left(y_j-y_l\right)\prod\limits_{\mu=1,\mu\neq l}^{N_y}\left(y_l-y_\mu\right)} & \left(j,l=1,2,\cdots,N_y,\ j\neq l\right)\\ \sum\limits_{\mu=1,\mu\neq j}^{N_y}\dfrac{1}{y_j-y_\mu} & \left(j=1,2,\cdots,N_y,\ j=l\right)\end{cases} \tag{4.96}$$

当 r=2，3，…，N_x−1，s=2，3，…，N_y−1 时，有

$$A_{ik}^{(r)}=\begin{cases}r\left(A_{ii}^{(r-1)}A_{ik}^{(1)}-\dfrac{A_{ik}^{(r-1)}}{x_i-x_k}\right) & \left(i,k=1,2,\cdots,N_x,\ i\neq k\right)\\ -\sum\limits_{\mu=1,\mu\neq i}^{N_x}A_{i\mu}^{(r)} & \left(i=1,2,\cdots,N_x,\ i=k\right)\end{cases} \tag{4.97}$$

$$B_{jl}^{(s)}=\begin{cases}s\left(B_{jj}^{(s-1)}B_{jl}^{(1)}-\dfrac{B_{jl}^{(s-1)}}{y_j-y_l}\right) & \left(j,l=1,2,\cdots,N_y,\ j\neq l\right)\\ -\sum\limits_{\mu=1,\mu\neq j}^{N_y}B_{j\mu}^{(s)} & \left(j=1,2,\cdots,N_y,\ j=l\right)\end{cases} \tag{4.98}$$

网点的分布采用非均匀网点布置。网点的分布形式为

$$\begin{cases}x_1=0,x_{N_x}=1,x_i=\dfrac{1}{2}\left[1-\cos\left(\dfrac{2i-3}{2N_x-4}\pi\right)\right] & \left(i=2,3,\cdots,N_x-1\right)\\ y_1=0,y_{N_y}=1,y_j=\dfrac{1}{2}\left[1-\cos\left(\dfrac{2j-3}{2N_y-4}\pi\right)\right] & \left(j=2,3,\cdots,N_y-1\right)\end{cases} \tag{4.99}$$

将式（4.94）代入线性派生系统（4.23）与其边界条件（4.24），得到相应网点的微分求积近似离散

$$\begin{aligned}&\ddot{w}_{0ij}+2\gamma_0\sum_{k=1}^{N_x}A_{ik}^{(1)}\dot{w}_{0kj}+\left(\gamma_0^2-1\right)\sum_{k=1}^{N_x}A_{ik}^{(2)}w_{0kj}+\zeta\left(\sum_{k=1}^{N_x}A_{ik}^{(4)}w_{0kj}+\xi^4\sum_{l=1}^{N_y}B_{jl}^{(4)}w_{il}\right.\\&\left.+2\xi^2\sum_{k=1}^{N_x}A_{ik}^{(2)}\sum_{l=1}^{N_y}B_{jl}^{(2)}w_{0kl}\right)=0\qquad\left(i=2,3,\cdots,N_x-1,\ j=2,3,\cdots,N_y-1\right)\end{aligned} \tag{4.100}$$

$$
\begin{aligned}
& w_{01j} = w_{0N_x j} = w_{0i1} = w_{0iN_y} = 0 \ \left(i, j = 1, 2, \cdots, N_x\right) \\
& \sum_{k=1}^{N_x} A_{ik}^{(2)} w_{0kj} = 0 \qquad \left(i = 1, N_x, \ j = 1, 2, \cdots, N_y\right) \\
& \sum_{l=1}^{N_y} B_{jl}^{(2)} w_{il} = 0 \qquad \left(j = 1, N_y, \ i = 1, 2, \cdots, N_x\right)
\end{aligned}
\tag{4.101}
$$

在这里我们应用修正权系数法来克服边界条件在计算中的困难。对于简支边界的板而言，仅仅通过忽略方程（4.100）中相应的网点坐标来处理位移为零的边界条件。对于另外两个边界条件，考虑第二阶权系数矩阵

$$
[A^{(2)}] = \begin{bmatrix}
A_{11}^{(2)} & A_{12}^{(2)} & \cdots & A_{1(N_x-1)}^{(2)} & A_{1N_x}^{(2)} \\
A_{21}^{(2)} & A_{22}^{(2)} & \cdots & A_{2(N_x-1)}^{(2)} & A_{2N_x}^{(2)} \\
\vdots & \vdots & \ddots & \vdots & \vdots \\
A_{(N_x-1)1}^{(2)} & A_{(N_x-1)2}^{(2)} & \cdots & A_{(N_x-1)(N_x-1)}^{(2)} & A_{(N_x-1)N_x}^{(2)} \\
A_{N_x1}^{(2)} & A_{N_x2}^{(2)} & \cdots & A_{N_x(N_x-1)}^{(2)} & A_{N_xN_x}^{(2)}
\end{bmatrix}
\tag{4.102}
$$

$$
[B^{(2)}] = \begin{bmatrix}
B_{11}^{(2)} & B_{12}^{(2)} & \cdots & B_{1(N_y-1)}^{(2)} & B_{1N_y}^{(2)} \\
B_{21}^{(2)} & B_{22}^{(2)} & \cdots & B_{2(N_y-1)}^{(2)} & B_{2N_y}^{(2)} \\
\vdots & \vdots & \ddots & \vdots & \vdots \\
B_{(N_y-1)1}^{(2)} & B_{(N_y-1)2}^{(2)} & \cdots & B_{(N_y-1)(N_y-1)}^{(2)} & B_{(N_y-1)N_y}^{(2)} \\
B_{N_y1}^{(2)} & B_{N_y2}^{(2)} & \cdots & B_{N_y(N_y-1)}^{(2)} & B_{N_yN_y}^{(2)}
\end{bmatrix}
\tag{4.103}
$$

修改后的第二阶权系数矩阵为

$$
[A^{(2)}] = \begin{bmatrix}
0 & 0 & \cdots & 0 & 0 \\
A_{21}^{(2)} & A_{22}^{(2)} & \cdots & A_{2(N_x-1)}^{(2)} & A_{2N_x}^{(2)} \\
\vdots & \vdots & \ddots & \vdots & \vdots \\
A_{(N_x-1)1}^{(2)} & A_{(N_x-1)2}^{(2)} & \cdots & A_{(N_x-1)(N_x-1)}^{(2)} & A_{(N_x-1)N_x}^{(2)} \\
0 & 0 & \cdots & 0 & 0
\end{bmatrix}
\tag{4.104}
$$

$$
[B^{(2)}] = \begin{bmatrix}
0 & 0 & \cdots & 0 & 0 \\
B_{21}^{(2)} & B_{22}^{(2)} & \cdots & B_{2(N_y-1)}^{(2)} & B_{2N_y}^{(2)} \\
\vdots & \vdots & \ddots & \vdots & \vdots \\
B_{(N_y-1)1}^{(2)} & B_{(N_y-1)2}^{(2)} & \cdots & B_{(N_y-1)(N_y-1)}^{(2)} & B_{(N_y-1)N_y}^{(2)} \\
0 & 0 & \cdots & 0 & 0
\end{bmatrix}
\tag{4.105}
$$

应用修正权系数法修正后的线性派生系统为

$$\ddot{w}_{0ij}+2\gamma_0\sum_{k=2}^{N_x-1}A_{ik}^{(1)}\dot{w}_{0kj}+\left(\gamma_0^2-1\right)\sum_{k=2}^{N_x-1}\tilde{A}_{ik}^{(2)}w_{0kj}+\zeta\left(\sum_{k=2}^{N_x-1}\tilde{A}_{ik}^{(4)}w_{0kj}+\right.$$
$$\left.\xi^4\sum_{l=2}^{N_y-1}\tilde{B}_{jl}^{(4)}w_{0il}+2\xi^2\sum_{k=2}^{N_x-1}\tilde{A}_{ik}^{(2)}\sum_{l=2}^{N_y-1}\tilde{B}_{jl}^{(2)}w_{0kl}\right)=0 \tag{4.106}$$
$$\left(i=2,3,\cdots,N_x-1,\ j=2,3,\cdots,N_y-1\right)$$

式（4.23）的解可以写为

$$w_0\left(x,y,T_0,T_1\right)=\sum_{m=1}^{\infty}\sum_{n=1}^{\infty}\psi_{mn}\left(x,y\right)A_{mn}\left(T_1\right)e^{\lambda_{mn}T_0}+cc \tag{4.107}$$

将式（4.107）代入（4.106），导出

$$\lambda_{mn}^2\psi_{mnij}+2\lambda_{mn}\gamma_0\sum_{k=2}^{N_x-1}A_{ik}^{(1)}\psi_{mnkj}+\left(\gamma_0^2-1\right)\sum_{k=2}^{N_x-1}\tilde{A}_{ik}^{(2)}\psi_{mnkj}+\zeta\left(\sum_{k=2}^{N_x-1}\tilde{A}_{ik}^{(4)}\psi_{mnkj}\right.$$
$$\left.+\xi^4\sum_{l=2}^{N_y-1}\tilde{B}_{jl}^{(4)}\psi_{mnil}+2\xi^2\sum_{k=2}^{N_x-1}\tilde{A}_{ik}^{(2)}\sum_{l=2}^{N_y-1}\tilde{B}_{jl}^{(2)}\psi_{mnkl}\right)=0 \tag{4.108}$$
$$\left(i=2,3,\cdots,N_x-1,\ j=2,3,\cdots,N_y-1\right)$$

式（4.108）可以写为矩阵形式

$$\left(\lambda_{mn}^2\left[M\right]+\lambda_{mn}\left[G\right]+\left[K\right]\right)\left\{\psi_{mn}\right\}=0 \tag{4.109}$$

其中［M］、［G］和［K］分别为质量矩阵、陀螺矩阵和刚度矩阵。它们的维数均为（N_x–2）（N_y–2）×（N_x–2）（N_y–2）。$\{\psi_{mn}\}$表征广义位移矩阵，其维数为（N_x–2）（N_y–2）×1。

二、一维简化模型

下面我们将面内变速平动黏弹性板转化为一维简化模型。式（4.23）的解可以写为

$$w_0\left(x,y,T_0,T_1\right)=\sum_{m=1}^{\infty}\sum_{n=1}^{\infty}\phi_n\left(x\right)\varphi_m\left(y\right)A_{mn}\left(T_1\right)e^{\lambda_{mn}T_0}+cc \tag{4.110}$$

其中 φ_m（y）取式（4.43）的形式。将式（4.110）代入（4.23），结果乘以 φ_m（y）并对 y 从 0 到 1 进行一次积分，得到

$$\lambda_{mn}^2\phi_n + 2\lambda_{mn}\gamma_0\phi_{n,x} + \left(\gamma_0^2 - 1\right)\phi_{n,xx} + \zeta\left(\phi_{n,xxxx} - 2m^2\pi^2\xi^2\phi_{n,xx} + m^4\pi^4\xi^4\phi_n\right) = 0 \tag{4.111}$$

其相应的微分求积近似离散为

$$\lambda_{mn}^2\phi_{ni} + 2\lambda_{mn}\gamma_0\sum_{k=2}^{N_x-1}A_{ik}^{(1)}\phi_{nk} + \left(\gamma_0^2 - 1\right)\sum_{k=2}^{N_x-1}\tilde{A}_{ik}^{(2)}\phi_{nk} + \zeta\left(\sum_{k=2}^{N_x-1}\tilde{A}_{ik}^{(4)}\phi_{nk} - 2m^2\pi^2\xi^2\sum_{k=2}^{N_x-1}\tilde{A}_{ik}^{(2)}\phi_{nk} + m^4\pi^4\xi^4\phi_{ni}\right) = 0 \quad \left(i = 2,3,\cdots,N_x - 1\right) \tag{4.112}$$

式（4.112）可以写为矩阵形式

$$\left(\lambda_{mn}^2[M] + \lambda_{mn}[G] + [K]\right)\{\phi_n\} = 0 \tag{4.113}$$

其中［M］、［G］和［K］分别为质量矩阵、陀螺矩阵和刚度矩阵。它们的维数均为（N_x–2）×（N_x–2）。$\{\varphi_n\}$ 表征广义位移矩阵，其维数为（N_x–2）×1。

对于自由振动系统，式（5.49）的解可以写为

$$w(x,y,t) = \sum_{m=1}^{\infty}\phi(x,t)\varphi_m(y) + cc \tag{4.114}$$

其中 φ_m（y）取式（4.43）的形式。将式（4.116）代入（4.65），结果乘以 φ_m（y）并对 y 从 0 到 1 进行一次积分，得到

$$\begin{aligned}\phi_{,tt} = &-2\gamma\phi_{,xt} - \left(\gamma^2 - 1\right)\phi_{,xx} - \zeta\left(\phi_{,xxxx} - 2m^2\pi^2\xi^2\phi_{,xx}\right.\\ &\left.+ m^4\pi^4\xi^4\phi\right) - \eta\left[\phi_{,xxxxt} - 2m^2\pi^2\xi^2\phi_{,xxt} + m^4\pi^4\xi^4\phi_{,t} +\right.\\ &\left.\gamma\left(\phi_{,xxxxx} - 2m^2\pi^2\xi^2\phi_{,xxx} + m^4\pi^4\xi^4\phi_{,x}\right)\right]\end{aligned} \tag{4.115}$$

其相应的微分求积近似离散为

$$\begin{aligned}\ddot{\phi}_i = &-2\gamma\sum_{k=2}^{N_x-1}A_{ik}^{(1)}\dot{\phi}_k - \left(\gamma^2 - 1\right)\sum_{k=2}^{N_x-1}\tilde{A}_{ik}^{(2)}\phi_k\\ &-\eta\left(\sum_{k=2}^{N_x-1}\tilde{A}_{ik}^{(4)}\dot{\phi}_k - 2m^2\pi^2\xi^2\sum_{k=2}^{N_x-1}\tilde{A}_{ik}^{(2)}\dot{\phi}_k + m^4\pi^4\xi^4\dot{\phi}_i\right)\\ &-\zeta\left(\sum_{k=2}^{N_x-1}\tilde{A}_{ik}^{(4)}\phi_k - 2m^2\pi^2\xi^2\sum_{k=2}^{N_x-1}\tilde{A}_{ik}^{(2)}\phi_k + m^4\pi^4\xi^4\phi_i\right)\\ &-\eta\gamma\left(\sum_{k=2}^{N_x-1}\tilde{A}_{ik}^{(5)}\phi_k - 2m^2\pi^2\xi^2\sum_{k=2}^{N_x-1}\tilde{A}_{ik}^{(3)}\phi_k + m^4\pi^4\xi^4\sum_{k=2}^{N_x-1}A_{ik}^{(1)}\phi_k\right)\\ &\left(i = 2,3,\cdots,N_x - 1\right)\end{aligned} \tag{4.116}$$

同理，完全非自治系统（4.17）相应的微分求积近似离散为

$$
\begin{aligned}
\ddot{\phi}_i &= -2\gamma\sum_{k=2}^{N_x-1}A_{ik}^{(1)}\dot{\phi}_k-\dot{\gamma}\sum_{k=2}^{N_x-1}A_{ik}^{(1)}\phi_k-\left(\gamma^2-1\right)\sum_{k=2}^{N_x-1}\tilde{A}_{ik}^{(2)}\phi_k \\
&-\eta\left(\sum_{k=2}^{N_x-1}\tilde{A}_{ik}^{(4)}\dot{\phi}_k-2m^2\pi^2\xi^2\sum_{k=2}^{N_x-1}\tilde{A}_{ik}^{(2)}\dot{\phi}_k+m^4\pi^4\xi^4\dot{\phi}_i\right) \\
&-\zeta\left(\sum_{k=2}^{N_x-1}\tilde{A}_{ik}^{(4)}\phi_k-2m^2\pi^2\xi^2\sum_{k=2}^{N_x-1}\tilde{A}_{ik}^{(2)}\phi_k+m^4\pi^4\xi^4\phi_i\right) \\
&-\eta\gamma\left(\sum_{k=2}^{N_x-1}\tilde{A}_{ik}^{(5)}\phi_k-2m^2\pi^2\xi^2\sum_{k=2}^{N_x-1}\tilde{A}_{ik}^{(3)}\phi_k+m^4\pi^4\xi^4\sum_{k=2}^{N_x-1}A_{ik}^{(1)}\phi_k\right) \\
&\left(i=2,3,\cdots,N_x-1\right)
\end{aligned}
\tag{4.117}
$$

三、数值验证结果

自由振动系统

若给定 ξ=1、ζ=1 和 η=0.01，对于一维简化模型，选取网点数 N_x=9。图 4.24 分别给出了不同方法下考虑物质导数时衰减系数和频率随着面内平动速度变化情况的比较。实线代表直接多尺度方法近似解析结果；黑点线代表一维简化模型的微分求积法数值结果。由图可见，两种方法所得结果吻合得较好。图 4.25 分别给出了不同方法下不考虑物质导数时衰减系数和频率随着面内平动速度变化情况的比较。实线代表直接多尺度方法近似解析结果；黑点线代表一维简化模型的微分求积法数值结果。由图可见，两种方法所得结果吻合得非常好。

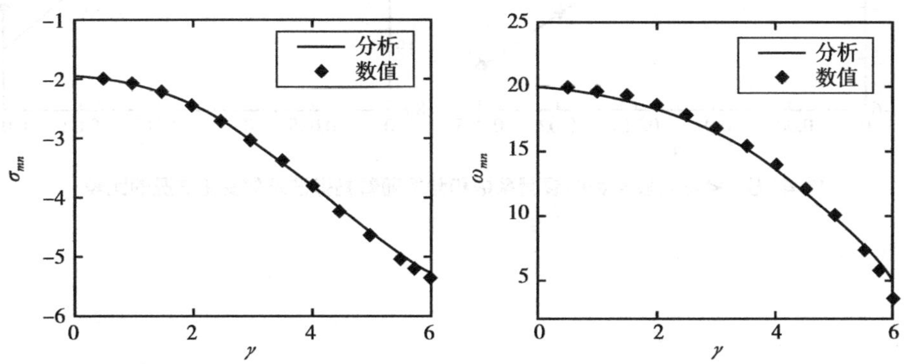

图 4.24 考虑物质导数时衰减系数和频率随着面内平动速度变化情况的比较

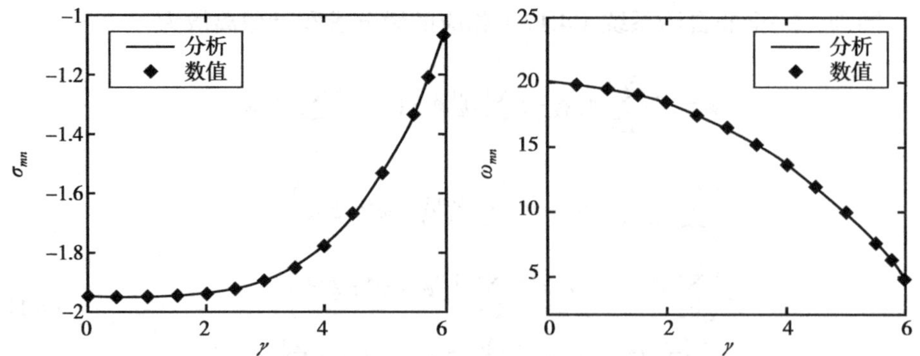

图 4.25　不考虑物质导数时衰减系数和频率随着面内平动速度变化情况的比较

给定 ξ=1、ζ=1 和 γ=1，图 4.26 分别给出了不同方法下考虑物质导数时衰减系数和频率随着黏弹性系数变化情况的比较。实线代表直接多尺度方法近似解析结果；黑点线代表一维简化模型的微分求积法数值结果。由图可见，两种方法所得结果吻合得较好。衰减系数与黏弹性系数成正比关系。图 4.26 分别给出了不同方法下不考虑物质导数时衰减系数和频率随着黏弹性系数变化情况的比较。实线代表直接多尺度方法近似解析结果；黑点线代表一维简化模型的微分求积法数值结果。由图可见，两种方法所得结果吻合得非常好。

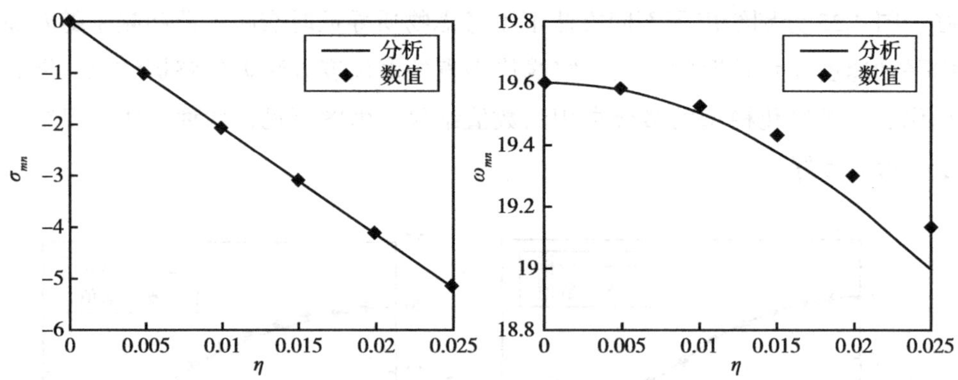

图 4.26　考虑物质导数时衰减系数和频率随着黏弹性系数变化情况的比较

第八节　小　结

本章给出了面内变速平动非线性黏弹性板的数学模型，应用广义哈密尔顿原理导出了面内平动板带有陀螺项的横向振动偏微分方程和相应的边界条件。从三维黏弹性本构关系出发，采用了 Kelvin 模型的黏弹性本构关系并取物质时间导数。考虑板横向弯曲变形引起的应力变化而引入偏微分形式的非线性项。给出了四边简支、平动侧简支非平动侧固支、平动侧固支非平动侧简支以及四边固支的四种边界条件。对控制方程和相关的边界条件进行线性化，得到了面内变速平动黏弹性板的线性振动控制方程。通过复模态方法研究了不同边界条件下线性派生系统的固有频率和模态函数。微分求积法验证了直接多尺度方法的近似解析结果。研究得到以下几个主要的结论：

（1）对于不同的边界条件，线性派生系统的固有频率随着面内平均速度的增加而减小，随着刚度比和长宽比的增加而增加；

（2）虽然板的边界条件是对称的，但是由于面内平动速度的存在，无论是模态函数的实部还是虚部都不关于板中点对称或反对称；

（3）当面内平均速度等于特殊值时，可能会发生 3∶1 或 1∶1 内共振；

（4）考虑线性派生系统前四阶固有频率，随着板长宽比的增加，后两阶的固有频率增加的速度要比前两阶的增加的快许多；

（5）对于不同的边界条件，临界速度随着刚度比和长宽比的增加而增加；

（6）考虑物质导数时，参数 χ_{mn} 随着面内平动速度的增大而增大，参数 κ_{mn} 随着面内平动速度的增大先是稍微增大而后快速减小。不考虑物质导数时，参数 χ_{mn} 随着面内平动速度的增大先是稍微增大而后快速减小，参数 κ_{mn} 随着面内平动速度的增大而增大；

（7）对于二维完全模型和一维简化模型，微分求积方法和直接多尺度方法得到的线性派生系统前四阶固有频率吻合的相当好。对于一维简化模型，微分求积方法和直接多尺度方法得到的自由振动系统的衰减系数和频率，在定性上和定量上吻合得均很好。

第五章

面内加速平动黏弹性板的动态稳定性

第一节 前 言

在第四章中，我们研究了面内加速平动黏弹性板的建模、固有频率和模态。在此基础上，本章进一步探讨轴向平动黏弹性板在特定参数激励下的振动响应与稳定性问题，重点关注组合参数共振、次谐波参数共振以及计及拟内共振的参数振动对系统稳定性的影响。

本章通过可解性条件和 Routh–Hurwitz 判据，系统分析了不同参数对共振稳定性的影响。随后，结合数值模拟，验证了理论模型的准确性，并对关键参数（如黏弹性系数、边界条件和速度变化）对系统稳定性边界的作用进行了系统研究。

第二节 组合参数共振

当速度的脉动频率 w 接近线性派生系统某两阶固有频率之和或差时会发生共振现象。下面我们首先来分析和式组合参数共振。

一、和式组合参数共振

我们引入解谐参数 σ，表示脉动频率 ω 在 $\omega_{kl}+\omega_{k'l'}$ 附近变化

$$\omega = \omega_{kl} + \omega_{k'l'} + \varepsilon\sigma \tag{5.1}$$

其中 ω_{kl} 和 $\omega_{k'l'}$ 分别表示线性派生系统的第 kl 和 $k'l'$ 阶固有频率。为了研究其他阶模态对第 kl 和 $k'l'$ 阶模态和式组合参数共振的影响，式（4.25）的解

可以写为

$$w_0\left(x,y,T_0,T_1\right)=\psi_{kl}\left(x,y\right)A_{kl}\left(T_1\right)\mathrm{e}^{\mathrm{i}\omega_{kl}T_0}+\psi_{k'l'}\left(x,y\right)A_{k'l'}\left(T_1\right)\mathrm{e}^{\mathrm{i}\omega_{k'l'}T_0}+\psi_{k''l''}\left(x,y\right)A_{k''l''}\left(T_1\right)\mathrm{e}^{\mathrm{i}\omega_{k''l''}T_0}+cc \tag{5.2}$$

将式（5.1）和（5.2）代入（4.25），并将右端的三角函数表达为指数形式，得到

$$\begin{aligned}
&w_{1},_{T_0T_0}+2\gamma_0 w_{1},_{xT_0}+\left(\gamma_0^2-1\right)w_{1},_{xx}+\zeta\left(w_{1},_{xxxx}+2\xi^2 w_{1},_{xxyy}+\xi^4 w_{1},_{yyyy}\right)=\\
&-\Big\{\eta\Big[\mathrm{i}\,\omega_{kl}\left(\psi_{kl},_{xxxx}+2\xi^2\psi_{kl},_{xxyy}+\xi^4\psi_{kl},_{yyyy}\right)+\gamma_0\left(\psi_{kl},_{xxxxx}+2\xi^2\psi_{kl},_{xxxyy}\right.\\
&\left.+\xi^4\psi_{kl},_{xyyyy}\right)\Big]A_{kl}+\gamma_1\left[0.5\left(\omega_{kl}-\omega_{k'l'}\right)\bar{\psi}_{k'l'},_{x}-\mathrm{i}\,\gamma_0\bar{\psi}_{k'l'},_{xx}\right]\bar{A}_{k'l'}\,\mathrm{e}^{\mathrm{i}\sigma T_1}\\
&+2\left(\mathrm{i}\,\omega_{kl}\psi_{kl}+\gamma_0\psi_{kl},_{x}\right)A_{kl},_{T_1}\Big\}\mathrm{e}^{\mathrm{i}\omega_{kl}T_0}\\
&-\Big\{\eta\Big[\mathrm{i}\,\omega_{k'l'}\left(\psi_{k'l'},_{xxxx}+2\xi^2\psi_{k'l'},_{xxyy}+\xi^4\psi_{k'l'},_{yyyy}\right)+\gamma_0\left(\psi_{k'l'},_{xxxxx}+2\xi^2\psi_{k'l'},_{xxxyy}\right.\\
&\left.+\xi^4\psi_{k'l'},_{xyyyy}\right)\Big]A_{k'l'}+\gamma_1\left[0.5\left(\omega_{k'l'}-\omega_{kl}\right)\bar{\psi}_{kl},_{x}-\mathrm{i}\,\gamma_0\bar{\psi}_{kl},_{xx}\right]\bar{A}_{kl}\,\mathrm{e}^{\mathrm{i}\sigma T_1}\\
&+2\left(\mathrm{i}\,\omega_{k'l'}\psi_{m'n'}+\gamma_0\psi_{k'l'},_{x}\right)A_{k'l'},_{T_1}\Big\}\mathrm{e}^{\mathrm{i}\omega_{k'l'}T_0}\\
&-\Big\{\eta\Big[\mathrm{i}\,\omega_{k''l''}\left(\psi_{k''l''},_{xxxx}+2\xi^2\psi_{k''l''},_{xxyy}+\xi^4\psi_{k''l''},_{yyyy}\right)+\gamma_0\left(\psi_{k''l''},_{xxxxx}+\right.\\
&\left.2\xi^2\psi_{k''l''},_{xxxyy}+\xi^4\psi_{k''l''},_{xyyyy}\right)\Big]A_{k''l''}+2\left(\mathrm{i}\,\omega_{k''l''}\psi_{k''l''}+\gamma_0\psi_{k''l''},_{x}\right)A_{k''l''},_{T_1}\Big\}\mathrm{e}^{\mathrm{i}\omega_{k''l''}T_0}\\
&+cc+NST
\end{aligned} \tag{5.3}$$

可解性条件要求非齐次方程（5.3）的非齐次部分与其伴随方程的齐次解正交，即

$$\begin{aligned}
&\Big\langle\eta\Big[\mathrm{i}\,\omega_{kl}\left(\psi_{kl},_{xxxx}+2\xi^2\psi_{kl},_{xxyy}+\xi^4\psi_{kl},_{yyyy}\right)+\gamma_0\left(\psi_{kl},_{xxxxx}+2\xi^2\psi_{kl},_{xxxyy}\right.\\
&\left.+\xi^4\psi_{kl},_{xyyyy}\right)\Big]A_{kl}+\gamma_1\left[0.5\left(\omega_{kl}-\omega_{k'l'}\right)\bar{\psi}_{k'l'},_{x}-\mathrm{i}\,\gamma_0\bar{\psi}_{k'l'},_{xx}\right]\bar{A}_{k'l'}\,\mathrm{e}^{\mathrm{i}\sigma T_1}\\
&+2\left(\mathrm{i}\,\omega_{kl}\psi_{kl}+\gamma_0\psi_{kl},_{x}\right)A_{kl},_{T_1},\psi_{kl}\Big\rangle=0
\end{aligned} \tag{5.4}$$

$$\begin{aligned}
&\Big\langle\eta\Big[\mathrm{i}\,\omega_{k'l'}\left(\psi_{k'l'},_{xxxx}+2\xi^2\psi_{k'l'},_{xxyy}+\xi^4\psi_{k'l'},_{yyyy}\right)+\gamma_0\left(\psi_{k'l'},_{xxxxx}+2\xi^2\psi_{k'l'},_{xxxyy}\right.\\
&\left.+\xi^4\psi_{k'l'},_{xyyyy}\right)\Big]A_{k'l'}+\gamma_1\left[0.5\left(\omega_{k'l'}-\omega_{kl}\right)\bar{\psi}_{kl},_{x}-\mathrm{i}\,\gamma_0\bar{\psi}_{kl},_{xx}\right]\bar{A}_{kl}\,\mathrm{e}^{\mathrm{i}\sigma T_1}\\
&+2\left(\mathrm{i}\,\omega_{k'l'}\psi_{m'n'}+\gamma_0\psi_{k'l'},_{x}\right)A_{k'l'},_{T_1},\psi_{kl}\Big\rangle=0
\end{aligned} \tag{5.5}$$

$$\begin{aligned}
&\Big\langle\eta\Big[\mathrm{i}\,\omega_{k''l''}\left(\psi_{k''l''},_{xxxx}+2\xi^2\psi_{k''l''},_{xxyy}+\xi^4\psi_{k''l''},_{yyyy}\right)+\gamma_0\left(\psi_{k''l''},_{xxxxx}+\right.\\
&\left.2\xi^2\psi_{k''l''},_{xxxyy}+\xi^4\psi_{k''l''},_{xyyyy}\right)\Big]A_{k''l''}+2\left(\mathrm{i}\,\omega_{k''l''}\psi_{k''l''}+\gamma_0\psi_{k''l''},_{x}\right)A_{k''l''},_{T_1},\psi_{kl}\Big\rangle=0
\end{aligned} \tag{5.6}$$

应用内积的性质，式（5.4）、（5.5）和（5.6）可整理为

$$A_{kl},_{T_1}+\gamma_1 c_{kl}\bar{A}_{k'l'}\,\mathrm{e}^{\mathrm{i}\sigma T_1}+\eta d_{kl}A_{kl}=0 \tag{5.7}$$

$$A_{k'l'},_{T_1}+\gamma_1 c_{k'l'}\bar{A}_{kl}\,\mathrm{e}^{\mathrm{i}\sigma T_1}+\eta d_{k'l'}A_{k'l'}=0 \tag{5.8}$$

$$A_{k''l''},_{T_1}+\eta d_{k''l''}A_{k''l''}=0 \tag{5.9}$$

其中

$$c_h=\frac{0.5(\omega_h-\omega_s)\int_0^1\int_0^1\bar{\psi}_s,_x\bar{\psi}_h\mathrm{d}x\mathrm{d}y-\mathrm{i}\gamma_0\int_0^1\int_0^1\bar{\psi}_s,_{xx}\bar{\psi}_h\mathrm{d}x\mathrm{d}y}{2\left(\mathrm{i}\omega_h\int_0^1\int_0^1\psi_h\bar{\psi}_h\mathrm{d}x\mathrm{d}y+\gamma_0\int_0^1\int_0^1\psi_h,_x\bar{\psi}_h\mathrm{d}x\mathrm{d}y\right)} \tag{5.10}$$

$$(If\ h=kl,\ s=k'l';\ if\ h=k'l',\ s=kl)$$

$$\begin{aligned}d_h=&\left[\mathrm{i}\omega_h\left(\int_0^1\int_0^1\psi_h,_{xxxx}\bar{\psi}_h\mathrm{d}x\mathrm{d}y+2\xi^2\int_0^1\int_0^1\psi_h,_{xxyy}\bar{\psi}_h\mathrm{d}x\mathrm{d}y+\right.\right.\\&\left.\xi^4\int_0^1\int_0^1\psi_h,_{yyyy}\bar{\psi}_h\mathrm{d}x\mathrm{d}y\right)+\gamma_0\left(\int_0^1\int_0^1\psi_h,_{xxxxx}\bar{\psi}_h\mathrm{d}x\mathrm{d}y+2\xi^2\int_0^1\int_0^1\psi_h,_{xxxyy}\bar{\psi}_h\mathrm{d}x\mathrm{d}y\right.\\&\left.\left.+\xi^4\int_0^1\int_0^1\psi_h,_{xyyyy}\bar{\psi}_h\mathrm{d}x\mathrm{d}y\right)\right]\Big/\left[2\left(\mathrm{i}\omega_h\int_0^1\int_0^1\psi_h\bar{\psi}_h\mathrm{d}x\mathrm{d}y+\gamma_0\int_0^1\int_0^1\psi_h,_x\bar{\psi}_h\mathrm{d}x\mathrm{d}y\right)\right]\\&(h=kl,k'l',k''l'')\end{aligned} \tag{5.11}$$

对于给定的参数，数值计算均表明 d_h 和 $c_h\bar{c}_s$ 是正实数；c_h 是复数。因此，式（5.9）的解随着时间的增加会 E 指数衰减为零。这就说明，第 $k''l''$ 阶模态对第 kl 和 $k'l'$ 阶模态和式组合参数共振没有影响。

很明显，式（5.7）和（5.8）有零解。为了研究零解的稳定性，首先要把它们变换为自治方程组。引入变换

$$A_{kl}(T_1)=\left[p_1(T_1)+\mathrm{i}q_1(T_1)\right]\mathrm{e}^{\frac{1}{2}\mathrm{i}\sigma T_1},\ A_{k'l'}(T_1)=\left[p_2(T_1)+\mathrm{i}q_2(T_1)\right]\mathrm{e}^{-\frac{1}{2}\mathrm{i}\sigma T_1} \tag{5.12}$$

其中 p_h 和 q_h（h=1，2）是 T_1 的实函数。将式（5.12）代入式（5.7）和（5.8），并分离结果的实部和虚部，导出

$$\begin{aligned}\dot{p}_1&=-\eta d_{kl}p_1+0.5\sigma q_1-\gamma_1\mathrm{Re}(c_{kl})p_2-\gamma_1\mathrm{Im}(c_{kl})q_2\\\dot{q}_1&=-0.5\sigma p_1-\eta d_{kl}q_1-\gamma_1\mathrm{Im}(c_{kl})p_2+\gamma_1\mathrm{Re}(c_{kl})q_2\\\dot{p}_2&=-\gamma_1\mathrm{Re}(c_{k'l'})p_1-\gamma_1\mathrm{Im}(c_{k'l'})q_1-\eta d_{k'l'}p_2+0.5\sigma q_2\\\dot{q}_2&=-\gamma_1\mathrm{Im}(c_{k'l'})p_1+\gamma_1\mathrm{Re}(c_{k'l'})q_1-0.5\sigma p_2-\eta d_{k'l'}q_2\end{aligned} \tag{5.13}$$

直接计算其系数矩阵特征方程的行列式为

$$\lambda^4+\beta_1\lambda^3+\beta_2\lambda^2+\beta_3\lambda+\beta_4=0 \tag{5.14}$$

其中

$$
\begin{aligned}
&\beta_1 = 2\eta\left(d_{kl}+d_{k'l'}\right)\\
&\beta_2 = 0.5\sigma^2 - 2\gamma_1^2\operatorname{Re}\left(c_{kl}\bar{c}_{k'l'}\right)+\eta^2\left(d_{kl}^2+4d_{kl}d_{k'l'}+d_{k'l'}^2\right)\\
&\beta_3 = 0.5\eta\left[\sigma^2+4\eta^2 d_{kl}d_{k'l'}-4\gamma_1^2\operatorname{Re}\left(c_{kl}\bar{c}_{k'l'}\right)\right]\left(d_{kl}+d_{k'l'}\right)\\
&\beta_4 = 0.0625\left(\sigma^2+4\eta^2 d_{kl}^2\right)\left(\sigma^2+4\eta^2 d_{k'l'}^2\right)-0.5\operatorname{Re}\left(c_{kl}\bar{c}_{k'l'}\right)\cdot\\
&\qquad\left(\sigma^2+4\eta^2 d_{kl}d_{k'l'}\right)\gamma_1^2+\left|c_{kl}\right|^2\left|c_{k'l'}\right|^2\gamma_1^4
\end{aligned}
\tag{5.15}
$$

代数方程（5.14）的所有根均有负实部的充分和必要条件为所有的 Routh-Hurwitz 行列式均大于零，即

$$
\Delta_1=\beta_1>0;\ \Delta_2=\begin{vmatrix}\beta_1 & 1\\ \beta_3 & \beta_2\end{vmatrix}>0,\ \Delta_3=\begin{vmatrix}\beta_1 & 1 & 0\\ \beta_3 & \beta_2 & \beta_1\\ 0 & \beta_4 & \beta_3\end{vmatrix}>0,\ \Delta_4=\beta_4>0
\tag{5.16}
$$

其中

$$
\begin{aligned}
&\Delta_2 = 0.5\eta\left(d_{kl}+d_{k'l'}\right)\left[\sigma^2+4\eta^2\left(d_{kl}^2+3d_{kl}d_{k'l'}+d_{k'l'}^2\right)-4\operatorname{Re}\left(c_{kl}\bar{c}_{k'l'}\right)\gamma_1^2\right]\\
&\Delta_3 = 4\eta^4\left(d_{kl}+d_{k'l'}\right)^2\left\{d_{kl}d_{k'l'}\left[\sigma^2+\eta^2\left(d_{kl}+d_{k'l'}\right)^2\right]-\right.\\
&\qquad\left.-\operatorname{Re}\left(c_{kl}\bar{c}_{k'l'}\right)\left(d_{kl}+d_{k'l'}\right)^2\gamma_1^2\right\}\\
&\Delta_4 = 0.0625\left(\sigma^2+4\eta^2 d_{kl}^2\right)\left(\sigma^2+4\eta^2 d_{k'l'}^2\right)-0.5\operatorname{Re}\left(c_{kl}\bar{c}_{k'l'}\right)\cdot\\
&\qquad\left(\sigma^2+4\eta^2 d_{kl}d_{k'l'}\right)\gamma_1^2+\left|c_{kl}\right|^2\left|c_{k'l'}\right|^2\gamma_1^4
\end{aligned}
\tag{5.17}
$$

故式（5.7）和（5.8）的零解稳定的条件为

$$
\left|\gamma_1\right|<\gamma_{\min}=\min\left\{\gamma^{(2)},\gamma^{(3)},\gamma^{(4)}\right\}
\tag{5.18}
$$

其中

$$
\begin{aligned}
&\gamma^{(2)}=\sqrt{\frac{\sigma^2+4\eta^2\left(d_{kl}^2+3d_{kl}d_{k'l'}+d_{k'l'}^2\right)}{4\operatorname{Re}\left(c_{kl}\bar{c}_{k'l'}\right)}}\\
&\gamma^{(3)}=\sqrt{\frac{d_{kl}d_{k'l'}\left[\sigma^2+\eta^2\left(d_{kl}+d_{k'l'}\right)^2\right]}{\operatorname{Re}\left(c_{kl}\bar{c}_{k'l'}\right)\left(d_{kl}+d_{k'l'}\right)^2}}\\
&\gamma^{(4)}=\left\{\left[\operatorname{Re}^2\left(c_{kl}\bar{c}_{k'l'}\right)\left(\sigma^2+4\eta^2 d_{kl}d_{k'l'}\right)^2-\left(\sigma^2+4\eta^2 d_{kl}^2\right)\left(\sigma^2+4\eta^2 d_{k'l'}^2\right)\cdot\right.\right.\\
&\qquad\left.\left.\left|c_{kl}\right|^2\left|c_{k'l'}\right|^2\right]^{0.5}+\operatorname{Re}\left(c_{kl}\bar{c}_{k'l'}\right)\left(\sigma^2+4\eta^2 d_{kl}d_{k'l'}\right)\right\}^{0.5}\Big/\left(2\left|c_{kl}\right|\left|c_{k'l'}\right|\right)
\end{aligned}
\tag{5.19}
$$

若给定 $\xi=1$、$\zeta=1$ 和 $\gamma_0=3$，在不同黏弹性系数下，图 5.1 分别给出了第一

阶和第二阶以及第三阶和第四阶模态和式组合参数共振在 $\sigma-\gamma_1$ 平面上的失稳区域。其中点线表示 η=0.0001；虚线表示 η=0.0002；实线表示 η=0.0003。从图中可以看出，给定 σ 时，较大的黏弹性系数导致稳定范围增大；而给定 γ_1 导致失稳范围减小。较高阶的模态引起的共振对黏弹性系数有更强的敏感性。除了这两种组合形式，在前四阶的模态中再也没有其他的和式组合参数共振。从第三阶和第四阶模态和式组合参数共振中可以看出，对于给定的 σ，稳定范围相当大。因此，实际上第三阶和第四阶模态和式组合参数共振很难发生。

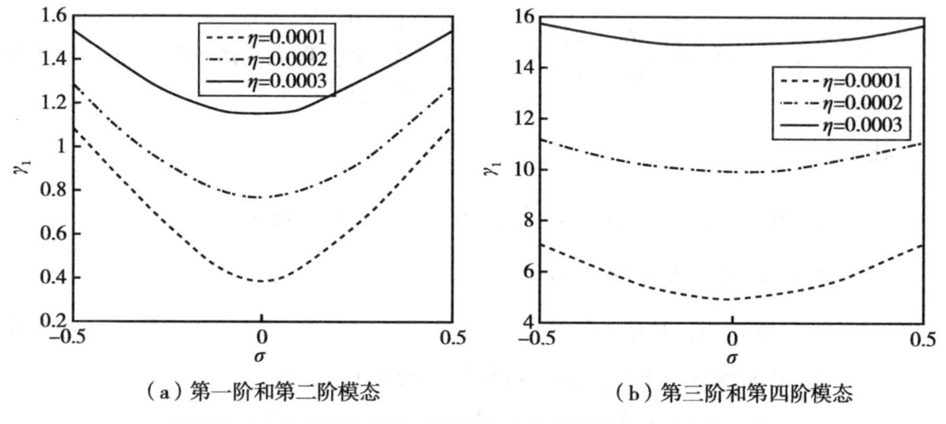

图 5.1 不同黏弹性系数对和式组合参数共振失稳区域的影响

若给定 η=0.0001、ξ=1 和 ζ=1，在不同平均面内平动速度下，图 5.2 分别给出了第一阶和第二阶以及第三阶和第四阶模态和式组合参数共振在 $\sigma-\gamma_1$ 平

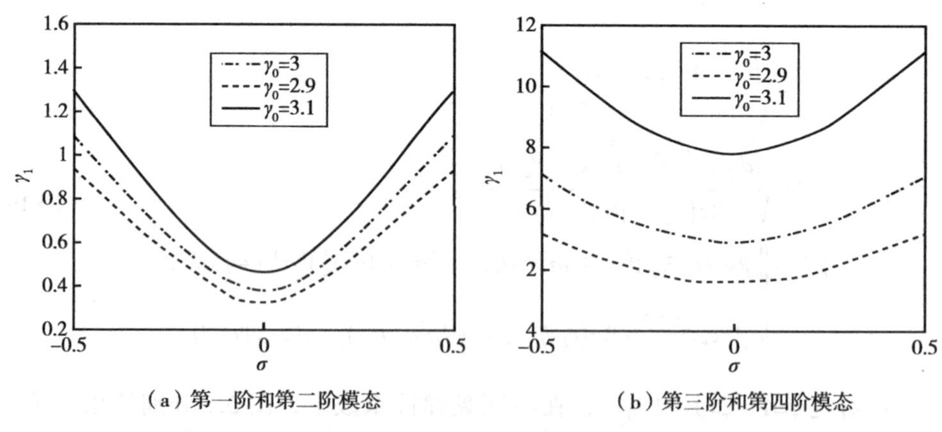

图 5.2 不同平均面内平动速度对和式组合参数共振失稳区域的影响

面上的失稳区域。其中点线表示 γ_0=2.9；虚线表示 γ_0=3.0；实线表示 γ_0=3.1。从图中可以看出，给定 σ 时，较小的平均面内平动速度导致稳定范围减小；而给定 γ_1 导致失稳范围增大。

若给定 η=0.0001、ζ=1 和 γ_0=3，在不同刚度比下，图 5.3 分别给出了第一阶和第二阶以及第三阶和第四阶模态和式组合参数共振在 $\sigma-\gamma_1$ 平面上的失稳区域。其中点线表示 ζ=0.9；虚线表示 ζ=1.0；实线表示 ζ=1.1。从图中可以看出，给定 σ 时，较大的刚度比导致稳定范围减小；而给定 γ_1 导致失稳范围增大。

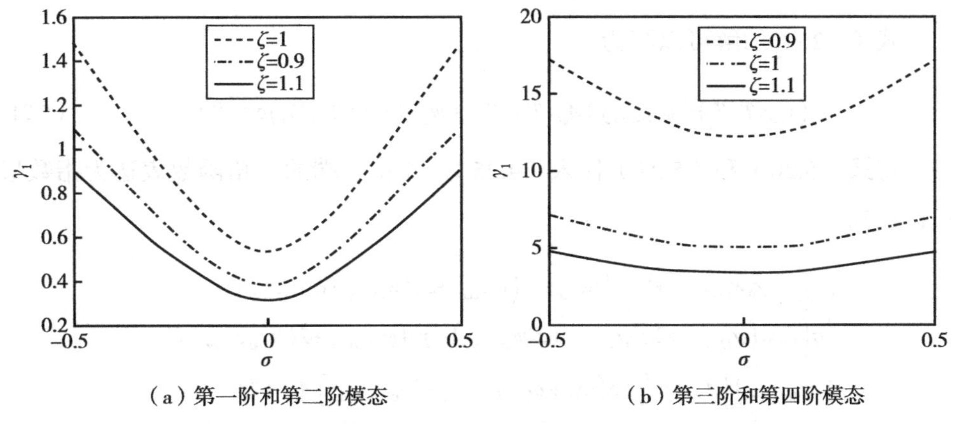

（a）第一阶和第二阶模态　（b）第三阶和第四阶模态

图 5.3　不同刚度比对和式组合参数共振失稳区域的影响

若给定 η=0.0001、ζ=1 和 γ_0=3，在不同长宽比下，图 5.4 分别给出了第一阶和第二阶以及第三阶和第四阶模态和式组合参数共振在 $\sigma-\gamma_1$ 平面上的

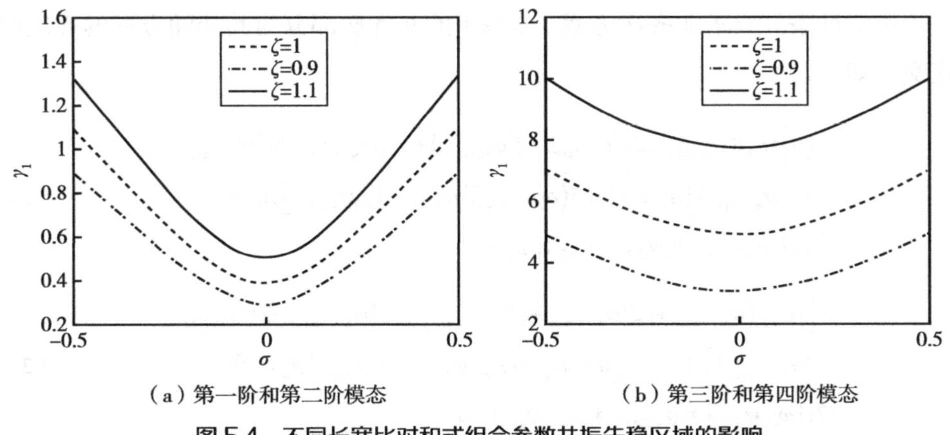

（a）第一阶和第二阶模态　（b）第三阶和第四阶模态

图 5.4　不同长宽比对和式组合参数共振失稳区域的影响

失稳区域。其中点线表示 ξ=0.9；虚线表示 ξ=1.0；实线表示 ξ=1.1。从图中可以看出，给定 σ 时，较大的长宽比导致稳定范围增大；而给定 γ_1 导致失稳范围减小。

二、差式组合参数共振

我们引入解谐参数 σ，表示脉动频 ω 在 ω_{kl}–$\omega_{k'l'}$ 附近变化

$$\omega=\omega_{kl}-\omega_{k'l'}+\varepsilon\sigma \tag{5.20}$$

式（4.25）的解可以写为

$$w_0\left(x,y,T_0,T_1\right)=\psi_{kl}\left(x,y\right)A_{kl}\left(T_1\right)\mathrm{e}^{\mathrm{i}\omega_{kl}T_0}+\psi_{k'l'}\left(x,y\right)A_{k'l'}\left(T_1\right)\mathrm{e}^{\mathrm{i}\omega_{k'l'}T_0}+cc \tag{5.21}$$

将式（5.20）和（5.21）代入（4.25），并将右端的三角函数表达为指数形式，得到

$$\begin{aligned}&w_{1,T_0T_0}+2\gamma_0 w_{1,xT_0}+\left(\gamma_0^2-1\right)w_{1,xx}+\zeta\left(w_{1,xxxx}+2\xi^2 w_{1,xxyy}+\xi^4 w_{1,yyyy}\right)=\\&-\Big\{\eta\Big[\mathrm{i}\,\omega_{kl}\left(\psi_{kl,xxxx}+2\xi^2\psi_{kl,xxyy}+\xi^4\psi_{kl,yyyy}\right)+\gamma_0\left(\psi_{kl,xxxxx}+2\xi^2\psi_{kl,xxxyy}\right.\\&\left.+\xi^4\psi_{kl,xyyyy}\right)\Big]A_{kl}+\gamma_1\left[0.5\left(\omega_{kl}+\omega_{k'l'}\right)\psi_{k'l',x}-\mathrm{i}\,\gamma_0\psi_{k'l',xx}\right]A_{k'l'}\,\mathrm{e}^{\mathrm{i}\sigma T_1}\\&+2\left(\mathrm{i}\,\omega_{kl}\psi_{kl}+\gamma_0\psi_{kl,x}\right)A_{kl,T_1}\Big\}\mathrm{e}^{\mathrm{i}\omega_{kl}T_0}\\&-\Big\{\eta\Big[\mathrm{i}\,\omega_{k'l'}\left(\psi_{k'l',xxxx}+2\xi^2\psi_{k'l',xxyy}+\xi^4\psi_{k'l',yyyy}\right)+\gamma_0\left(\psi_{k'l',xxxxx}+2\xi^2\psi_{k'l',xxxyy}\right.\\&\left.+\xi^4\psi_{k'l',xyyyy}\right)\Big]A_{k'l'}-\gamma_1\left[0.5\left(\omega_{kl}+\omega_{k'l'}\right)\psi_{kl,x}-\mathrm{i}\,\gamma_0\psi_{kl,xx}\right]A_{kl}\,\mathrm{e}^{-\mathrm{i}\sigma T_1}\\&+2\left(\mathrm{i}\,\omega_{k'l'}\psi_{m'n'}+\gamma_0\psi_{k'l',x}\right)A_{k'l',T_1}\Big\}\mathrm{e}^{\mathrm{i}\omega_{k'l'}T_0}+cc+NST\end{aligned} \tag{5.22}$$

可解性条件要求非齐次方程（5.22）的非齐次部分与其伴随方程的齐次解正交，即

$$\begin{aligned}&\Big\langle\eta\Big[\mathrm{i}\,\omega_{kl}\left(\psi_{kl,xxxx}+2\xi^2\psi_{kl,xxyy}+\xi^4\psi_{kl,yyyy}\right)+\gamma_0\left(\psi_{kl,xxxxx}+2\xi^2\psi_{kl,xxxyy}\right.\\&\left.+\xi^4\psi_{kl,xyyyy}\right)\Big]A_{kl}+\gamma_1\left[0.5\left(\omega_{kl}+\omega_{k'l'}\right)\psi_{k'l',x}-\mathrm{i}\,\gamma_0\psi_{k'l',xx}\right]A_{k'l'}\,\mathrm{e}^{\mathrm{i}\sigma T_1}\\&+2\left(\mathrm{i}\,\omega_{kl}\psi_{mn}+\gamma_0\psi_{kl,x}\right)A_{kl,T_1},\psi_{kl}\Big\rangle=0\end{aligned} \tag{5.23}$$

$$\begin{aligned}&\Big\langle\eta\Big[\mathrm{i}\,\omega_{k'l'}\left(\psi_{k'l',xxxx}+2\xi^2\psi_{k'l',xxyy}+\xi^4\psi_{k'l',yyyy}\right)+\gamma_0\left(\psi_{k'l',xxxxx}+2\xi^2\psi_{k'l',xxxyy}\right.\\&\left.+\xi^4\psi_{k'l',xyyyy}\right)\Big]A_{k'l'}-\gamma_1\left[0.5\left(\omega_{kl}+\omega_{k'l'}\right)\psi_{kl,x}-\mathrm{i}\,\gamma_0\psi_{kl,xx}\right]A_{kl}\,\mathrm{e}^{-\mathrm{i}\sigma T_1}\\&+2\left(\mathrm{i}\,\omega_{k'l'}\psi_{k'l'}+\gamma_0\psi_{k'l',x}\right)A_{k'l',T_1},\psi_{k'l'}\Big\rangle=0\end{aligned} \tag{5.24}$$

应用内积的性质，式（5.23）和（5.24）可整理为

$$A_{kl},_{T_1}+\gamma_1 c_{kl}A_{k'l'}\,\mathrm{e}^{\mathrm{i}\sigma T_1}+\eta d_{kl}A_{kl}=0 \tag{5.25}$$

$$A_{k'l'},_{T_1}-\gamma_1 c_{k'l'}A_{kl}\,\mathrm{e}^{-\mathrm{i}\sigma T_1}+\eta d_{k'l'}A_{k'l'}=0 \tag{5.26}$$

其中

$$c_h=\frac{0.5(\omega_h+\omega_s)\int_0^1\int_0^1\psi_s,_x\bar{\psi}_h\mathrm{d}x\mathrm{d}y-\mathrm{i}\gamma_0\int_0^1\int_0^1\psi_s,_{xx}\bar{\psi}_h\mathrm{d}x\mathrm{d}y}{2\left(\mathrm{i}\omega_h\int_0^1\int_0^1\psi_h\bar{\psi}_h\mathrm{d}x\mathrm{d}y+\gamma_0\int_0^1\int_0^1\psi_h,_x\bar{\psi}_h\mathrm{d}x\mathrm{d}y\right)} \tag{5.27}$$
$$(If\ h=kl,s=k'l';if\ h=k'l',s=kl)$$

$$\begin{aligned}d_h=&\left[\mathrm{i}\omega_h\left(\int_0^1\int_0^1\psi_h,_{xxxx}\bar{\psi}_h\mathrm{d}x\mathrm{d}y+2\xi^2\int_0^1\int_0^1\psi_h,_{xxyy}\bar{\psi}_h\mathrm{d}x\mathrm{d}y+\right.\right.\\&\left.\xi^4\int_0^1\int_0^1\psi_h,_{yyyy}\bar{\psi}_h\mathrm{d}x\mathrm{d}y\right)+\gamma_0\left(\int_0^1\int_0^1\psi_h,_{xxxxx}\bar{\psi}_h\mathrm{d}x\mathrm{d}y+2\xi^2\int_0^1\int_0^1\psi_h,_{xxxyy}\bar{\psi}_h\mathrm{d}x\mathrm{d}y\right.\\&\left.\left.+\xi^4\int_0^1\int_0^1\psi_h,_{xyyyy}\bar{\psi}_h\mathrm{d}x\mathrm{d}y\right)\right]\Big/\left[2\left(\mathrm{i}\omega_h\int_0^1\int_0^1\psi_h\bar{\psi}_h\mathrm{d}x\mathrm{d}y+\gamma_0\int_0^1\int_0^1\psi_h,_x\bar{\psi}_h\mathrm{d}x\mathrm{d}y\right)\right]\\&(h=kl,k'l')\end{aligned} \tag{5.28}$$

对于给定的参数，数值计算均表明 d_h 是正实数；c_h 是复数。

很明显，式（5.25）和（5.26）有零解。为了研究零解的稳定性，首先要把它们变换为自治方程组。引入变换

$$A_{kl}(T_1)=\left[p_1(T_1)+\mathrm{i}q_1(T_1)\right]\mathrm{e}^{\frac{1}{2}\mathrm{i}\sigma T_1},\ A_{k'l'}(T_1)=\left[p_2(T_1)+\mathrm{i}q_2(T_1)\right]\mathrm{e}^{-\frac{1}{2}\mathrm{i}\sigma T_1} \tag{5.29}$$

其中 p_h 和 q_h（h=1，2）是 T_1 的实函数。将式（5.29）代入（5.25）和（5.26），并分离结果的实部和虚部，导出

$$\begin{aligned}\dot{p}_1&=-\eta d_{kl}p_1+0.5\sigma q_1-\gamma_1\mathrm{Re}(c_{kl})p_2+\gamma_1\mathrm{Im}(c_{kl})q_2\\\dot{q}_1&=-0.5\sigma p_1-\eta d_{kl}q_1-\gamma_1\mathrm{Im}(c_{kl})p_2-\gamma_1\mathrm{Re}(c_{kl})q_2\\\dot{p}_2&=\gamma_1\mathrm{Re}(c_{kl})p_1-\gamma_1\mathrm{Im}(c_{kl})q_1-\eta d_{k'l'}p_2-0.5\sigma q_2\\\dot{q}_2&=\gamma_1\mathrm{Im}(c_{kl})p_1+\gamma_1\mathrm{Re}(c_{kl})q_1+0.5\sigma p_2-\eta d_{k'l'}q_2\end{aligned} \tag{5.30}$$

直接计算其系数矩阵特征方程的行列式为

$$\lambda^4+\beta_1\lambda^3+\beta_2\lambda^2+\beta_3\lambda+\beta_4=0 \tag{5.31}$$

其中

$$
\begin{aligned}
&\beta_1 = 2\eta\left(d_{kl} + d_{k'l'}\right) \\
&\beta_2 = 0.5\sigma^2 + 2\gamma_1^2 \operatorname{Re}\left(c_{kl}c_{k'l'}\right) + \eta^2\left(d_{kl}^2 + 4d_{kl}d_{k'l'} + d_{k'l'}^2\right) \\
&\beta_3 = 0.5\eta\left[\sigma^2 + 4\eta^2 d_{kl}d_{k'l'} + 4\gamma_1^2 \operatorname{Re}\left(c_{kl}c_{k'l'}\right)\right]\left(d_{kl} + d_{k'l'}\right) \\
&\beta_4 = 0.0625\left(\sigma^2 + 4\eta^2 d_{kl}^2\right)\left(\sigma^2 + 4\eta^2 d_{k'l'}^2\right) + 0.5\operatorname{Re}\left(c_{kl}c_{k'l'}\right)\cdot \\
&\quad \left(\sigma^2 + 4\eta^2 d_{kl}d_{k'l'}\right)\gamma_1^2 - \eta\sigma \operatorname{Im}\left(c_{kl}c_{k'l'}\right)\left(d_{kl} - d_{k'l'}\right)\gamma_1^2 + \left|c_{kl}\right|^2\left|c_{k'l'}\right|^2\gamma_1^4
\end{aligned}
\tag{5.32}
$$

代数方程（5.31）的所有根均有负实部的充分和必要条件为所有的 Routh-Hurwitz 行列式均大于零，即

$$
\Delta_1 = \beta_1 > 0;\ \Delta_2 = \begin{vmatrix} \beta_1 & 1 \\ \beta_3 & \beta_2 \end{vmatrix} > 0,\ \Delta_3 = \begin{vmatrix} \beta_1 & 1 & 0 \\ \beta_3 & \beta_2 & \beta_1 \\ 0 & \beta_4 & \beta_3 \end{vmatrix} > 0,\ \Delta_4 = \beta_4 > 0
\tag{5.33}
$$

其中

$$
\begin{aligned}
&\Delta_2 = 0.5\eta\left(d_{kl} + d_{k'l'}\right)\left[\sigma^2 + 4\eta^2\left(d_{kl}^2 + 3d_{kl}d_{k'l'} + d_{k'l'}^2\right) + 4\operatorname{Re}\left(c_{kl}c_{k'l'}\right)\gamma_1^2\right] \\
&\Delta_3 = 4\eta^2\left(d_{kl} + d_{k'l'}\right)^2\left\{\eta^2 d_{kl}d_{k'l'}\left[\sigma^2 + \eta^2\left(d_{kl} + d_{k'l'}\right)^2\right] + \eta\left[\eta \operatorname{Re}\left(c_{kl}c_{k'l'}\right)\cdot\right.\right. \\
&\quad \left.\left.\left(d_{kl} + d_{k'l'}\right)^2 + \sigma \operatorname{Im}\left(c_{kl}c_{k'l'}\right)\left(d_{kl} - d_{k'l'}\right)\right]\gamma_1^2 - \eta^2 \operatorname{Im}^2\left(c_{kl}c_{k'l'}\right)\gamma_1^4\right\} \\
&\Delta_4 = 0.0625\left(\sigma^2 + 4\eta^2 d_{kl}^2\right)\left(\sigma^2 + 4\eta^2 d_{k'l'}^2\right) + 0.5\operatorname{Re}\left(c_{kl}c_{k'l'}\right)\cdot \\
&\quad \left(\sigma^2 + 4\eta^2 d_{kl}d_{k'l'}\right)\gamma_1^2 - \eta\sigma \operatorname{Im}\left(c_{kl}c_{k'l'}\right)\left(d_{kl} - d_{k'l'}\right)\gamma_1^2 + \left|c_{kl}\right|^2\left|c_{k'l'}\right|^2\gamma_1^4
\end{aligned}
\tag{5.34}
$$

故式（5.25）和（5.26）的零解稳定的条件是

$$
\left|\gamma_1\right| < \gamma_{\min} = \min\left\{\gamma^{(2)}, \gamma^{(3)}, \gamma^{(4)}\right\}
\tag{5.35}
$$

对于给定的参数，数值计算均表明，所有的区域都是稳定的。也就是说，差式组合参数共振不会发生。

三、次谐波参数共振

我们引入解谐参数 σ，表示脉动频率 ω 在 $2\omega_{k'l'}$ 附近变化

$$
\omega = 2\omega_{kl} + \varepsilon\sigma
\tag{5.36}
$$

其中 ω_{kl} 表示线性派生系统的第 kl 阶固有频率。为了研究其他阶模态对第 kl 和 $k'l'$ 阶模态和式组合参数共振的影响，式（4.25）的解可以写为

$$
w_0\left(x, y, T_0, T_1\right) = \psi_{kl}\left(x, y\right) A_{kl}\left(T_1\right) \mathrm{e}^{\mathrm{i}\omega_{kl}T_0} + cc
\tag{5.37}
$$

将式（5.36）和（5.37）代入（4.25），根据内积的性质，应用可解性条件，整理得到

$$A_{kl,T_1}+\gamma_1 c_{kl}\overline{A}_{kl}\,\mathrm{e}^{\mathrm{i}\sigma T_1}+\eta d_{kl}A_{kl}=0 \tag{5.38}$$

其中

$$c_{kl}=\frac{-\mathrm{i}\gamma_0\int_0^1\int_0^1\overline{\psi}_{kl,xx}\,\overline{\psi}_{kl}\mathrm{d}x\mathrm{d}y}{2\left(\mathrm{i}\,\omega_{kl}\int_0^1\int_0^1\psi_{kl}\overline{\psi}_{kl}\mathrm{d}x\mathrm{d}y+\gamma_0\int_0^1\int_0^1\psi_{kl,x}\,\overline{\psi}_{kl}\mathrm{d}x\mathrm{d}y\right)} \tag{5.39}$$

$$\begin{aligned}d_{kl}=&\Big[\mathrm{i}\,\omega_{kl}\Big(\int_0^1\int_0^1\psi_{kl,xxxx}\,\overline{\psi}_{kl}\mathrm{d}x\mathrm{d}y+2\xi^2\int_0^1\int_0^1\psi_{kl,xxyy}\,\overline{\psi}_{kl}\mathrm{d}x\mathrm{d}y+\\&\xi^4\int_0^1\int_0^1\psi_{kl,yyyy}\,\overline{\psi}_{kl}\mathrm{d}x\mathrm{d}y\Big)+\gamma_0\Big(\int_0^1\int_0^1\psi_{kl,xxxxx}\,\overline{\psi}_{kl}\mathrm{d}x\mathrm{d}y+\\&2\xi^2\int_0^1\int_0^1\psi_{kl,xxxyy}\,\overline{\psi}_{kl}\mathrm{d}x\mathrm{d}y+\xi^4\int_0^1\int_0^1\psi_{kl,xyyyy}\,\overline{\psi}_{kl}\mathrm{d}x\mathrm{d}y\Big)\Big]\\&\Big/\Big[2\Big(\mathrm{i}\,\omega_{kl}\int_0^1\int_0^1\psi_{kl}\overline{\psi}_{kl}\mathrm{d}x\mathrm{d}y+\gamma_0\int_0^1\int_0^1\psi_{kl,x}\,\overline{\psi}_{kl}\mathrm{d}x\mathrm{d}y\Big)\Big]\end{aligned} \tag{5.40}$$

对于给定的参数，数值计算均表明 d_{kl} 是正实数；c_{kl} 是复数。

很明显，式（5.38）有零解。为了研究零解的稳定性，首先要把它们变换为自治方程组。引入变换

$$A_{kl}(T_1)=\left[p(T_1)+\mathrm{i}\,q(T_1)\right]\mathrm{e}^{\frac{1}{2}\mathrm{i}\sigma T_1} \tag{5.41}$$

其中 p 和 q 是 T_1 的实函数。将式（5.41）代入（5.38），并分离结果的实部和虚部，导出

$$\begin{aligned}\dot{p}&=-\left[\eta d_{kl}+\gamma_1\operatorname{Re}(c_{kl})\right]p+\left[0.5\sigma-\gamma_1\operatorname{Im}(c_{kl})\right]q\\\dot{q}&=-\left[0.5\sigma+\gamma_1\operatorname{Im}(c_{kl})\right]p-\left[\eta d_{kl}-\gamma_1\operatorname{Re}(c_{kl})\right]q\end{aligned} \tag{5.42}$$

直接计算其系数矩阵特征方程的行列式为

$$\lambda^2+\beta_1\lambda+\beta_2=0 \tag{5.43}$$

其中

$$\beta_1=2\eta d_{kl},\quad \beta_2=0.25\sigma^2+\eta^2 d_{kl}^2-\gamma_1^2\left|c_{kl}\right|^2 \tag{5.44}$$

代数方程（5.43）的所有根均有负实部的充分和必要条件为所有的 Routh–Hurwitz 行列式均大于零，即

$$\Delta_1 = \beta_1 > 0;\ \Delta_2 = \beta_2 > 0 \tag{5.45}$$

故式（5.38）的零解稳定的条件为

$$\gamma_1 < \sqrt{\left(0.25\sigma^2 + \eta^2 d_{kl}^2\right) / \left|c_{kl}\right|^2} \tag{5.46}$$

若给定 ξ=1、ζ=1 和 γ_0=3，在不同黏弹性系数下，图 5.5 分别给出了前四阶次谐波参数共振在 $\sigma-\gamma_1$ 平面上的失稳区域。其中点线表示 η=0.0001；虚线表示 η=0.0002；实线表示 η=0.0003。从图中可以看出，较高阶的模态引起的共振对黏弹性系数有更强的敏感性。给定 σ 时，较大的黏弹性系数导致稳定范围增大；而给定 γ_1 导致失稳范围减小。在组合和次谐波参数共振中，黏弹性系数对失稳区域的影响趋势相同。

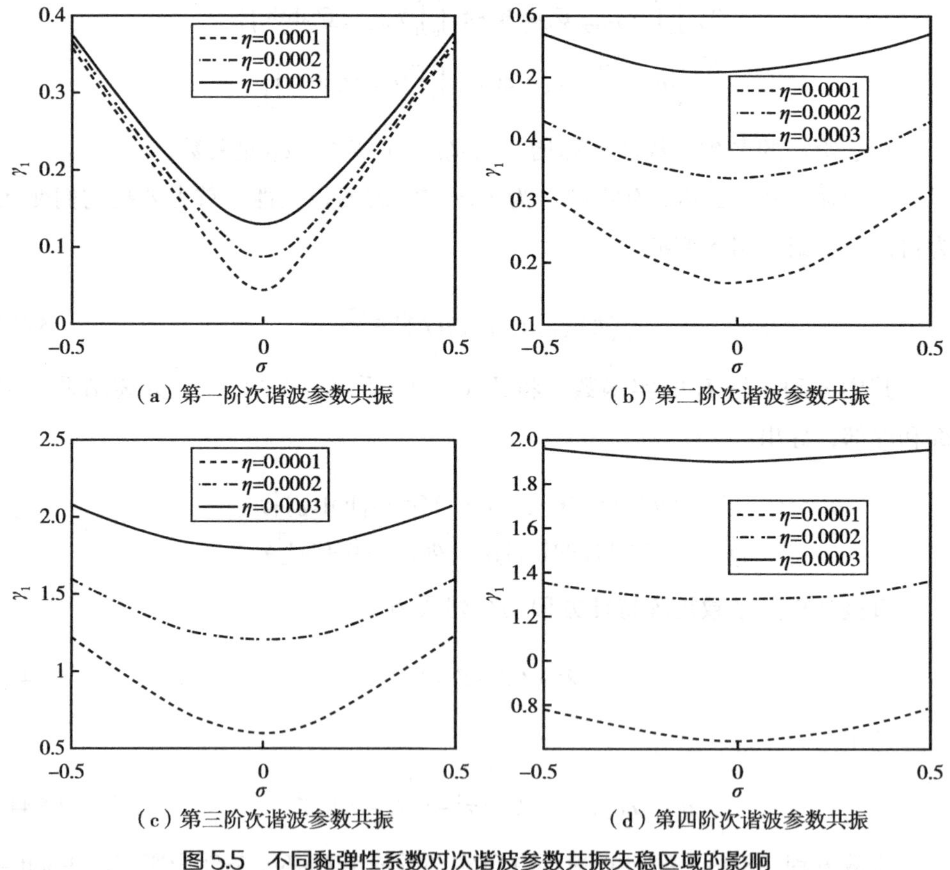

（a）第一阶次谐波参数共振 （b）第二阶次谐波参数共振
（c）第三阶次谐波参数共振 （d）第四阶次谐波参数共振

图 5.5 不同黏弹性系数对次谐波参数共振失稳区域的影响

若给定 η=0.0001、ξ=1 和 ζ=1，在不同平均面内平动速度下，图 5.6 分别给出了前四阶次谐波参数共振在 $\sigma-\gamma_1$ 平面上的失稳区域。其中点线表示 γ_0=2.9；虚线表示 γ_0=3.0；实线表示 γ_0=3.1。给定 σ 时，较小的平均面内平动速度导致稳定范围增大；而给定 γ_1 导致失稳范围减小。在组合和次谐波参数共振中，平均面内平动速度对失稳区域的影响趋势相反。

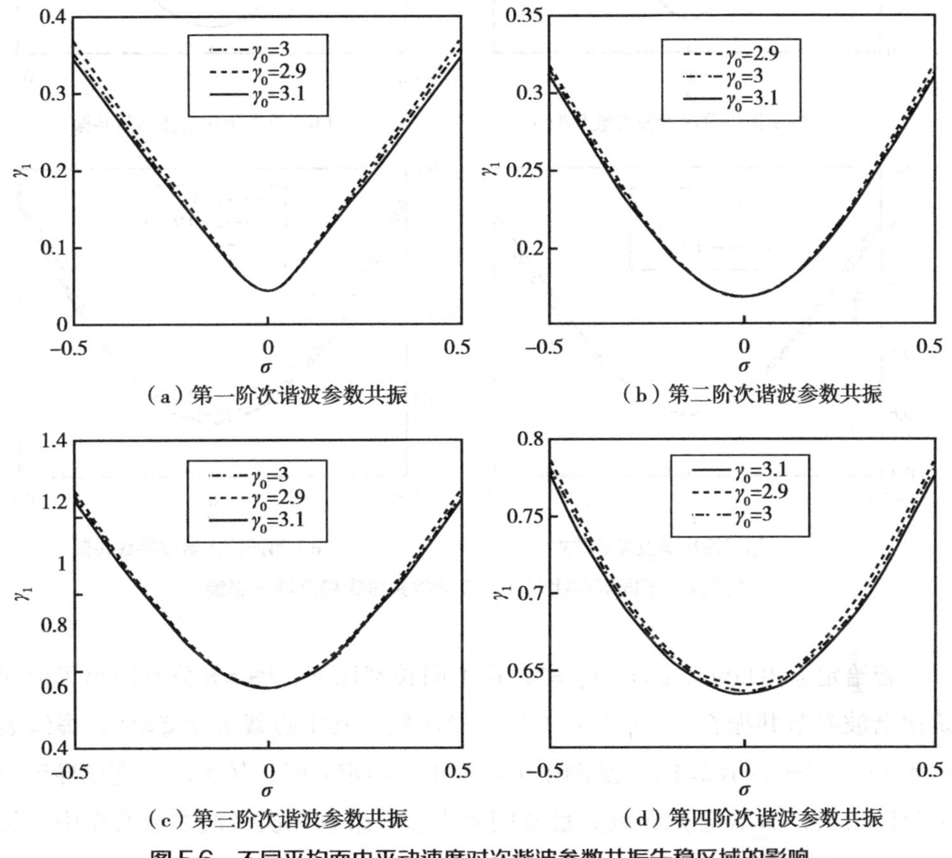

图 5.6　不同平均面内平动速度对次谐波参数共振失稳区域的影响

若给定 η=0.0001、ξ=1 和 γ_0=3，在不同刚度比下，图 5.7 分别给出了前四阶次谐波参数共振在 $\sigma-\gamma_1$ 平面上的失稳区域。其中点线表示 ζ=0.9；虚线表示 ζ=1.0；实线表示 ζ=1.1。从图中可以看出，给定 σ 时，较大的刚度比导致稳定范围增大；而给定 γ_1 导致失稳范围减小。在组合和次谐波参数共振中，刚度比对失稳区域的影响趋势相反。

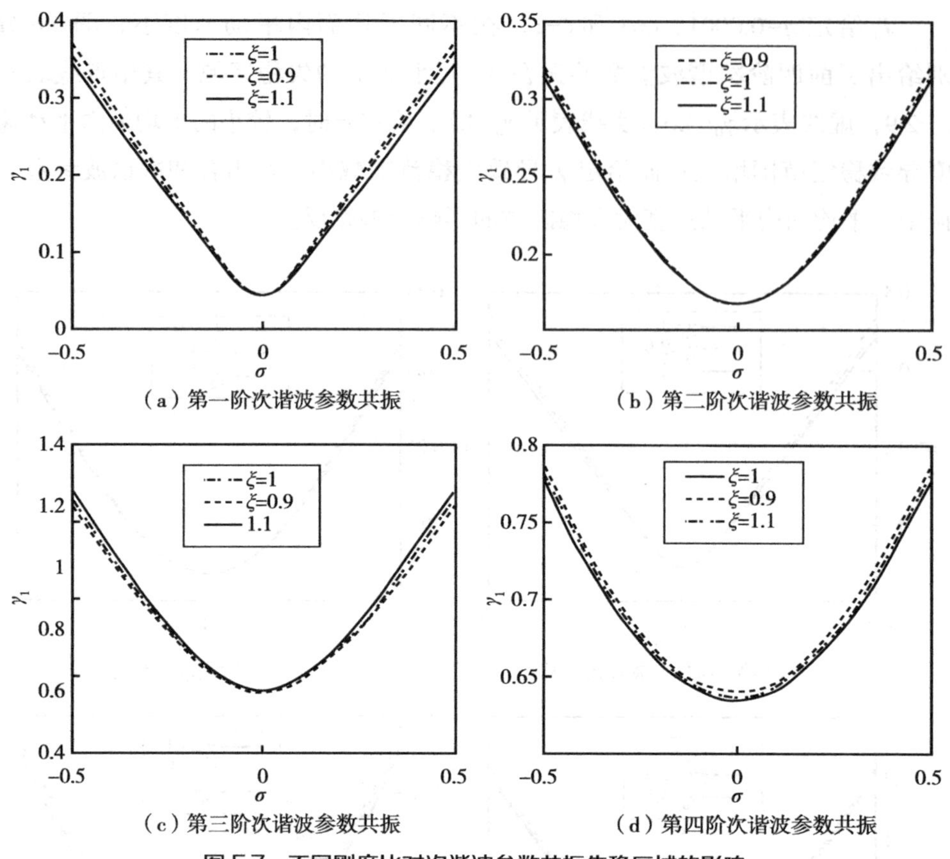

（a）第一阶次谐波参数共振

（b）第二阶次谐波参数共振

（c）第三阶次谐波参数共振

（d）第四阶次谐波参数共振

图 5.7 不同刚度比对次谐波参数共振失稳区域的影响

若给定 η=0.0001、ζ=1 和 γ_0=3，在不同长宽比下，图 5.8 分别给出了前四阶次谐波参数共振在 $\sigma-\gamma_1$ 平面上的失稳区域。其中点线表示 ξ=0.9；虚线表示 ξ=1.0；实线表示 ξ=1.1。从图中可以看出，给定 σ 时，较大的长宽比导致稳定范围增大；而给定 γ_1 导致失稳范围减小。在组合和次谐波参数共振中，长宽比对失稳区域的影响趋势相同。

若给定 η=0.0001、ζ=1、ξ=1 和 γ_0=3，图 5.9 分别给出了不同共振类型在 $\sigma-\gamma_1$ 平面上失稳区域的比较。其中 P1、P2、P3 和 P4 分别表示第 1、2、3 和 4 阶次谐波参数共振；S12 和 S34 分别表示第一和二阶以及第 3 和 4 阶和式组合参数共振。

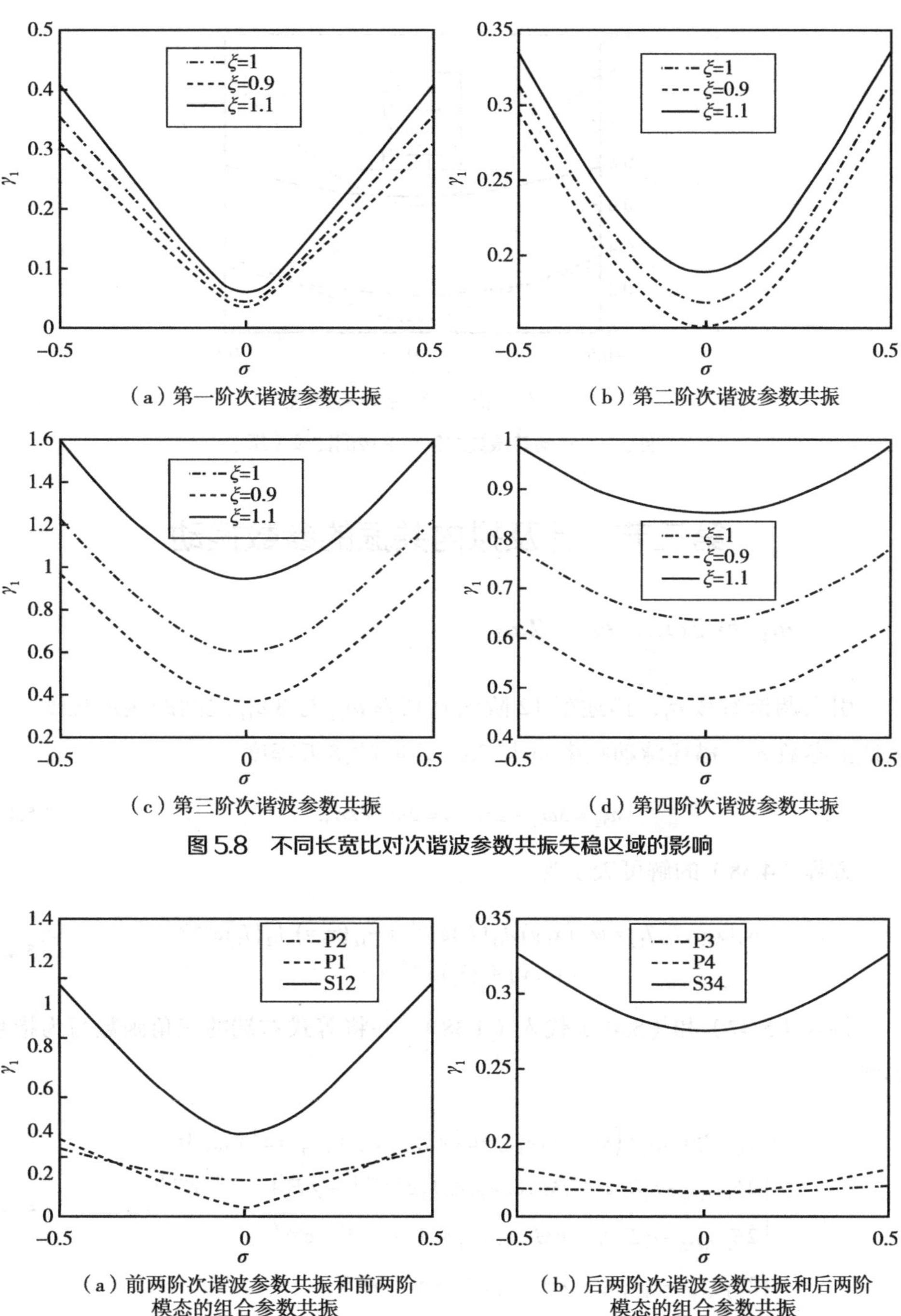

（a）第一阶次谐波参数共振　（b）第二阶次谐波参数共振

（c）第三阶次谐波参数共振　（d）第四阶次谐波参数共振

图 5.8　不同长宽比对次谐波参数共振失稳区域的影响

（a）前两阶次谐波参数共振和前两阶模态的组合参数共振　（b）后两阶次谐波参数共振和后两阶模态的组合参数共振

图 5.9　不同共振类型失稳区域的比较

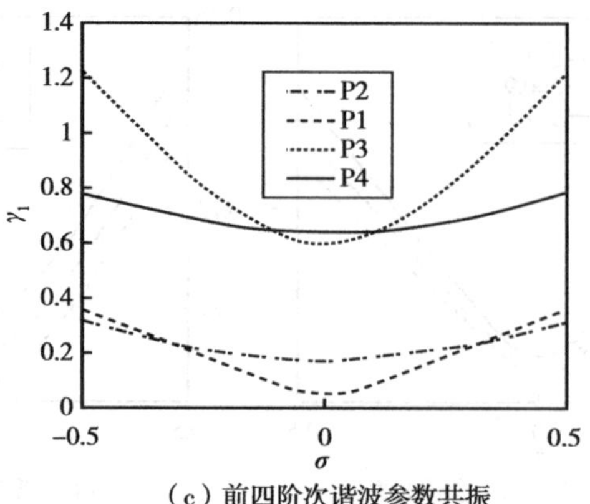

（c）前四阶次谐波参数共振

图 5.9　不同共振类型失稳区域的比较（续）

第三节　计及拟内共振的参数振动

一、$\omega_{12}\approx 3\omega_{11}$，$\omega\approx 2\omega_{11}$

引入调谐参数 σ_1，描述第 12 阶固有频率 ω_{12} 与 $3\omega_{11}$ 之间的接近程度；引入调谐参数 σ_2，描述脉动频率 ω 与 $2\omega_{11}$ 之间的接近程度

$$\omega_{12}=3\omega_{11}+\varepsilon\sigma_1,\ \omega=2\omega_{11}+\varepsilon\sigma_2. \tag{5.47}$$

方程（4.38）的解可表示为

$$\begin{aligned}w_0\left(x,y,T_0,T_1\right)=&\psi_{11}\left(x,y\right)A_{11}\left(T_1\right)e^{\mathrm{i}\omega_{11}T_0}+\psi_{12}\left(x,y\right)A_{12}\left(T_1\right)e^{\mathrm{i}\omega_{12}T_0}\\&+\psi_{sl}\left(x,y\right)A_{sl}\left(T_1\right)e^{\mathrm{i}\omega_{sl}T_0}+cc\end{aligned} \tag{5.48}$$

将式（5.47）和（5.48）代入（4.38），并将等式右端的三角函数写为指数形式

$$\begin{aligned}&w_{1},_{T_0T_0}+2\gamma w_{1},_{xT_0}+\left(\kappa\gamma^2-1\right)w_{1},_{xx}+\zeta\left(w_{1},_{xxxx}+2\xi^2w_{1},_{xxyy}+\xi^4w_{1},_{yyyy}\right)=\\&-\left[2E_1A_{11},_{T_1}+c_dE_1A_{11}+\eta M_1A_{11}+\gamma_1A_1A_{12}\,\mathrm{e}^{\mathrm{i}(\sigma_1-\sigma_2)T_1}+\gamma_1F_1\overline{A}_{11}\,\mathrm{e}^{\mathrm{i}\sigma_2T_1}\right]\mathrm{e}^{\mathrm{i}\omega_{11}T_0}\\&-\left[2E_2A_{12},_{T_1}+c_dE_2A_{12}+\eta M_2A_{12}+\gamma_1A_2A_{11}\,\mathrm{e}^{\mathrm{i}(\sigma_2-\sigma_1)T_1}\right]\mathrm{e}^{\mathrm{i}\omega_{12}T_0}\\&-\left(2E_3A_{sl},_{T_1}+c_dE_3A_{sl}+\eta M_3A_{sl}\right)\mathrm{e}^{\mathrm{i}\omega_{sl}T_0}+cc+NST\end{aligned} \tag{5.49}$$

其中

$$E_j=\left(\mathrm{i}\,\omega_h\psi_h+\gamma_0\psi_{h},_x\right)\quad\left(if\ j=1,h=11;if\ j=2,h=12;if\ j=3,h=sl\right) \tag{5.50}$$

$$M_j = \mathrm{i}\omega_h\left(\psi_{h,xxxx}+2\xi^2\psi_{h,xxyy}+\xi^4\psi_{h,yyyy}\right)+\gamma_0\left(\psi_{h,xxxxx}+2\xi^2\psi_{h,xxxyy}+\xi^4\psi_{h,xyyyy}\right)\quad (if\ j=1, h=11; if\ j=2, h=12; if\ j=3, h=sl) \tag{5.51}$$

$$\begin{aligned}\Lambda_1&=\left[(1-x)\omega_{11}+\mathrm{i}\kappa\gamma_0\right]\psi_{12,xx}-\omega_{12}\psi_{12,x}\\ \Lambda_2&=\left[(1-x)\omega_{11}-\mathrm{i}\kappa\gamma_0\right]\psi_{11,xx}+\omega_{11}\psi_{11,x}\end{aligned} \tag{5.52}$$

$$F_1=\left[(1-x)\omega_{11}-\mathrm{i}\kappa\gamma_0\right]\bar{\psi}_{11,xx}-\omega_{11}\bar{\psi}_{11,x} \tag{5.53}$$

为了求解黏弹性效应简支边界条件（4.39），我们假设 w_1（x，T_0，T_1）有形式

$$\begin{aligned}w_1(x,y,T_0,T_1)=&\varphi_{11}(x,y,T_1)e^{\mathrm{i}\omega_{11}T_0}+\varphi_{12}(x,y,T_1)e^{\mathrm{i}\omega_{12}T_0}\\&+\varphi_{sl}(x,y,T_1)e^{\mathrm{i}\omega_{sl}T_0}+N(x,y,T_0,T_1)+cc\end{aligned} \tag{5.54}$$

其中，φ_{mn}（mn=1，2）表示黏弹性效应简支边界条件（4.39）下的模态，N（x，y，T_0，T_1）表示所有的非久期项。将式（5.54）代入（5.49），然后在得到的结果中分别提取等号两边 exp（$\mathrm{i}\omega_1T_0$）和 exp（$\mathrm{i}\omega_2T_0$）系数项，得到

$$\begin{aligned}&-\omega_{11}^2\varphi_{11}+2\mathrm{i}\gamma_0\omega_{11}\varphi_{11,x}+\left(\kappa\gamma_0^2-1\right)\varphi_{11,xx}+\zeta\left(\varphi_{11,xxxx}+2\xi^2\varphi_{11,xxyy}+\xi^4\varphi_{11,yyyy}\right)\\&=-\left(2E_1A_{11,T_1}+c_dE_1A_{11}+\eta M_1A_{11}+\gamma_1\Lambda_1A_{12}\,\mathrm{e}^{\mathrm{i}(\sigma_1-\sigma_2)T_1}+\gamma_1F_1\bar{A}_{11}\,\mathrm{e}^{\mathrm{i}\sigma_2T_1}\right)\end{aligned} \tag{5.55}$$

$$\begin{aligned}&-\omega_{12}^2\varphi_{12}+2\mathrm{i}\gamma_0\omega_{12}\varphi_{12,x}+\left(\kappa\gamma_0^2-1\right)\varphi_{12,xx}+\zeta\left(\varphi_{12,xxxx}+2\xi^2\varphi_{12,xxyy}+\xi^4\varphi_{12,yyyy}\right)\\&=-\left(2E_2A_{12,T_1}+c_dE_2A_{12}+\eta M_2A_{12}+\gamma_1\Lambda_2A_{11}\,\mathrm{e}^{\mathrm{i}(\sigma_2-\sigma_1)T_1}\right)\end{aligned} \tag{5.56}$$

$$\begin{aligned}&-\omega_{sl}^2\varphi_{sl}+2\mathrm{i}\gamma_0\omega_{sl}\varphi_{sl,x}+\left(\kappa\gamma_0^2-1\right)\varphi_{sl,xx}+\zeta\left(\varphi_{sl,xxxx}+2\xi^2\varphi_{sl,xxyy}+\xi^4\varphi_{sl,yyyy}\right)\\&=-\left(2E_3A_{sl,T_1}+c_dE_3A_{sl}+\eta M_3A_{sl}\right)\end{aligned} \tag{5.57}$$

由可解性条件可得

$$\begin{aligned}&\left[-\omega_{11}^2\varphi_{11}+2\mathrm{i}\gamma_0\omega_{11}\varphi_{11,x}+\left(\kappa\gamma_0^2-1\right)\varphi_{11,xx}+\zeta\left(\varphi_{11,xxxx}+2\xi^2\varphi_{11,xxyy}+\xi^4\varphi_{11,yyyy}\right),\psi_{11}\right]\\&=\left[2E_1A_{11,T_1}+c_dE_1A_{11}+\eta M_1A_{11}+\gamma_1\Lambda_1A_{12}\,\mathrm{e}^{\mathrm{i}(\sigma_1-\sigma_2)T_1}+\gamma_1F_1\bar{A}_{11}\,\mathrm{e}^{\mathrm{i}\sigma_2T_1},\psi_{11}\right]\end{aligned} \tag{5.58}$$

$$\begin{aligned}&\left[-\omega_{12}^2\varphi_{12}+2\mathrm{i}\gamma_0\omega_{12}\varphi_{12,x}+\left(\kappa\gamma_0^2-1\right)\varphi_{12,xx}+\zeta\left(\varphi_{12,xxxx}+2\xi^2\varphi_{12,xxyy}+\xi^4\varphi_{12,yyyy}\right),\psi_{12}\right]\\&=\left[2E_2A_{12,T_1}+c_dE_2A_{12}+\eta M_2A_{12}+\gamma_1\Lambda_2A_{11}\,\mathrm{e}^{\mathrm{i}(\sigma_2-\sigma_1)T_1},\psi_{12}\right]\end{aligned} \tag{5.59}$$

$$\begin{aligned}&\left[-\omega_{sl}^2\varphi_{sl}+2\mathrm{i}\gamma_0\omega_{sl}\varphi_{sl,x}+\left(\kappa\gamma_0^2-1\right)\varphi_{sl,xx}+\zeta\left(\varphi_{sl,xxxx}+2\xi^2\varphi_{sl,xxyy}+\xi^4\varphi_{sl,yyyy}\right),\psi_{sl}\right]\\&=\left[2E_3A_{sl,T_1}+c_dE_3A_{sl}+\eta M_3A_{sl},\psi_{sl}\right]\end{aligned} \tag{5.60}$$

由弹性简支边界条件（4.37）、黏弹性效应简支边界条件（4.39）和分配律可得

$$\eta\gamma_0\left(\int_0^1 \psi_{11,xxx}\bar{\psi}_{11,x}\Big|_{x=0}^{x=1}\mathrm{d}y+\int_0^1\frac{\mu}{\xi^2}\psi_{11,xyy}\bar{\psi}_{11,x}\Big|_0^1\mathrm{d}y+\int_0^1\psi_{11,yyy}\bar{\psi}_{11,y}\Big|_0^1\mathrm{d}x\right)A_{11}$$
$$=\left\langle 2E_1A_{11,T_1}+c_\mathrm{d}E_1A_{11}+\eta M_1A_{11}+\gamma_1\Lambda_1A_{12}\,\mathrm{e}^{\mathrm{i}(\sigma_1-\sigma_2)T_1}+\gamma_1F_1\bar{A}_{11}\,\mathrm{e}^{\mathrm{i}\sigma_2T_1},\psi_{11}\right\rangle \tag{5.61}$$

$$\eta\gamma_0\left(\int_0^1 \psi_{12,xxx}\bar{\psi}_{12,x}\Big|_0^1\mathrm{d}y+\int_0^1\frac{\mu}{\xi^2}\psi_{12,xyy}\bar{\psi}_{12,x}\Big|_0^1\mathrm{d}y+\int_0^1\psi_{12,yyy}\bar{\psi}_{12,y}\Big|_0^1\mathrm{d}x\right)A_{12}$$
$$=\left\langle 2E_2A_{12,T_1}+c_\mathrm{d}E_2A_{12}+\eta M_2A_{12}+\gamma_1\Lambda_2A_{11}\,\mathrm{e}^{\mathrm{i}(\sigma_2-\sigma_1)T_1},\psi_{12}\right\rangle \tag{5.62}$$

$$\eta\gamma_0\left(\int_0^1 \psi_{sl,xxx}\bar{\psi}_{sl,x}\Big|_0^1\mathrm{d}y+\int_0^1\frac{\mu}{\xi^2}\psi_{sl,xyy}\bar{\psi}_{sl,x}\Big|_0^1\mathrm{d}y+\int_0^1\psi_{sl,yyy}\bar{\psi}_{sl,y}\Big|_0^1\mathrm{d}x\right)A_{sl}$$
$$=\left\langle 2E_3A_{sl,T_1}+c_\mathrm{d}E_3A_{sl}+\eta M_3A_{sl},\psi_{sl}\right\rangle \tag{5.63}$$

应用内积的性质，整理式（5.61）、（5.62）和（5.63）得到

$$A_{11,T_1}+\left(0.5c_\mathrm{d}+\eta m_1\right)A_{11}+\gamma_1\Lambda_1A_{12}\,\mathrm{e}^{\mathrm{i}(\sigma_1-\sigma_2)T_1}+\gamma_1f_1\bar{A}_{11}\,\mathrm{e}^{\mathrm{i}\sigma_2T_1}=0 \tag{5.64}$$

$$A_{12,T_1}+\left(0.5c_\mathrm{d}+\eta m_2\right)A_{12}+\gamma_1\Lambda_2A_{11}\,\mathrm{e}^{\mathrm{i}(\sigma_2-\sigma_1)T_1}=0 \tag{5.65}$$

$$A_{sl,T_1}+\left(0.5c_\mathrm{d}+\eta m_3\right)A_{sl}=0 \tag{5.66}$$

其中

$$m_1=\frac{\int_0^1\int_0^1 M_1\bar{\psi}_{11}\mathrm{d}x\mathrm{d}y+N_1}{\int_0^1\int_0^1 2E_1\bar{\psi}_{11}\mathrm{d}x\mathrm{d}y};\ \Lambda_1=\frac{\int_0^1\int_0^1 \Lambda_1\bar{\psi}_{11}\mathrm{d}x\mathrm{d}y}{\int_0^1\int_0^1 2E_1\bar{\psi}_{11}\mathrm{d}x\mathrm{d}y};\ f_1=\frac{\int_0^1\int_0^1 F_1\bar{\psi}_{11}\mathrm{d}x\mathrm{d}y}{\int_0^1\int_0^1 2E_1\bar{\psi}_{11}\mathrm{d}x\mathrm{d}y};$$
$$N_1=\gamma_0\left(\int_0^1 \psi_{11,xxx}\bar{\psi}_{11,x}\Big|_{x=0}^{x=1}\mathrm{d}y+\frac{\mu}{\xi^2}\int_0^1\psi_{11,xyy}\bar{\psi}_{11,x}\Big|_0^1\mathrm{d}y+\int_0^1\psi_{11,yyy}\bar{\psi}_{11,y}\Big|_0^1\mathrm{d}x\right). \tag{5.67}$$

$$m_2=\frac{\int_0^1\int_0^1 M_2\bar{\psi}_{12}\mathrm{d}x\mathrm{d}y+N_2}{\int_0^1\int_0^1 2E_2\bar{\psi}_{12}\mathrm{d}x\mathrm{d}y};\ \Lambda_2=\frac{\int_0^1\int_0^1 \Lambda_2\bar{\psi}_{11}\mathrm{d}x\mathrm{d}y}{\int_0^1\int_0^1 2E_1\bar{\psi}_{11}\mathrm{d}x\mathrm{d}y};$$
$$N_2=\gamma_0\left(\int_0^1 \psi_{12,xxx}\bar{\psi}_{12,x}\Big|_0^1\mathrm{d}y+\frac{\mu}{\xi^2}\int_0^1\psi_{12,xyy}\bar{\psi}_{12,x}\Big|_0^1\mathrm{d}y+\int_0^1\psi_{12,yyy}\bar{\psi}_{12,y}\Big|_0^1\mathrm{d}x\right). \tag{5.68}$$

$$m_3=\frac{\int_0^1\int_0^1 M_3\bar{\psi}_{sl}\mathrm{d}x\mathrm{d}y+N_3}{\int_0^1\int_0^1 2E_3\bar{\psi}_{sl}\mathrm{d}x\mathrm{d}y};$$
$$N_3=\gamma_0\left(\int_0^1 \psi_{sl,xxx}\bar{\psi}_{sl,x}\Big|_0^1\mathrm{d}y+\frac{\mu}{\xi^2}\int_0^1\psi_{sl,xyy}\bar{\psi}_{sl,x}\Big|_0^1\mathrm{d}y+\int_0^1\psi_{sl,yyy}\bar{\psi}_{sl,y}\Big|_0^1\mathrm{d}x\right). \tag{5.69}$$

给定具体的参数值，数值验证均表明 m_1 和 m_2 是正实数；Λ_1、f_1 和 Λ_2 是复数。随着时间的增加，式（5.66）的解呈 E 指数形式衰减为零。由此可知，第 sl 阶模态对第一阶和二阶模态没有影响。

显然，式（5.64）和（5.65）有零解。为了研究系统零解的稳定性，我们将式（5.64）和（5.65）转换成自治方程组，引入

$$A_1(T_1)=\left[p_1(T_1)+\mathrm{i}\,q_1(T_1)\right]\mathrm{e}^{\mathrm{i}S_1T_1},\ A_2(T_1)=\left[p_2(T_1)+\mathrm{i}\,q_2(T_1)\right]\mathrm{e}^{\mathrm{i}S_2T_1}. \tag{5.70}$$

其中，p_h 和 q_h（h=1，2）是 T_1 的实函数，且

$$S_1=\frac{1}{2}\sigma_2,\ S_2=\frac{3}{2}\sigma_2-\sigma_1. \tag{5.71}$$

将式（5.70）代入式（5.64）和（5.65），然后分离结果中的实部和虚部，整理得到

$$\begin{aligned}\dot{p}_1=&-\left(0.5c_{\mathrm{d}}+\eta m_1+\gamma_1 f_1^{\mathrm{R}}\right)p_1+\left(S_1-\gamma_1 f_1^{\mathrm{I}}\right)q_1\\&-\gamma_1\Lambda_1^{\mathrm{R}}p_2+\gamma_1\Lambda_1^{\mathrm{I}}q_2\end{aligned} \tag{5.72}$$

$$\begin{aligned}\dot{q}_1=&-\left(S_1+\gamma_1 f_1^{\mathrm{I}}\right)p_1-\left(0.5c_{\mathrm{d}}+\eta m_1-\gamma_1 f_1^{\mathrm{R}}\right)q_1\\&-\gamma_1\Lambda_1^{\mathrm{I}}p_2-\gamma_1\Lambda_1^{\mathrm{R}}q_2\end{aligned} \tag{5.73}$$

$$\dot{p}_2=-\gamma_1\Lambda_2^{\mathrm{R}}p_1+\gamma_1\Lambda_2^{\mathrm{I}}q_1-\left(0.5c_{\mathrm{d}}+\eta m_2\right)p_2+S_2q_2 \tag{5.74}$$

$$\dot{q}_2=-\gamma_1\Lambda_2^{\mathrm{I}}p_1-\gamma_1\Lambda_2^{\mathrm{R}}q_1-S_2p_2-\left(0.5c_{\mathrm{d}}+\eta m_2\right)q_2 \tag{5.75}$$

根据方程组（5.72）–（5.75）右端系数矩阵的特征方程，计算其行列式，得到

$$\lambda^4+b_1\lambda^3+b_2\lambda^2+b_3\lambda+b_4=0 \tag{5.76}$$

其中

$$\begin{aligned}b_1=&2\left[\eta(m_1+m_2)+c_{\mathrm{d}}\right],\\b_2=&\left(\eta m_1+0.5c_{\mathrm{d}}\right)^2+\left(2\eta m_1+c_{\mathrm{d}}\right)\left(2\eta m_2+c_{\mathrm{d}}\right)+\left(\eta m_2+0.5c_{\mathrm{d}}\right)^2\\&+S_1^2+S_2^2-\gamma_1^2\left|f_1\right|^2+2\gamma_1^2\,\mathrm{Re}\left(\Lambda_1\Lambda_2\right),\\b_3=&2\left\{\left(\eta m_1+0.5c_{\mathrm{d}}\right)\left(\eta m_2+0.5c_{\mathrm{d}}\right)\left[\eta(m_1+m_2)+c_{\mathrm{d}}\right]+\left(\eta m_1+0.5c_{\mathrm{d}}\right)S_2^2\right.\\&+\left(\eta m_2+0.5c_{\mathrm{d}}\right)S_1^2-\left(\eta m_2+0.5c_{\mathrm{d}}\right)\gamma_1^2\left|f_1\right|^2+\gamma_1^2\left(S_1+S_2\right)\mathrm{Im}\left(\bar{\Lambda}_1\bar{\Lambda}_2\right)\\&\left.-\gamma_1^2\left[\eta(m_1+m_2)+c_{\mathrm{d}}\right]\mathrm{Re}\left(\Lambda_1\Lambda_2\right)\right\},\\b_4=&\left(\eta m_1+0.5c_{\mathrm{d}}\right)^2\left(\eta m_2+0.5c_{\mathrm{d}}\right)^2+\left(\eta m_1+0.5c_{\mathrm{d}}\right)^2S_2^2+\left(\eta m_2+0.5c_{\mathrm{d}}\right)^2S_1^2\\&+S_1^2S_2^2-\gamma_1^2\left[\left(\eta m_2+0.5c_{\mathrm{d}}\right)^2+S_2^2\right]\left|f_2\right|^2\end{aligned}$$

$$+2\gamma_1^2\left[S_1S_2-(\eta m_1+0.5c_d)(\eta m_2+0.5c_d)\right]\mathrm{Re}(\Lambda_1\Lambda_2)$$
$$-2\gamma_1^2\left[(\eta m_1+0.5c_d)S_2+(\eta m_2+0.5c_d)S_1\right]\mathrm{Im}(\Lambda_1\Lambda_2)+\gamma_1^4|\Lambda_1|^2|\Lambda_2|^2. \tag{5.77}$$

根据 Routh–Hurwitz 判据，代数方程（5.76）有稳定零解的充分必要条件为

$$\Delta_1=b_1>0;\ \Delta_2=\begin{vmatrix}b_1 & 1\\ b_3 & b_2\end{vmatrix}>0,\ \Delta_3=\begin{vmatrix}b_1 & 1 & 0\\ b_3 & b_2 & b_1\\ 0 & b_4 & b_3\end{vmatrix}>0,\ \Delta_4=b_4>0 \tag{5.78}$$

则式（5.64）和（5.65）有稳定零解的条件为 $|\gamma_1|<\gamma_{\min}$。

给定 κ=0.5、ξ=1 和 ζ=1。当 γ_0=4.5 时，前两阶固有频率分别为 ω_{11}=15.0454 和 ω_{12}=45.9195，相应的调谐参数为 σ_1=0.7832。由于稳定性边界条件关于 σ_2 轴对称的，因此以下曲线只给出正值部分。

当 c_d=0.001 和 γ_0=4.5 时，图 5.10 给出了不同黏弹性系数对第一阶次谐波参数共振失稳区域的影响。其中实线表示 η=0；虚线表示 $\eta=1.0\times10^{-7}$；点划线表示 $\eta=1.0\times10^{-5}$；点线表示 $\eta=1.0\times10^{-4}$。从图 4.4 可以看出，当黏弹性系数较小时，失稳边界曲线呈不规则状，曲线左侧向下弯曲，同时曲线右侧呈“之”字形向下凹陷，但随着黏弹性系数的增大，凹陷不稳定区域逐渐减小，最终消失。从整体上看，失稳区域随着黏弹性系数的增大而减小。

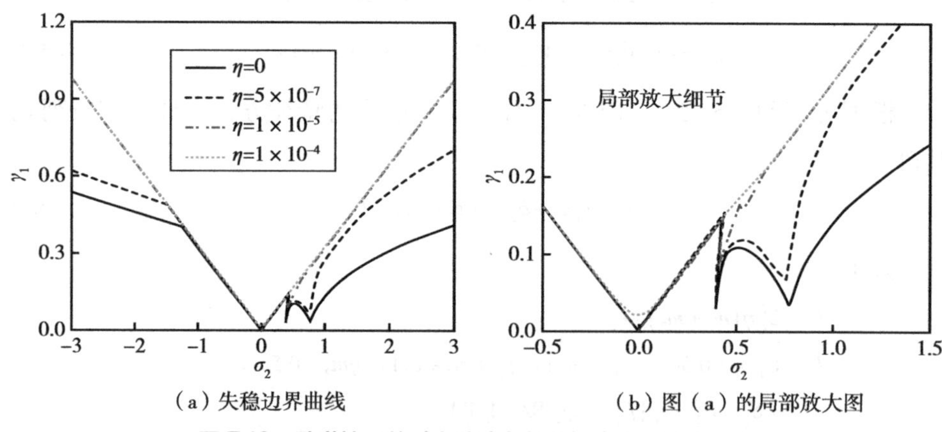

（a）失稳边界曲线　　（b）图（a）的局部放大图

图 5.10　黏弹性系数对次谐波参数共振失稳区域的影响

当 η=0.0001 和 γ_0=4.5 时，图 5.11 给出了不同黏性阻尼系数对第一阶次谐波参数共振失稳区域的影响。其中实线表示 c_d=0.001；虚线表示 c_d=0.1；点线表示 c_d=0.3。观察图 4.5 可以看出，当给定 σ_2 时，稳定范围随黏性阻尼系数的

增大而增大；而给定 γ_1 时，失稳区域随黏性阻尼系数的增大而减小。

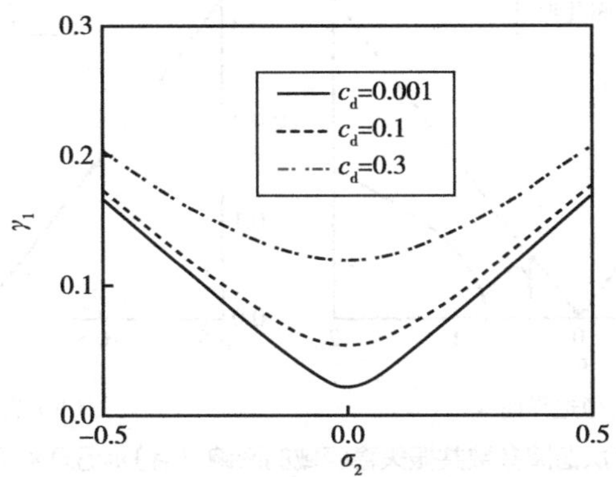

图 5.11　黏性阻尼系数对次谐波参数共振失稳区域的影响

当 c_d=0.001、η=1.0×10^{-6} 和 γ_0=4.5 时，图 5.12 给出了不同边界条件对第一阶次谐波参数共振失稳区域的影响。其中实线表示黏弹性效应简支边界条件（RNHBC）下的失稳边界曲线，虚线表示弹性简支边界条件（RHBC）下的失稳边界曲线。比较发现，不同边界条件对第一阶次谐波参数共振失稳边界曲线的影响非常的小，仅在右侧凹陷区域有微小差异。

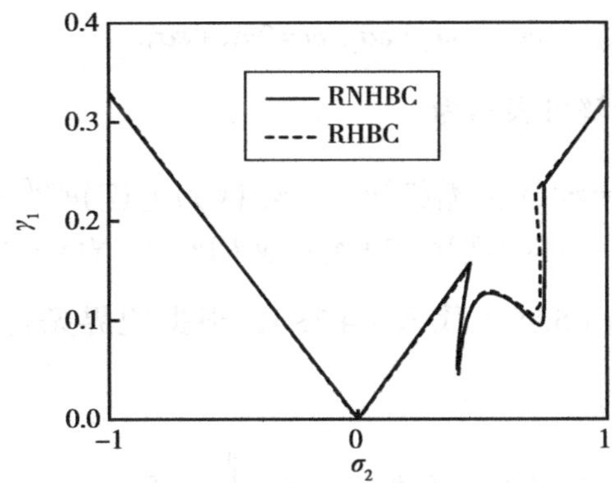

图 5.12　边界条件对次谐波参数共振失稳区域的影响

当 c_d=0.001 和 γ_0=4.5 时，图 5.13 给出了拟内共振对第一阶次谐波参数共振失稳区域的影响。在图 5.13（a）中，黏弹性系数 η=5.0×10^{-7}；图 5.13（b）中，黏弹性系数 η=1.0×10^{-5}。其中实线表示有拟内共振时的失稳边界曲线，

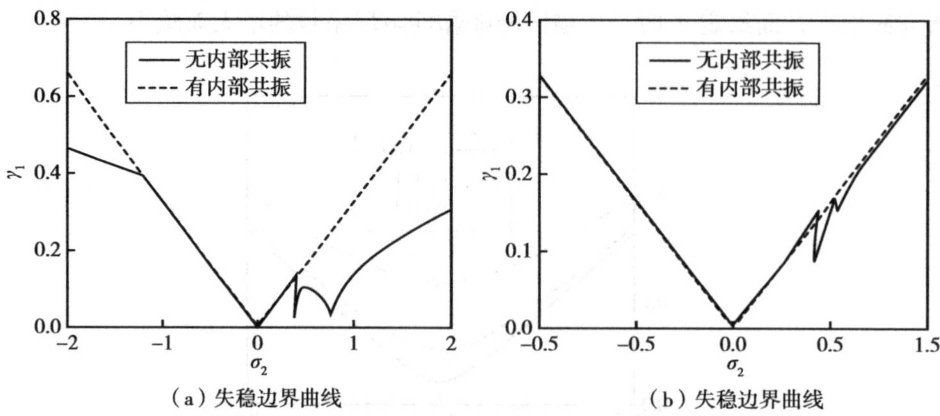

图 5.13 拟内共振对次谐波参数共振失稳区域的影响：（a）η=5.0×10^{-7}；（b）η=1.0×10^{-5}

虚线表示无拟内共振时的失稳边界曲线。比较有无拟内共振时的失稳边界曲线，可以发现，拟内共振的引入使得失稳边界曲线变得复杂。

二、$\omega_{12} \approx 3\omega_{11}$，$\omega \approx 2\omega_{12}$

引入调谐参数 σ_1，描述第 12 阶固有频率 ω_{12} 与 $3\omega_{11}$ 之间的接近程度；引入调谐参数 σ_2，描述脉动频率 ω 与 $2\omega_{12}$ 之间的接近程度

$$\omega_{12}=3\omega_{11}+\varepsilon\sigma_1,\ \omega=2\omega_{12}+\varepsilon\sigma_2. \tag{5.79}$$

方程（4.38）的解可表示为

$$\begin{aligned}w_0\left(x,y,T_0,T_1\right)&=\psi_{11}\left(x,y\right)A_{11}\left(T_1\right)e^{\mathrm{i}\omega_{11}T_0}+\psi_{12}\left(x,y\right)A_{12}\left(T_1\right)e^{\mathrm{i}\omega_{12}T_0}+cc\\ w_1\left(x,y,T_0,T_1\right)&=\varphi_{11}\left(x,y,T_1\right)e^{\mathrm{i}\omega_{11}T_0}+\varphi_{12}\left(x,y,T_1\right)e^{\mathrm{i}\omega_{12}T_0}+N\left(x,y,T_0,T_1\right)+cc\end{aligned} \tag{5.80}$$

将式（5.79）和（5.80）代入（4.38），根据边界条件（4.37）、（4.39）和可解性条件，得到

$$\begin{aligned}&\eta\gamma_0\left(\int_0^1\psi_{11},_{xxx}\bar{\psi}_{11},_x\Big|_{x=0}^{x=1}\mathrm{d}y+\int_0^1\frac{\mu}{\xi^2}\psi_{11},_{xyy}\bar{\psi}_{11},_x\Big|_0^1\mathrm{d}y+\int_0^1\psi_{11},_{yyy}\bar{\psi}_{11},_y\Big|_0^1\mathrm{d}x\right)A_{11}\\ &=\left\langle 2E_1A_{11},_{T_1}+c_\mathrm{d}E_1A_{11}+\eta M_1A_{11},\psi_{11}\right\rangle\end{aligned} \tag{5.81}$$

$$\begin{aligned}&\eta\gamma_0\left(\int_0^1\psi_{12},_{xxx}\bar{\psi}_{12},_x\Big|_0^1\mathrm{d}y+\int_0^1\frac{\mu}{\xi^2}\psi_{12},_{xyy}\bar{\psi}_{12},_x\Big|_0^1\mathrm{d}y+\int_0^1\psi_{12},_{yyy}\bar{\psi}_{12},_y\Big|_0^1\mathrm{d}x\right)A_{12}\\ &=\left\langle 2E_2A_{12},_{T_1}+c_\mathrm{d}E_2A_{12}+\eta M_2A_{12}+\gamma_1F_2\bar{A}_{12}\,\mathrm{e}^{\mathrm{i}\sigma_2T_1},\psi_{12}\right\rangle\end{aligned} \tag{5.82}$$

其中

$$E_j = \left(\mathrm{i}\,\omega_h\psi_h + \gamma_0\psi_{h,x}\right) \quad \left(if\ j=1, h=11; if\ j=2, h=12\right) \tag{5.83}$$

根据内积的性质，得到

$$A_{11,T_1} + \left(0.5c_{\mathrm{d}} + \eta m_1\right)A_{11} = 0 \tag{5.84}$$

$$A_{12,T_1} + \left(0.5c_{\mathrm{d}} + \eta m_2\right)A_{12} + \gamma_1 f_2 \bar{A}_{12}\,\mathrm{e}^{\mathrm{i}\sigma_2 T_1} = 0 \tag{5.85}$$

其中

$$m_1 = \frac{\int_0^1\int_0^1 M_1\bar{\psi}_{11}\mathrm{d}x\mathrm{d}y + N_1}{\int_0^1\int_0^1 2E_1\bar{\psi}_{11}\mathrm{d}x\mathrm{d}y};\ m_2 = \frac{\int_0^1\int_0^1 M_2\bar{\psi}_{12}\mathrm{d}x\mathrm{d}y + N_2}{\int_0^1\int_0^1 2E_2\bar{\psi}_{12}\mathrm{d}x\mathrm{d}y};\ f_2 = \frac{\int_0^1\int_0^1 F_2\bar{\psi}_{11}\mathrm{d}x\mathrm{d}y}{\int_0^1\int_0^1 2E_1\bar{\psi}_{11}\mathrm{d}x\mathrm{d}y};$$
$$N_1 = \gamma_0\left(\int_0^1 \psi_{11,xxx}\bar{\psi}_{11,x}\Big|_{x=0}^{x=1}\mathrm{d}y + \frac{\mu}{\xi^2}\int_0^1 \psi_{11,xyy}\bar{\psi}_{11,x}\Big|_0^1\mathrm{d}y + \int_0^1 \psi_{11,yyy}\bar{\psi}_{11,y}\Big|_0^1\mathrm{d}x\right) \tag{5.86}$$
$$N_2 = \gamma_0\left(\int_0^1 \psi_{12,xxx}\bar{\psi}_{12,x}\Big|_0^1\mathrm{d}y + \frac{\mu}{\xi^2}\int_0^1 \psi_{12,xyy}\bar{\psi}_{12,x}\Big|_0^1\mathrm{d}y + \int_0^1 \psi_{12,yyy}\bar{\psi}_{12,y}\Big|_0^1\mathrm{d}x\right).$$

给定具体的参数值，数值验证均表明 m_1 和 m_2 是正实数；f_2 是复数。由式（5.84）和（5.85）可知，第一阶模态对第二阶模态的次谐波参数共振没有影响。因此，引入直角坐标变换

$$A_2(T_1) = \left[p_2(T_1) + \mathrm{i}\,q_2(T_1)\right]\mathrm{e}^{\mathrm{i}S_2T_1} \tag{5.87}$$

其中

$$S_2 = \frac{1}{2}\sigma_2 \tag{5.88}$$

将式（5.87）代入（5.85），然后分离结果中的实部和虚部，整理得到

$$\dot{p}_2 = -\left(0.5c_{\mathrm{d}} + \eta m_2 + \gamma_1 f_2^{\mathrm{R}}\right)p_2 + \left(S_2 - \gamma_1 f_2^{\mathrm{I}}\right)q_2 \tag{5.89}$$

$$\dot{q}_2 = -\left(S_2 + \gamma_1 f_2^{\mathrm{I}}\right)p_2 - \left(0.5c_{\mathrm{d}} + \eta m_2 - \gamma_1 f_2^{\mathrm{R}}\right)q_2 \tag{5.90}$$

根据方程组右端系数矩阵的特征方程，计算其行列式，得到

$$\lambda^2 + b_1\lambda + b_2 = 0 \tag{5.91}$$

其中

$$b_1 = c_{\mathrm{d}} + 2\eta m_2,\ \ b_2 = \left(0.5c_{\mathrm{d}} + \eta m_2\right)^2 - \gamma_1^2\left|f_2\right|^2 + 0.25\sigma_2^2. \tag{5.92}$$

根据 Routh-Hurwitz 判据，代数方程（5.91）有稳定零解的充分必要条件为

$$\gamma_1 < \frac{\sqrt{\left(c_{\mathrm{d}} + 2\eta m_2\right)^2 + \sigma_2^2}}{2\left|f_2\right|} \tag{5.93}$$

当 c_{d}=0.001 和 γ_0=4.5 时，图 5.14 给出了不同黏弹性系数对第二阶次谐波参数共振失稳区域的影响。其中实线表示 η=0；虚线表示 η=0.00001；点划线表示 η=0.0001。从图 4.8 可以看出，当给定 γ_1 时，失稳区域随黏弹性系数的增大而减小；而给定 σ_2 时，稳定范围随黏弹性系数的增大而增大。

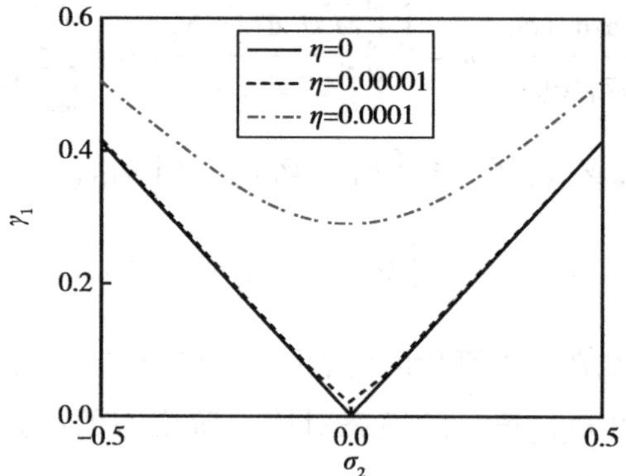

图 5.14　黏弹性系数对次谐波参数共振失稳区域的影响

当 η=0.0001 和 γ_0=4.5 时，图 5.15 给出了不同黏性阻尼系数对第二阶次谐波参数共振失稳区域的影响。其中实线表示 c_{d}=0.001；虚线表示 c_{d}=0.1；点划线表示 c_{d}=0.2。可以清楚地看到，当给定 γ_1 时，失稳区域随黏性阻尼系数的增

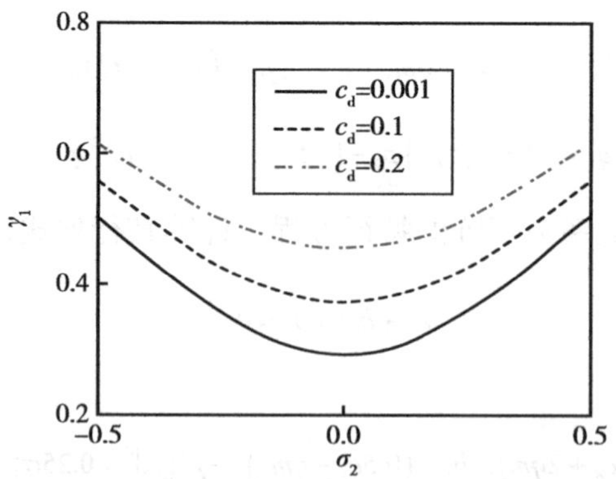

图 5.15　黏性阻尼系数对次谐波参数共振失稳区域的影响

大而减小；而给定 σ_2 时，稳定范围随黏性阻尼系数的增大而增大。在第一和第二阶次谐波参数共振中，黏性阻尼系数对失稳区域有着相同的影响趋势。

当 η=0.0001、c_d=0.001 和 γ_0=4.5 时，图 5.16 给出了不同边界条件对第二阶次谐波参数共振失稳区域的影响。其中实线表示黏弹性效应简支边界条件（RNHBC）下的失稳边界曲线，虚线表示弹性简支边界条件（RHBC）下的失稳边界曲线。从图中可以看出，给定 σ_2 时，黏弹性效应简支边界条件下的失稳区域比弹性简支边界条件条件下的失稳区域范围大；而给定 γ_1 时，黏弹性效应简支边界条件下的稳定范围比弹性简支边界条件条件下的稳定范围小。显然以往基于弹性简支边界条件的研究中高估了系统的稳定性。

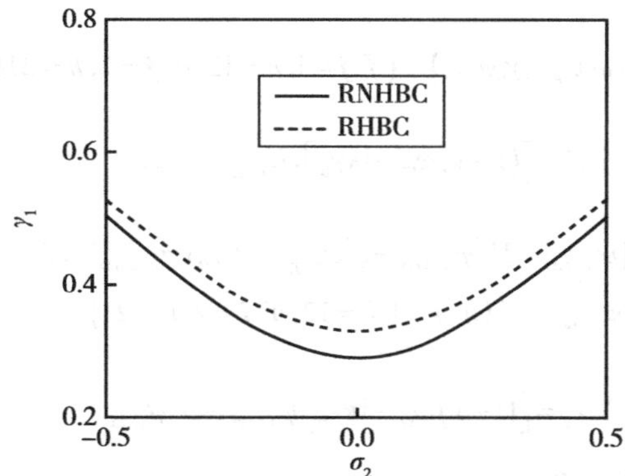

图 5.16　边界条件对次谐波参数共振失稳区域的影响

三、$\omega_{21} \approx \omega_{12}$，$\omega \approx 2\omega_{12}$

引入调谐参数 σ_1，描述第 12 阶固有频率 ω_{12} 与 ω_{21} 之间的接近程度；引入调谐参数 σ_2，描述脉动频率 ω 与 $2\omega_{12}$ 之间的接近程度

$$\omega_{21} = \omega_{12} + \varepsilon\sigma_1,\ \omega = 2\omega_{12} + \varepsilon\sigma_2. \tag{5.94}$$

方程（4.38）的解可表示为

$$\begin{aligned} w_0(x,y,T_0,T_1) &= \psi_{12}(x,y)A_{12}(T_1)e^{i\omega_{12}T_0} + \psi_{21}(x,y)A_{21}(T_1)e^{i\omega_{12}T_0} \\ w_1(x,y,T_0,T_1) &= \varphi_{12}(x,y,T_1)e^{i\omega_{12}T_0} + \varphi_{21}(x,y,T_1)e^{i\omega_{21}T_0} + N(x,y,T_0,T_1) \end{aligned} \tag{5.95}$$

将式（5.94）和（5.95）代入（4.38），由边界条件（4.37）、（4.39）和可解性条件，得到

$$\eta\gamma_0\left(\int_0^1\psi_{12,xxx}\bar{\psi}_{12,x}\Big|_{x=0}^{x=1}\mathrm{d}y+\int_0^1\frac{\mu}{\xi^2}\psi_{12,xyy}\bar{\psi}_{12,x}\Big|_0^1\mathrm{d}y+\int_0^1\psi_{12,yyy}\bar{\psi}_{12,y}\Big|_0^1\mathrm{d}x\right)A_{12}$$
$$=\Big\langle-\Big[2E_1A_{12,T_1}+c_\mathrm{d}E_1A_{12}+\eta M_1A_{12}+\gamma_1\Lambda\bar{A}_{21}\,\mathrm{e}^{\mathrm{i}(\sigma_2-\sigma_1)T_1}+\gamma_1F_1\bar{A}_{12}\,\mathrm{e}^{\mathrm{i}\sigma_2T_1}\tag{5.96}$$
$$+\left(2E_2A_{21,T_1}+c_\mathrm{d}E_2A_{21}+\eta M_2A_{21}\right)\mathrm{e}^{\mathrm{i}\sigma_1T_1}\Big],\psi_{12}\Big\rangle$$

$$\eta\gamma_0\left(\int_0^1\psi_{21,xxx}\bar{\psi}_{21,x}\Big|_0^1\mathrm{d}y+\int_0^1\frac{\mu}{\xi^2}\psi_{21,xyy}\bar{\psi}_{21,x}\Big|_0^1\mathrm{d}y+\int_0^1\psi_{21,yyy}\bar{\psi}_{21,y}\Big|_0^1\mathrm{d}x\right)A_{21}$$
$$=\Big\langle-\Big[2E_2A_{21,T_1}+c_\mathrm{d}E_2A_{21}+\eta M_2A_{21}+\gamma_1\Lambda\bar{A}_{21}\,\mathrm{e}^{\mathrm{i}(\sigma_2-2\sigma_1)T_1}\tag{5.97}$$
$$+\left(2E_1A_{12,T_1}+c_\mathrm{d}E_1A_{12}+\eta M_1A_{12}+\gamma_1F_1\bar{A}_{12}\,\mathrm{e}^{\mathrm{i}\sigma_2T_1}\right)\mathrm{e}^{-\mathrm{i}\sigma_1T_1}\Big],\psi_{21}\Big\rangle$$

其中

$$E_j=\left(\mathrm{i}\,\omega_h\psi_h+\gamma_0\psi_{h,x}\right)\quad(if\ \ j=1,h=12;if\ \ j=2,h=21)\tag{5.98}$$

$$\Lambda=\left[(1-x)\,\omega_{12}-\mathrm{i}\kappa\gamma_0\right]\bar{\psi}_{21,xx}-\omega_{21}\bar{\psi}_{21,x}\tag{5.99}$$

$$M_j=\mathrm{i}\,\omega_h\left(\psi_{h,xxxx}+2\xi^2\psi_{h,xxyy}+\xi^4\psi_{h,yyyy}\right)+\gamma_0\left(\psi_{h,xxxxx}+2\xi^2\psi_{h,xxxyy}+\xi^4\psi_{h,xyyyy}\right)\quad(if\ \ j=1,h=12;if\ \ j=2,h=21)\tag{5.100}$$

$$F_1=\left[(1-x)\,\omega_{12}-\mathrm{i}\kappa\gamma_0\right]\bar{\psi}_{12,xx}-\omega_{12}\bar{\psi}_{12,x}\tag{5.101}$$

根据内积的性质，得到

$$A_{12,T_1}+\left(0.5c_\mathrm{d}+\eta m_1\right)A_{12}+\gamma_1\Lambda_1\bar{A}_{21}\,\mathrm{e}^{\mathrm{i}(\sigma_2-\sigma_1)T_1}+\gamma_1f_1\bar{A}_{12}\,\mathrm{e}^{\mathrm{i}\sigma_2T_1}+\left[e_{21}A_{21,T_1}+\left(0.5c_\mathrm{d}e_{21}+\eta m_{21}\right)A_{21}\right]\mathrm{e}^{\mathrm{i}\sigma_1T_1}=0\tag{5.102}$$

$$A_{21,T_1}+\left(0.5c_\mathrm{d}+\eta m_2\right)A_{21}+\gamma_1\Lambda_2\bar{A}_{21}\,\mathrm{e}^{\mathrm{i}(\sigma_2-2\sigma_1)T_1}+\left[e_{12}A_{12,T_1}+\left(0.5c_\mathrm{d}e_{12}+\eta m_{12}\right)A_{12}+\gamma_1f_{12}\bar{A}_{12}\,\mathrm{e}^{\mathrm{i}\sigma_2T_1}\right]\mathrm{e}^{-\mathrm{i}\sigma_1T_1}=0\tag{5.103}$$

其中

$$m_1=\frac{\int_0^1\int_0^1M_1\bar{\psi}_{12}\mathrm{d}x\mathrm{d}y+N_1}{\int_0^1\int_0^1 2E_1\bar{\psi}_{12}\mathrm{d}x\mathrm{d}y};\ \Lambda_1=\frac{\int_0^1\int_0^1\Lambda\bar{\psi}_{12}\mathrm{d}x\mathrm{d}y}{\int_0^1\int_0^1 2E_1\bar{\psi}_{12}\mathrm{d}x\mathrm{d}y};\ f_1=\frac{\int_0^1\int_0^1F_1\bar{\psi}_{12}\mathrm{d}x\mathrm{d}y}{\int_0^1\int_0^1 2E_1\bar{\psi}_{12}\mathrm{d}x\mathrm{d}y};$$
$$N_1=\gamma_0\left(\int_0^1\psi_{12,xxx}\bar{\psi}_{12,x}\Big|_{x=0}^{x=1}\mathrm{d}y+\frac{\mu}{\xi^2}\int_0^1\psi_{12,xyy}\bar{\psi}_{12,x}\Big|_0^1\mathrm{d}y+\int_0^1\psi_{12,yyy}\bar{\psi}_{12,y}\Big|_0^1\mathrm{d}x\right);\tag{5.104}$$
$$e_{21}=\frac{\int_0^1\int_0^1 2E_2\bar{\psi}_{12}\mathrm{d}x\mathrm{d}y}{\int_0^1\int_0^1 2E_1\bar{\psi}_{12}\mathrm{d}x\mathrm{d}y};\ m_{21}=\frac{\int_0^1\int_0^1 M_2\bar{\psi}_{12}\mathrm{d}x\mathrm{d}y}{\int_0^1\int_0^1 2E_1\bar{\psi}_{12}\mathrm{d}x\mathrm{d}y}.$$

$$m_2=\frac{\int_0^1\int_0^1 M_2\bar{\psi}_{21}\mathrm{d}x\mathrm{d}y+N_2}{\int_0^1\int_0^1 2E_2\bar{\psi}_{21}\mathrm{d}x\mathrm{d}y};\ \Lambda_2=\frac{\int_0^1\int_0^1 \Lambda\bar{\psi}_{21}\mathrm{d}x\mathrm{d}y}{\int_0^1\int_0^1 2E_2\bar{\psi}_{21}\mathrm{d}x\mathrm{d}y};$$

$$N_2=\gamma_0\left(\int_0^1\psi_{21,xxx}\bar{\psi}_{21,x}\Big|_0^1\mathrm{d}y+\frac{\mu}{\xi^2}\int_0^1\psi_{21,xyy}\bar{\psi}_{21,x}\Big|_0^1\mathrm{d}y+\int_0^1\psi_{21,yyy}\bar{\psi}_{21,y}\Big|_0^1\mathrm{d}x\right);\tag{5.105}$$

$$e_{12}=\frac{\int_0^1\int_0^1 2E_1\bar{\psi}_{21}\mathrm{d}x\mathrm{d}y}{\int_0^1\int_0^1 2E_2\bar{\psi}_{21}\mathrm{d}x\mathrm{d}y};\ m_{12}=\frac{\int_0^1\int_0^1 M_2\bar{\psi}_{21}\mathrm{d}x\mathrm{d}y}{\int_0^1\int_0^1 2E_2\bar{\psi}_{21}\mathrm{d}x\mathrm{d}y};\ f_{12}=\frac{\int_0^1\int_0^1 f_1\bar{\psi}_{21}\mathrm{d}x\mathrm{d}y}{\int_0^1\int_0^1 2E_2\bar{\psi}_{21}\mathrm{d}x\mathrm{d}y}.$$

给定具体的参数值，数值验证均表明 m_1 和 m_2 是正实数；f_2 和 Λ_2 是复数；e_{21}、m_{21}、e_{12}、m_{12}、Λ_1 和 f_{12} 等于零。因此，式（5.102）和（5.103）可简化为

$$A_{12,T_1}+\left(0.5c_\mathrm{d}+\eta m_1\right)A_{12}+\gamma_1 f_1\bar{A}_{12}\,\mathrm{e}^{\mathrm{i}\sigma_2 T_1}=0\tag{5.106}$$

$$A_{21,T_1}+\left(0.5c_\mathrm{d}+\eta m_2\right)A_{21}+\gamma_1\Lambda_2\bar{A}_{21}\,\mathrm{e}^{\mathrm{i}(\sigma_2-2\sigma_1)T_1}=0\tag{5.107}$$

引入直角坐标变换

$$A_1\left(T_1\right)=\left[p_1\left(T_1\right)+\mathrm{i}\,q_1\left(T_1\right)\right]\mathrm{e}^{\mathrm{i}S_1T_1},\ A_2\left(T_1\right)=\left[p_2\left(T_1\right)+\mathrm{i}\,q_2\left(T_1\right)\right]\mathrm{e}^{\mathrm{i}S_2T_1}.\tag{5.108}$$

其中

$$S_1=\frac{1}{2}\sigma_2,\ S_2=\frac{1}{2}\sigma_2-\sigma_1.\tag{5.109}$$

将式（5.108）代入（5.106）和（5.107），然后分离结果中的实部和虚部，整理得到

$$\dot{p}_1=-\left(0.5c_\mathrm{d}+\eta m_1+\gamma_1 f_1^\mathrm{R}\right)p_1+\left(S_1-\gamma_1 f_1^\mathrm{I}\right)q_1\tag{5.110}$$

$$\dot{q}_1=-\left(S_1+\gamma_1 f_1^\mathrm{I}\right)p_1-\left(0.5c_\mathrm{d}+\eta m_1-\gamma_1 f_1^\mathrm{R}\right)q_1\tag{5.111}$$

$$\dot{p}_2=-\left(0.5c_\mathrm{d}+\eta m_2+\gamma_1\Lambda_2^\mathrm{R}\right)p_2+\left(S_2-\gamma_1\Lambda_2^\mathrm{I}\right)q_2\tag{5.112}$$

$$\dot{q}_2=-\left(S_2+\gamma_1\Lambda_2^\mathrm{I}\right)p_2-\left(0.5c_\mathrm{d}+\eta m_2-\gamma_1\Lambda_2^\mathrm{R}\right)q_2\tag{5.113}$$

根据方程组（5.110）—（5.113）右端系数矩阵的特征方程，计算其行列式，得到

$$\lambda^4+b_1\lambda^3+b_2\lambda^2+b_3\lambda+b_4=0\tag{5.114}$$

其中

$$
\begin{aligned}
b_1 &= 2\left[\eta\left(m_1+m_2\right)+c_{\mathrm{d}}\right],\\
b_2 &= \left(\eta m_1+0.5c_{\mathrm{d}}\right)^2+\left(2\eta m_1+c_{\mathrm{d}}\right)\left(2\eta m_2+c_{\mathrm{d}}\right)\\
&\quad+\left(\eta m_2+0.5c_{\mathrm{d}}\right)^2+S_1^2+S_2^2-\gamma_1^2\left(\left|f_1\right|^2+\left|\Lambda_2\right|^2\right),\\
b_3 &= 2\left\{\left(2\eta m_1+c_{\mathrm{d}}\right)\left(2\eta m_2+c_{\mathrm{d}}\right)\left[\eta\left(m_1+m_2\right)+c_{\mathrm{d}}\right]+\left(\eta m_1+0.5c_{\mathrm{d}}\right)S_2^2\right.\\
&\quad\left.+\left(\eta m_2+0.5c_{\mathrm{d}}\right)S_1^2-\left(\eta m_2+0.5c_{\mathrm{d}}\right)\gamma_1^2\left|f_1\right|^2-\left(\eta m_1+0.5c_{\mathrm{d}}\right)\gamma_1^2\left|\Lambda_2\right|^2\right\},\\
b_4 &= \left(\eta m_1+0.5c_{\mathrm{d}}\right)^2\left(\eta m_2+0.5c_{\mathrm{d}}\right)^2+\left(\eta m_1+0.5c_{\mathrm{d}}\right)^2S_2^2\\
&\quad+\left(\eta m_2+0.5c_{\mathrm{d}}\right)^2S_1^2+S_1^2S_2^2-\gamma_1^2\left[\left(\eta m_2+0.5c_{\mathrm{d}}\right)^2+S_2^2\right]\left|f_1\right|^2\\
&\quad-\gamma_1^2\left[\left(\eta m_1+0.5c_{\mathrm{d}}\right)^2+S_1^2\right]\left|\Lambda_2\right|^2+\gamma_1^4\left|f_1\right|^2\left|\Lambda_2\right|^2.
\end{aligned}
\tag{5.115}
$$

根据 Routh–Hurwitz 判据，代数方程（5.114）有稳定零解的充分必要条件为

$$
\Delta_1=b_1>0;\ \Delta_2=\begin{vmatrix}b_1 & 1\\ b_3 & b_2\end{vmatrix}>0,\ \Delta_3=\begin{vmatrix}b_1 & 1 & 0\\ b_3 & b_2 & b_1\\ 0 & b_4 & b_3\end{vmatrix}>0,\ \Delta_4=b_4>0 \tag{5.116}
$$

故式（5.106）和（5.107）有稳定零解的条件为 $|\gamma_1|<\gamma_{\min}$。

给定 κ=0.5、ξ=1、ζ=1、η=0.0001 和 c_{d}=0.001。当 γ_0=8.75 时，前两阶固有频率分别为 ω_{12}=33.70125 和 ω_{21}=34.28467，相应的调谐参数为 σ_1=0.58342。

当 c_{d}=0.001 和 γ_0=8.75 时，图 5.17 给出了不同黏弹性系数对第二阶次谐波参数共振失稳区域的影响。其中实线表示 η=0；虚线表示 η=0.00001；点划线表示 η=0.00003；点线表示 η=0.0001。观察发现，当黏弹性系数较小时，失稳边界曲线右侧出现“V”形凹陷区域，但随着黏弹性系数的增大，“V”形凹陷区域逐渐

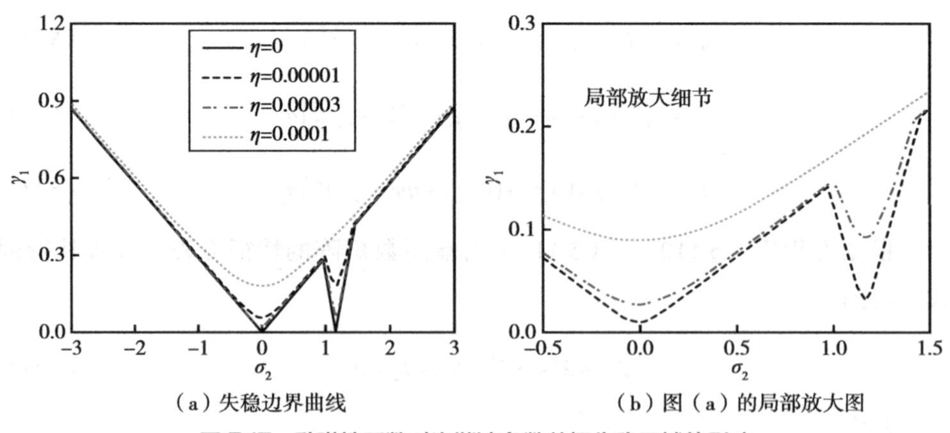

（a）失稳边界曲线　（b）图（a）的局部放大图

图 5.17　黏弹性系数对次谐波参数共振失稳区域的影响

减小，最终消失。从整体上看，随黏弹性系数的增大，失稳区域逐渐减小。

当 η=0.0001 和 γ_0=8.75 时，图 5.18 给出了不同黏性阻尼系数对第二阶次谐波参数共振失稳区域的影响。其中实线表示 c_d=0.001；虚线表示 c_d=0.1；点划线表示 c_d=0.2。观察发现，当给定 σ_2 时，稳定范围随黏性阻尼系数的增大而增大；而给定 γ_1 时，失稳区域随黏性阻尼系数的增大而减小。在 1∶3 和 1∶1 拟内共振下的次谐波参数共振中，黏性阻尼系数对失稳区域有着相同的影响趋势。

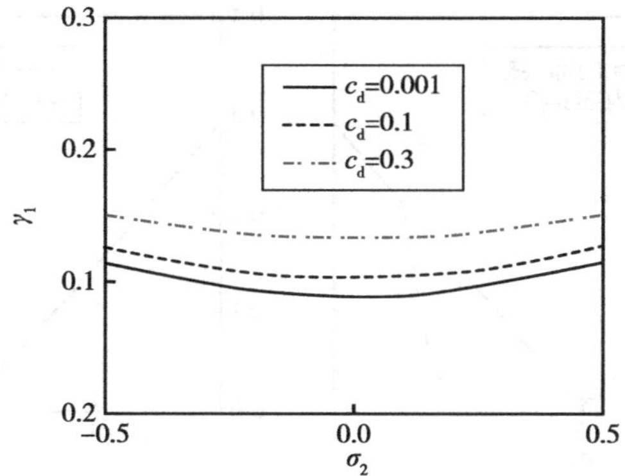

图 5.18　黏性阻尼系数对次谐波参数共振失稳区域的影响

当 η=0.0001、c_d=0.001 和 γ_0=4.5 时，图 5.19 给出了不同边界条件对第二阶次谐波参数共振失稳区域的影响。其中实线和虚线分别表示黏弹性效应简支边界条件（RNHBC）和弹性简支边界条件（RHBC）下的失稳边界曲线。从图中可以看出，此组参数下，黏弹性效应简支边界条件对失稳边界曲线的影响非常小。

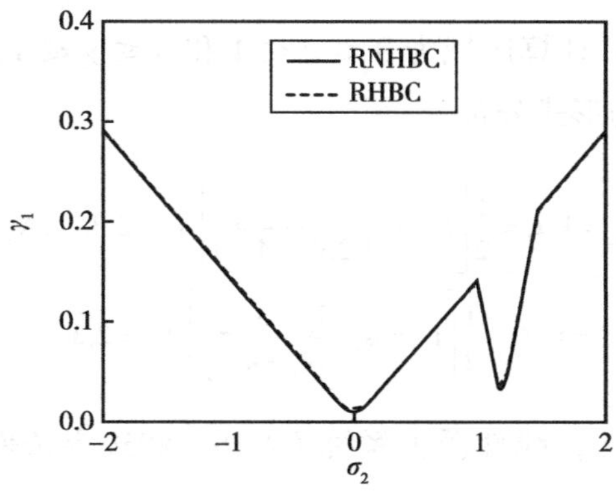

图 5.19　边界条件对次谐波参数共振失稳区域的影响

当 c_d=0.001 和 γ_0=4.5 时，图 5.20 给出了拟内共振对第二阶次谐波参数共振失稳区域的影响。在图 5.20（a）中，黏弹性系数 $\eta=1.0\times10^{-5}$；在图 5.20（b）中，黏弹性系数 $\eta=3.0\times10^{-5}$。图中实线表示存在 1∶1 拟内共振时的失稳边界曲线，虚线表示无拟内共振时的失稳边界曲线。比较有无拟内共振时的失稳边界曲线，可以发现，拟内共振的引入使得失稳边界曲线右侧出现“V”形凹陷不稳定的区域，当忽略拟内共振的影响时，右侧不会出现“V”形凹陷区域。

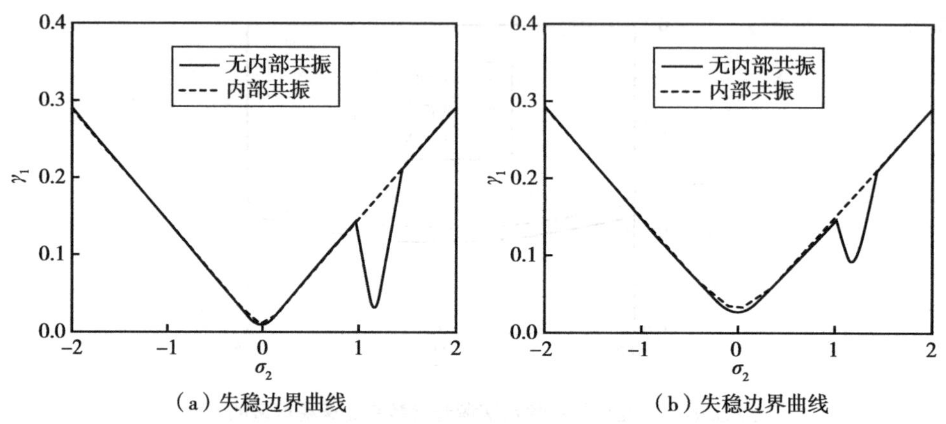

（a）失稳边界曲线　（b）失稳边界曲线

图 5.20　拟内共振对次谐波参数共振失稳区域的影响：（a）$\eta=1.0\times10^{-5}$；（b）$\eta=3.0\times10^{-5}$

第四节　数值验证

我们将采用微分求积法对前面通过直接多尺度法得到的近似解析结果进行数值验证。

取面内平动板的计算区域为 $0\leqslant x\leqslant 1$ 和 $0\leqslant y\leqslant 1$，并令 ε=1。离散点数为 N，采用非均匀形式分布

$$\begin{cases} x_1=0,\ x_{N_x}=1,\ x_i=\dfrac{1}{2}\left[1-\cos\left(\dfrac{2i-3}{2N_x-4}\pi\right)\right]\ (i=2,3,\cdots,N_x-1) \\ y_1=0,\ y_{N_y}=1,\ y_j=\dfrac{1}{2}\left[1-\cos\left(\dfrac{2j-3}{2N_y-4}\pi\right)\right]\ (j=2,3,\cdots,N_y-1) \end{cases} \tag{5.117}$$

根据微分求积法，线性派生系统（4.36）和边界条件（4.37）可近似离散为

$$\ddot{w}_{0ij}+2\gamma_0\sum_{k=1}^{N_x}A_{ik}^{(1)}\dot{w}_{0kj}+\left(\kappa\gamma_0^2-1\right)\sum_{k=1}^{N_x}\tilde{A}_{ik}^{(2)}w_{0kj}+\zeta\left(\sum_{k=1}^{N_x}\tilde{A}_{ik}^{(4)}w_{0kj}+\xi^4\sum_{l=1}^{N_y}\tilde{B}_{jl}^{(4)}w_{0il}\right.$$
$$\left.+2\xi^2\sum_{k=1}^{N_x}\tilde{A}_{ik}^{(2)}\sum_{l=1}^{N_y}\tilde{B}_{jl}^{(2)}w_{0kl}\right)=0\qquad\left(i=2,3,\cdots,N_x-1,\ j=2,3,\cdots,N_y-1\right)\tag{5.118}$$

$$\begin{aligned}&w_{01j}=w_{0N_xj}=w_{0i1}=w_{0iN_y}=0\ \left(i,j=1,2,\cdots,N_x\right)\\&\sum_{k=1}^{N_x}A_{ik}^{(2)}w_{0kj}=0\qquad\left(i=1,N_x,\ j=1,2,\cdots,N_y\right)\\&\sum_{l=1}^{N_y}B_{jl}^{(2)}w_{0il}=0\qquad\left(j=1,N_y,\ i=1,2,\cdots,N_x\right)\end{aligned}\tag{5.119}$$

其中

$$A_{ik}^{(1)}=\begin{cases}\prod\limits_{\mu=1,\mu\neq i}^{N_x}\left(x_i-x_\mu\right)\Big/\left[\left(x_i-x_k\right)\prod\limits_{\mu=1,\mu\neq k}^{N_x}\left(x_k-x_\mu\right)\right] & \left(i,k=1,2,\cdots,N_x,\ i\neq k\right)\\ \sum\limits_{\mu=1,\mu\neq i}^{N_x}\dfrac{1}{x_i-x_\mu} & \left(i=1,2,\cdots,N_x,\ i=k\right)\end{cases}\tag{5.120}$$

$$B_{jl}^{(1)}=\begin{cases}\prod\limits_{\mu=1,\mu\neq j}^{N_y}\left(y_j-y_\mu\right)\Big/\left[\left(y_j-y_l\right)\prod\limits_{\mu=1,\mu\neq l}^{N_y}\left(y_l-y_\mu\right)\right] & \left(j,l=1,2,\cdots,N_y,\ j\neq l\right)\\ \sum\limits_{\mu=1,\mu\neq j}^{N_y}\dfrac{1}{y_j-y_\mu} & \left(j=1,2,\cdots,N_y,\ j=l\right)\end{cases}\tag{5.121}$$

当 $r=2,3,\ldots,N_x-1$，$s=2,3,\ldots,N_y-1$ 时，有

$$A_{ik}^{(r)}=\begin{cases}r\left(A_{ii}^{(r-1)}A_{ik}^{(1)}-\dfrac{A_{ik}^{(r-1)}}{x_i-x_k}\right) & \left(i,k=1,2,\cdots,N_x,\ i\neq k\right)\\ -\sum\limits_{\mu=1,\mu\neq i}^{N_x}A_{i\mu}^{(r)} & \left(i=1,2,\cdots,N_x,\ i=k\right)\end{cases}\tag{5.122}$$

$$B_{jl}^{(s)}=\begin{cases}s\left(B_{jj}^{(s-1)}B_{jl}^{(1)}-\dfrac{B_{jl}^{(s-1)}}{y_j-y_l}\right) & \left(j,l=1,2,\cdots,N_y,\ j\neq l\right)\\ -\sum\limits_{\mu=1,\mu\neq j}^{N_y}B_{j\mu}^{(s)} & \left(j=1,2,\cdots,N_y,\ j=l\right)\end{cases}\tag{5.123}$$

采用修正权系数法对线性派生系统（4.36）和（4.37）进行修正，得到

$$\ddot{w}_{0ij}+2\gamma_0\sum_{k=2}^{N_x-1}A_{ik}^{(1)}\dot{w}_{0kj}+\left(\kappa\gamma_0^2-1\right)\sum_{k=2}^{N_x-1}\tilde{A}_{ik}^{(2)}w_{0kj}+\zeta\left(\sum_{k=2}^{N_x-1}\tilde{A}_{ik}^{(4)}w_{0kj}\right.$$
$$\left.+\xi^4\sum_{l=2}^{N_y-1}\tilde{B}_{jl}^{(4)}w_{0il}+2\xi^2\sum_{k=2}^{N_x-1}\tilde{A}_{ik}^{(2)}\sum_{l=2}^{N_y-1}\tilde{B}_{jl}^{(2)}w_{0kl}\right)=0\tag{5.124}$$
$$\left(i=2,3,\cdots,N_x-1,\ j=2,3,\cdots,N_y-1\right)$$

其中

$$[\tilde{A}^{(2)}]=\begin{bmatrix} 0 & 0 & \cdots & 0 \\ A_{21}^{(2)} & A_{22}^{(2)} & \cdots & A_{2N_x}^{(2)} \\ \vdots & \vdots & \ddots & \vdots \\ A_{(N_x-1)1}^{(2)} & A_{(N_x-1)2}^{(2)} & \cdots & A_{(N_x-1)N_x}^{(2)} \\ 0 & 0 & \cdots & 0 \end{bmatrix} \tag{5.125}$$

$$[\tilde{B}^{(2)}]=\begin{bmatrix} 0 & 0 & \cdots & 0 \\ B_{21}^{(2)} & B_{22}^{(2)} & \cdots & B_{2N_y}^{(2)} \\ \vdots & \vdots & \ddots & \vdots \\ B_{(N_y-1)1}^{(2)} & B_{(N_y-1)2}^{(2)} & \cdots & B_{(N_y-1)N_y}^{(2)} \\ 0 & 0 & \cdots & 0 \end{bmatrix} \tag{5.126}$$

将式（4.40）代入（5.124），得到

$$\begin{aligned} &\lambda_{mn}^2\psi_{mnij}+2\lambda_{mn}\gamma_0\sum_{k=2}^{N_x-1}A_{ik}^{(1)}\psi_{mnkj}+\left(\kappa\gamma_0^2-1\right)\sum_{k=2}^{N_x-1}\tilde{A}_{ik}^{(2)}\psi_{mnkj}+ \\ &\zeta\left(\sum_{k=2}^{N_x-1}\tilde{A}_{ik}^{(4)}\psi_{mnkj}+\xi^4\sum_{l=2}^{N_y-1}\tilde{B}_{jl}^{(4)}\psi_{mnil}+2\xi^2\sum_{k=2}^{N_x-1}\tilde{A}_{ik}^{(2)}\sum_{l=2}^{N_y-1}\tilde{B}_{jl}^{(2)}\psi_{mnkl}\right)=0 \\ &\left(i=2,3,\cdots,N_x-1,\ j=2,3,\cdots,N_y-1\right) \end{aligned} \tag{5.127}$$

同理，自由振动系统（4.30）的微分求积近似离散为

$$\begin{aligned} \ddot{w}_{ij}=&-2\gamma\sum_{k=2}^{N_x-1}A_{ik}^{(1)}\dot{w}_{kj}-\left[\kappa\gamma^2-\left(x_i-1\right)\dot{\gamma}-1\right]\sum_{k=2}^{N_x-1}\tilde{A}_{ik}^{(2)}w_{kj} \\ &-\eta\left(\sum_{k=2}^{N_x-1}\tilde{A}_{ik}^{(4)}\dot{w}_{kj}+2\xi^2\sum_{k=2}^{N_x-1}\tilde{A}_{ik}^{(2)}\sum_{l=2}^{N_y-1}\tilde{B}_{jl}^{(2)}\dot{w}_{kl}+\xi^4\sum_{l=2}^{N_y-1}\tilde{B}_{jl}^{(4)}\dot{w}_{il}\right) \\ &-\zeta\left(\sum_{k=2}^{N_x-1}\tilde{A}_{ik}^{(4)}w_{kj}+2\xi^2\sum_{k=2}^{N_x-1}\tilde{A}_{ik}^{(2)}\sum_{l=2}^{N_y-1}\tilde{B}_{jl}^{(2)}w_{kl}+\xi^4\sum_{l=2}^{N_y-1}\tilde{B}_{jl}^{(4)}w_{il}\right) \\ &-\eta\gamma\left(\sum_{k=2}^{N_x-1}\tilde{A}_{ik}^{(5)}w_{kj}+2\xi^2\cdot\sum_{k=2}^{N_x-1}\tilde{A}_{ik}^{(3)}\sum_{l=2}^{N_y-1}\tilde{B}_{jl}^{(2)}w_{kl}+\xi^4\sum_{k=2}^{N_x-1}A_{ik}^{(1)}\sum_{l=2}^{N_y-1}\tilde{B}_{jl}^{(4)}w_{kl}\right) \\ &-c_{\mathrm{d}}\left(\dot{w}_{ij}+\gamma\sum_{k=2}^{N_x-1}A_{ik}^{(1)}w_{kj}\right) \\ &\left(i=2,3,\cdots,N_x-1,\ j=2,3,\cdots,N_y-1\right) \end{aligned} \tag{5.128}$$

当 N=17、κ=0.5、c_{d}=0.001、ζ=1、ξ=1 和 γ_0=4.5 时，图 5.21 给出了不同方法下面内平动板三种共振失稳区域的比较。在图 5.21（a）中，黏弹性系数 $\eta=1\times10^{-6}$；在图 5.21（b）中，黏弹性系数 η=0.0001；在图 5.21（c）中，黏

弹性系数 $\eta=1\times10^{-5}$。图中实线表示由直接多尺度法得到的近似解析结果；虚线表示由微分求积法得到数值结果。从图中可以看出，微分求积法和多尺度法的结果在整体上吻合较好，在局部位置有微小差异。

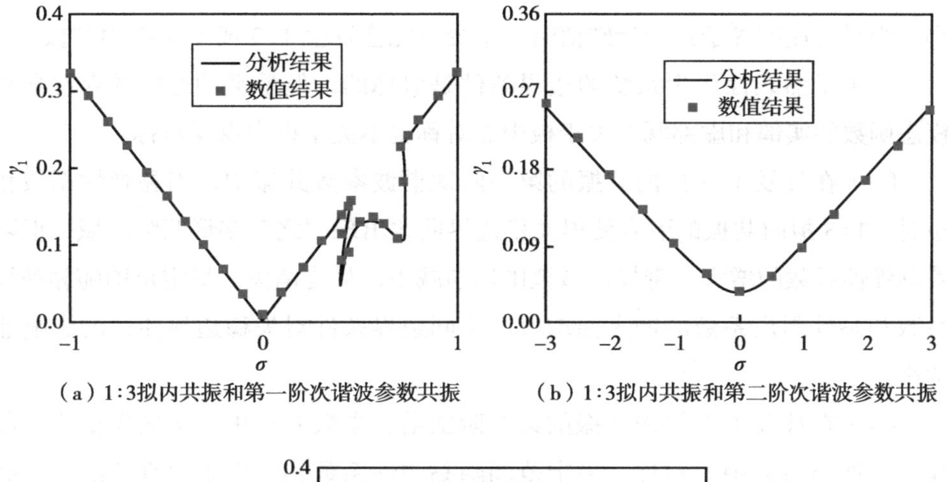

（a）1∶3拟内共振和第一阶次谐波参数共振　（b）1∶3拟内共振和第二阶次谐波参数共振

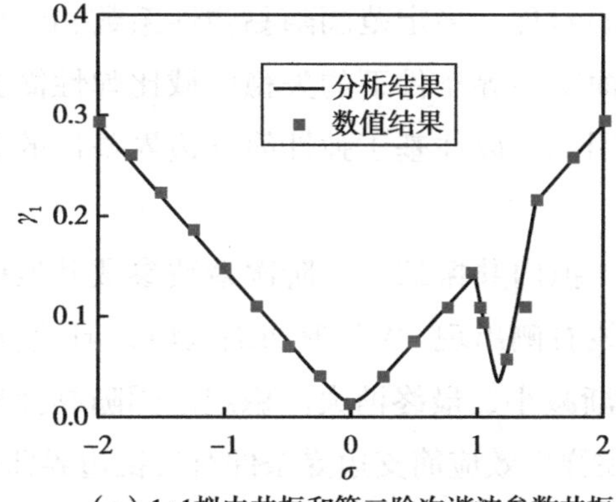

（c）1∶1拟内共振和第二阶次谐波参数共振

图 5.21　不同方法下面内平动板三种共振失稳区域的比较

第五节　小　结

本章研究了面内加速平动黏弹性板的动态稳定性。考虑取物质时间导数的 Kelvin 黏弹性本构关系，引入了平动速度与径向张力的变化关系，导出了面内加速平动板的线性偏微分控制方程和考虑黏弹性效应的边界条件。采用多尺度法分析了拟内共振和次谐波参数共振共存的情形，根据可解性条件和

Routh-Hurwitz 判据确定了系统的稳定性边界。通过数值算例，分析了相关参数对系统稳定性边界的影响。采用微分求积法验证了由直接多尺度法得到的近似解析解。结果表明：

（1）在亚临界范围内，线性派生系统的固有频率随平均速度的增加而减小，当平均速度等于某个特殊值时，系统可能会发生 1∶3 或 1∶1 拟内共振。

（2）虽然线性派生系统的边界条件是对称的，但是平动速度的存在导致模态函数的实部和虚部既不关于板中点对称也不关于板中点反对称。

（3）在计及 1∶3 拟内共振的第一阶次谐波参数共振中，当黏弹性系数较小时，1∶3 拟内共振的引入使得失稳边界曲线出现"之"字形凹陷区域，但随着黏弹性系数的增大，奇异区域范围逐渐减小，最终消失。稳定范围随黏弹性系数和黏性阻尼系数的增大而增大。不同边界条件对失稳边界曲线的影响非常小。

（4）在计及 1∶3 拟内共振的第二阶次谐波参数共振中，板的失稳边界曲线关于调谐参数中心对称。稳定范围随黏弹性系数和黏性阻尼系数的增大而增大。黏弹性效应简支边界条件下的失稳区域比弹性简支边界条件条件下的失稳区域范围大。因此，以往基于弹性简支边界条件的研究显然高估了系统的稳定性。

（5）在计及 1∶1 拟内共振的第一阶次谐波参数共振中，当黏弹性系数较小时，失稳边界曲线右侧出现"V"形凹陷区域，但随着黏弹性系数的增大，"V"形凹陷区域逐渐减小，最终消失。稳定范围随黏弹性系数和黏性阻尼系数的增大而增大。黏弹性效应简支边界条件对失稳边界曲线的影响非常小。

（6）微分求积法的数值结果和直接多尺度方法得到的前四阶复频率和复模态吻合的相当好。两种方法得到失稳边界曲线在整体上吻合较好，仅在局部位置有微小差异。

第六章

结论与展望

第一节 结 论

本文以工程实际中有着广泛应用的运动结构作为研究对象，旨在减少有害的振动和噪声，增加有益的振动，从而提高生产质量和生产效率。采用理论分析和数值仿真相结合的方式，主要对轴向加速运动黏弹性 Euler 梁与面内平动板的横向线性及非线性参数振动进行深入的研究。主要研究结论如下：

（1）基于广义 Hamilton 原理，引入取物质时间导数的 Kelvin 黏弹性本构关系，建立了轴加速运动黏弹性 Euler 梁与面内平动板横向参数振动的控制方程，并得到了考虑黏弹性效应的边界条件。首次明确了线性派生系统固有频率线性相关对加速运动 Euler 梁与面内平动板线性参数振动稳定性区域的影响。

（2）引入 1∶3 拟内共振分析了单频参数激励下 Euler 梁线性参数振动的动态稳定性问题，首次对比分析了有无 1∶3 拟内共振时，系统的动态稳定性差异，研究发现，1∶3 拟内共振仅对第一阶次谐波参数共振有影响。在第一阶次谐波参数共振中，当黏弹性系数较小时，1∶3 拟内共振的引入使得失稳边界曲线出现奇异现象。首次研究了 1∶3 拟内共振和双频参数激励对 Euler 梁线性参数振动稳定性区域的影响，研究发现，在 σ_2–γ_1 和 σ_3–γ_2 平面内，拟内共振和双频参激的引入使得在失稳边界曲线右侧和左侧分别出现凹陷。发展微分求积法对直接多尺度法的近似解析结果进行了数值验证。

（3）采用直接多尺度法分析了黏弹性效应简支边界条件对单频参数激励下 Euler 梁线性参数振动失稳边界的影响，发现了黏弹性效应简支边界条件仅对组合参数共振失稳区域的影响较大，明确了以往基于弹性简支边界条件的研究在组合参数共振中高估了系统的稳定性。对于计及 1∶3 拟内共振和双频参数激励的 Euler 梁的稳态性边界问题，数值结果表明，黏弹性效应简支边界条件下的失稳区域比弹性简支边界条件条件下的失稳区域范围大，从而说明了以往基于弹性简支边界条件的研究显然高估系统的稳定性。

（4）对不同参数，如黏弹性系数、黏性阻尼系数、速度脉动幅值以及平均速度等对加速运动黏弹性 Euler 横向非线性参数振动稳态响应曲线的影响做了全面的论述，并明确了 1∶3 内共振和单频参数激励下轴向运动 Euler 梁稳态响应的解有三种情况：零解、单模态解和双模态解。单模态解呈现了硬弹簧的特性，而双模态解只在局部范围内存在。首次对比分析了黏弹性效应简支边界条件和弹性简支边界条件下，轴向加速运动黏弹性 Euler 横向非线性参数振动稳态响应曲线的差异。

（5）对于计及 1∶3 内共振和双频参数激励的 Euler 梁的稳态响应问题，研究结果表明，响应的解有两种情况：零解和非零解。非零解呈现了硬弹簧的特性；当黏弹性系数较小时，系统的动力学特性趋于复杂，当黏弹性系数较大时，系统的动力学特性趋于稳定；相同系统参数下，频率较大的零解失稳区间略小于较小的零解失稳区间，零解失稳区间随着黏弹性系数的增大而减小，较大的超临界和亚临界叉式分岔点随着黏弹性系数的增大而消失。将微分求积法和直接多尺度法解得的响应曲线进行比较，发现两种稳态响应在定性上有相同的趋势，而在定量上有微小差异。

（6）对于不同的边界条件，线性派生系统的固有频率随着面内平均速度的增加而减小，随着刚度比和长宽比的增加而增加；虽然板的边界条件是对称的，但是由于面内平动速度的存在，无论是模态函数的实部还是虚部都不关于板中点对称或反对称；当面内平均速度等于特殊值时，可能会发生 3∶1 或 1∶1 内共振；考虑线性派生系统前四阶固有频率，随着板长宽比的增加，后两阶的固有频率增加的速度要比前两阶的增加的快许多；对于不同的边界条件，临界速度随着刚度比和长宽比的增加而增加；考虑物质导数时，参数 χ mn 随着面内平动速度的增大而增大，参数 κ mn 随着面内平动速度的增大先是稍微增大而后快速减小。不考虑物质导数时，参数 χ mn 随着面内平动速度的增大先是稍微增大而后快速减小，参数 κ mn 随着面内平动速度的增大而增大。

（7）引入 1∶3 拟内共振分析了面内平动板线性参数振动的动态稳定性问题，当黏弹性系数较小时，1∶3 拟内共振的引入使得失稳边界曲线出现奇异现象，但随着黏弹性系数的增大，“之”字形奇异区域逐渐减小，最终消失；在计及 1∶1 拟内共振的第一阶次谐波参数共振中，当黏弹性系数较小时，失稳边界曲线右侧出现奇异现象，但随着黏弹性系数的增大，“V”形奇异区域逐渐减小，最终消失，稳定范围随黏弹性系数和黏性阻尼系数的增大而增大。

（8）采用直接多尺度法分析了黏弹性效应简支边界条件对面内平动板线性参数振动失稳边界的影响，黏弹性效应简支边界条件对计及 1∶3 和 1∶1 拟内共振的第一阶次谐波参数共振失稳边界曲线的影响非常小，而对计及 1∶3 拟内共振的第二阶次谐波参数共振失稳边界曲线的影响较大，黏弹性效应简支边界条件下的失稳区域比弹性简支边界条件条件下的失稳区域范围大；微分求积法和直接多尺度方法得到失稳边界曲线在整体上吻合较好，仅在局部位置有微小差异。

第二节 创新点

（1）发现了运动速度导致线性派生系统模态频率相关性，揭示了该相关性对运动梁和板参数振动稳定性区域的影响。

（2）揭示了有内共振时加速运动梁和板非线性参数振动稳态响应规律，并进行了数值验证。

（3）提出了考虑黏弹性效应的边界条件表达式，建立了该边界条件与加速运动梁和板线性稳定性和非线性稳态响应的关系。

第三节 展 望

本文对计及内共振和黏弹性效应简支边界条件的轴向加速运动黏弹性 Euler 梁和面内平动板的横向参数振动进行了系统深入的研究，但随着对课题研究的不断深入，再考虑到工程实际问题的复杂多样性，作者认为在该研究领域还可以在以下几个方面进行进一步的扩充和深入的探讨。

（1）本文仅研究了拟内共振对轴向运动 Euler 梁和面内平动板横向线性参数振动的动态稳定性的影响，后续可以进一步探讨拟内共振对曲梁和壳等复杂运动结构横向振动特性的影响。

（2）本文仅采用直接多尺度方法和微分求积方法研究了系统的横向振动特性，发展其他近似解析方法或数值方法，例如，谐波平衡法、伽辽金（Galerkin）法或有限差分法，也是今后可以继续深入研究的课题。

（3）本文仅考虑了由黏弹性引起的黏弹性效应简支边界条件，而在工程实际中，约束情况更为复杂，可以考虑更为复杂的边界条件或约束条件。

（4）在工程实际中，激励的形式复杂多样，因此复杂激励对运动结构的动力学行为的影响也是值得深入研究的。

参考文献

[1] Aitken J. An account of some experiments on rigidity produced by centrifugal force [J]. *The London, Edinburgh, and Dublin Philosophical Magazine and Journal of Science*, 1878, 5 (29): 81–105.

[2] Mote C D Jr. Dynamic stability of axially moving materials [J]. *The Shock and Vibration Digest*, 1972, 4 (4): 2–11.

[3] Ulsoy A G and Mote C D Jr. Band saw vibration and stability [J]. *Shock and Vibration Digest*, 1978, 10 (1): 3–15.

[4] Öz H R. Current research on the vibration and stability of axially moving materials [J]. *Journal of Sound and Vibration*, 1988, 259 (2): 445–456.

[5] Wickert J A and Mote C D Jr. Response and Discretization Methods for Axially Moving Materials [J]. *Applied Mechanics Reviews*, 1991, 44 (11S): S279–S284.

[6] 张伟，陈予恕. 含有参数激励非线性动力系统的现代理论的发展 [J]. 力学进展，1998，28 (1)：1–16.

[7] 陈立群，Zu J W. 轴向运动弦线的纵向振动及其控制 [J]. 力学进展，2001，31 (4)：535–546.

[8] 王建军，邹西凤，李其汉. 轴向移动系统的参数振动问题研究进展 [J]. 应用力学学报，2003，20 (4)：33–36.

[9] Wang J J，Li Q H. Active vibration control methods of axially moving materials–A review [J]. *Journal of Vibration and Control*, 2004, 10 (4): 475–491.

[10] Chen L Q. Analysis and control of transverse vibrations of axially moving strings [J]. *Applied Mechanics Reviews*, 2005, 58 (2): 91–116.

[11] Chen L Q. Nonlinear vibrations of axially moving beams [M]. *Nonlinear Dynamics*, (Todd Evans ed. In–tech, 2010), 145–172.

[12] 丁虎，陈立群. 轴向运动梁参数激励振动稳定性研究进展 [J]. 上海大学学报（自然科学版），2011，17 (4)：471–479.

[13] Zarfam R, Khaloo A R. Vibration control of beams on elastic foundation under a moving vehicle and random lateral excitations [J]. *Journal of Sound and Vibration*, 2012, 331 (6): 1217–1232.

[14] 丁虎，陈立群，张国策 . 轴向运动梁横向非线性振动模型研究进展 [J] . 动力学与控制学报，2013，11（1）：20–30.

[15] Malookani R A, van Horssen W T. On resonances and the applicability of Galerkin's truncation method for an axially moving string with time-varying velocity [J]. *Journal of Sound and Vibration*, 2015, 344 (26): 1–17.

[16] 唐有绮，陈立群 . 面内平动板横向振动研究进展 [J] . 固体力学学报，2015，36（2）：93–104.

[17] Miranker W L. The wave equation in a medium in motion [J]. *Ibm Journal of Research and Development*, 1960, 4: 36–42.

[18] Mote C D Jr. Stability of systems transporting accelerating axially moving materials [J]. *Journal of Dynamic Systems Measurement and Control-Transactions*, 1975, 97: 96–98.

[19] Nayfeh A H, Mook D T. Nonlinear Oscillations [M]. *Wiley*, New York, 1979.

[20] Pakdemirli M, Ulsoy A G. Stability analysis of an axially accelerating string [J]. *Journal of Sound and Vibration*, 1997, 203: 815–832.

[21] Öz H R, Pakdemirli M. Vibrations of an axially moving beam with time-dependent velocity [J]. *Journal of Sound and Vibration*, 1999, 227 (2): 239–257.

[22] Özkaya E, Pakdenirli M. Lie group theory and analytical solutions for the axially accelerating string problem [J]. *Journal of Sound and Vibration*, 2000, 230: 729–742.

[23] Ponomareva S V, Van Horssen W T. On transversal vibrations of an axially moving string with a time-varying velocity [J]. *Nonlinear Dynamics*, 2007, 50: 315–323.

[24] Özkaya E, Öz H R. Determination of natural frequencies and stability regions of axially moving beams using artificial neural networks method [J]. *Journal of Sound and Vibration*, 2002, 252 (4): 782–789.

[25] Suweken G, Van Horssen W T. On the transversal vibrations of a conveyor belt with a low and time-varying velocity, part I: the string-like case [J]. *Journal of Sound and Vibration*, 2003, 264: 117–133.

[26] Suweken G, van Horssen W T. On the transversal vibrations of a conveyor belt with a low and time-varying velocity, Part Ⅱ: the beam like case [J]. *Journal of Sound and Vibration*, 2003, 267: 1007–1027.

[27] Chen L Q, Yang X D, Cheng C J. Dynamic stability of an axially accelerating viscoelastic beam [J]. *European Journal of Mechanics A/Solid*, 2004, 23: 659–666.

[28] 杨晓东，陈立群 . 黏弹性变速运动梁稳定性的直接多尺度分析 [J] . 振动工程学报，2005，18（2）：223–226.

[29] Chen L Q, Yang X D. Stability in parametric resonances of an axially moving viscoelastic beam with time-dependent velocity [J]. *Journal of Sound and Vibration*, 2005, 284: 879–891.

[30] Yang X D, Chen L Q. Stability in parametric resonance of axially accelerating beams constituted by Boltzmann's superposition principle [J]. *Journal of Sound and Vibration*, 2006, 289: 54–65.

[31] Chen L Q, Yang X D. Vibration and stability of an axially moving viscoelastic beam with hybrid supports [J]. *European Journal of Mechanics A/Solid*, 2006, 25: 996–1008.

[32] 李晓军，陈立群. 轴向运动简支 - 固支梁的横向振动和稳定性 [J]. 机械强度，2006，28（5）：654–657.

[33] Pakdemirli M, Öz H R. Infinite mode analysis and truncation to resonant modes of axially accelerated beam vibrations [J]. *Journal of Sound and Vibration*, 2008, 311: 1052–1074.

[34] Ghayesh M H. Stability characteristics of an axially accelerating string supported by an elastic foundation [J]. *Mechanism and Machine Theory*, 2009, 44: 1964–1979.

[35] Wang B, Chen L Q. Asymptotic stability analysis with numerical confirmation of an axially accelerating beam constituted by the standard linear solid model [J]. *Journal of Sound and Vibration*, 2009, 328: 456–466.

[36] Chen L Q, Wang B. Stability of axially accelerating viscoelastic beams: asymptotic perturbation analysis and differential quadrature validation [J]. *European Journal of Mechanics A/Solid*, 2009, 28 (4): 786–791.

[37] Yang X D, Lim C W and Liew K M. Vibration and stability of an axially moving beam on elastic foundation [J]. *Advances in Structural Engineering*, 2010, 13 (2): 241–248.

[38] Yang T Z, Fang B. Stability in parametric resonance of an axially moving beam constituted by fractional order material [J]. *Archive of Applied Mechanics*, 2012, 82 (12): 1763–1770.

[39] Seddighi H, Seddighi H. Natural frequency and critical speed determination of an axially moving viscoelastic beam [J]. *Mechanics of Time-Dependent Materials*, 2013, 17 (4): 529–541.

[40] Bağdatli S M, Uslu B. Free vibration analysis of axially moving beam under non-ideal conditions [J]. *Structural Engineering and Mechanics*, 2015, 54 (3): 597–605.

[41] Kelleche A, Tatar N E, and Khemmoudj A. Stability of an axially moving viscoelastic beam [J]. *Journal of Dynamical and Control Systems*, 2017, 23 (2): 283–299.

[42] Ames W F, Lee S Y, and Zaiser J N. Nonlinear vibration of a travelling threadline [J]. *International Journal of Nonlinear Mechanics*, 1968, 3: 449–469.

[43] Nayfeh A H, Nayfeh J F, and Mook D T. On methods for continuous systems with quadratic and cubic nonlinearities [J]. *Nonlinear Dynamics*, 1992, 3: 145–162.

[44] Pakdemirli M, Nayfeh S A, and Nayfeh A H. Analysis of one–to–one autoparametric resonances in cables–discretization vs. direct treatment [J]. *Nonlinear Dynamics*, 1995, 8: 65–83.

[45] Zhang N H. Dynamic analysis of an axially moving viscoelastic string by the Galerkin method using translating string eigenfunctions [J]. *Chaos, Solitons and Fractals*, 2008, 35 (2) : 291–302.

[46] Mote C D. On the nonlinear oscillation of an axially moving string [J]. *ASME Journal of Applied Mechanics*, 1966, 33 (2) : 463–464

[47] Chen L Q, Wu J, and Zu J W. Asymptotic nonlinear behaviors in transverse vibration of an axially accelerating viscoelastic string [J]. *Nonlinear Dynamics*, 2004, 35 (4) : 347–360.

[48] Mockensturm E M and Guo J. Nonlinear vibration of parametrically excited, viscoelastic, axially moving strings [J]. *Journal of Applied Mechanics*, 2005, 72: 374–380.

[49] Pellicano F, Vestroni F. Nonlinear dynamics and bifurcations of an axially moving beam [J]. *ASME Journal of Vibration and Acoustics*, 2000, 122 (1) : 21–30.

[50] Öz H R, Pakdemirli M, and Boyaci H. Non–linear vibrations and stability of an axially moving beam with time–dependent velocity [J]. *International Journal of Non-Linear Mechanics*, 2001, 36 (1) : 107–115.

[51] Marynowski K. Non–linear dynamic analysis of an axially moving viscoelastic beam [J]. *Journal of Theoretical and Applied Mechanics*, 2002, 2 (2) : 465–482.

[52] Yang X D, Chen L Q. Bifurcation and chaos of an axially accelerating viscoelastic beam [J]. *Chaos, Solitons and Fractals*, 2005, 23: 249–258.

[53] Chen L Q, Yang X D. Steady–state response of axially moving viscoelastic beam with pulsating speed: comparison of two nonlinear models [J]. *International Journal of Solids and Structures*. 2005, 42 (1) : 37–50.

[54] Marynowski K, Kapitaniak T. Zener internal damping in modelling of axially moving viscoelastic beam with time–dependent tension [J]. *International Journal of Non-Linear Mechanics*, 2007, 42: 118–131.

[55] Chen L Q, Tang Y Q. Combination and principal parametric resonances of axially accelerating viscoelastic beams: Recognition of longitudinally varying tensions [J]. *Journal of Sound and Vibration*, 2011, 330 (23) : 5598–5614.

[56] Ding H, Chen L Q. Equilibria of axially moving beams in the supercritical regime [J] . *Archive of Applied Mechanics*, 2011, 81 (1) : 51–64.

[57] Ghayesh M H, Amabili M. Steady–state transverse response of an axially moving beam with time–dependent axial speed [J]. *International Journal of Non-Linear Mechanics*, 2013, 49: 40–49.

[58] Ghayesh M H, Amabili M., Farokhi, H. Two–dimensional nonlinear dynamics of an

axially moving viscoelastic beam with time-dependent axial speed [J]. *Chaos, Solitons and Fractals*, 2013, 52: 8–29.

[59] Ghayesh M H, Amabili M. Parametric stability and bifurcations of axially moving viscoelastic beams with time-dependent axial speed [J]. *Mechanics Based Design of Structures and Machines*, 2013, 41 (3) : 359–381.

[60] Farokhi H, Ghayesh M H. and Hussain S. Three-dimensional nonlinear global dynamics of axially moving viscoelastic beams [J]. *Journal of Vibration and Acoustics*, 2016, 138 (1) : 011007.

[61] Mao X Y, Ding H, and Chen L Q. Parametric resonance of a translating beam with pulsating axial speed in the supercritical regime [J]. *Mechanics Research Communications*, 2016, 76: 72–77.

[62] Chen L Q, Tang Y Q, and Zu J W. Nonlinear transverse vibration of axially accelerating strings with exact internal resonances and longitudinally varying tensions [J]. *Nonlinear Dynamics*, 2014, 76 (2) :1443–1468.

[63] Tang Y Q, Zhang D B, and Gao J M. Parametric and internal resonance of axially accelerating viscoelastic beams with the recognition of longitudinally varying tensions [J]. *Nonlinear Dynamics*, 2016, 83 (1–2) :401–418.

[64] Chen L Q, Tang Y Q. Parametric stability of axially accelerating viscoelastic beams with the recognition of longitudinally varying tensions [J]. *Journal of Vibration and Acoustics*, 2012, 134 (1) :011008.

[65] Lee C L, Perkins N C. Nonlinear oscillations of suspended cables containing a two-to-one internal resonance [J]. *Nonlinear Dynamics*, 1992, 3: 465–490.

[66] 冯志华，胡海岩 . 内共振条件下直线运动梁的动力稳定性 [J] . 力学学报，2002，34：389–400.

[67] 张伟，温洪波，姚明辉 . 黏弹性传动带 1∶3 内共振时的周期和混沌运动 [J] . 力学学报，2004，36：443–454.

[68] 陈树辉，黄建亮 . 轴向运动梁非线性振动内共振研究 [J] . 力学学报，2005，37：57–63.

[69] Yu W Q, Chen F Q. Multi-pulse homoclinic orbits and chaotic dynamics for an axially moving viscoelastic beam [J]. *Archive of Applied Mechanics*, 2013, 83 (5) : 647–660.

[70] Sahoo B, Panda L N, and Pohit G. Parametric and Internal Resonances of an Axially Moving Beam with Time-Dependent Velocity [J]. *Modelling and Simulation in Engineering*, 2013, 2013 (5) : 1–18.

[71] Mao X Y, Ding H, Chen L Q. Internal resonance of a supercritically axially moving beam subjected to the pulsating speed [J]. *Nonlinear Dynamics*, 2018, 95 (1) : 631–651.

[72] Michon G, Manin L, Remond D, et al. Parametric instability of an axially Moving belt subjected to multifrequency excitations: experiments and analytical validation[J]. *Journal of Applied Mechanics*, 2008, 75 (4) :699–703.

[73] Sahoo B, Panda L N, Pohit G. Two–frequency parametric excitation and internal resonance of a moving viscoelastic beam [J]. *Nonlinear Dynamics*, 2015, 82 (4) : 1721–1742.

[74] Sahoo B, Panda L N, Pohit G. Combination, principal parametric and internal resonances of an accelerating beam under two frequency parametric excitation [J]. *International Journal of Non-Linear Mechanics*, 2016, 78 (2016) : 35–44.

[75] Niemi J, Pramila A. FEM–analysis of transverse vibrations of an axially moving membrane immersed in ideal fluid [J]. *International Journal for Numerical Methods in Engineering*, 1987, 24 (12) : 2301–2313.

[76] Bao Z, Mukherjee S, Roman M, et al. Nonlinear vibrations of beams, strings, plates, and membranes without initial tension [J]. *Journal of Applied Mechanics*, 2004, 71: 551–559.

[77]刘定强，王忠民 . 轴向运动矩形薄膜的横向振动控制 [J]. 西安理工大学学报，2007，23（1）：62–65.

[78] Wu J M, Lei W J, Wu Q M, et al. Transverse Vibration Characteristics and Stability of a Moving Membrane with Elastic Supports [J]. *Journal of Low Frequency Noise, Vibration and Active Control*, 2014, 33 (1) : 65–77.

[79] Koivurova H, Pramila A. Nonlinear vibration of axially moving membrane by finite element method [J]. *Computational Mechanics*, 1997, 20: 573–581.

[80] Shin C, Chung J, Kim W. Dynamic characteristics of the out–of–plane vibration for an axially moving membrane [J]. *Journal of Sound and Vibration*, 2005, 286: 1019–1031.

[81] 林文静，陈树辉，李森 . 圆形薄膜自由振动的理论解 [J] . 振动与冲击，2009，28（5）：84–86.

[82] Banichuk N, Jeronen J, Neittaanmäki P, et al. Travelling Strings, Beams, Panels, Membranes and Plates [M]. *Mechanics of Moving Materials*. 2014.

[83] Shao M Y, Wu J M, Wang Y, et al. Nonlinear parametric vibration and chaotic behaviors of an axially accelerating moving membrane [J]. *Shock and Vibration*, 2019, DOI: 10.1155/2019/6294814.

[84] Ulsoy A G, Mote Jr C D. Vibration of wide band saw blades [J]. *Journal of Engineering for Industry*, 1982, 104 (1) : 71–78.

[85] Sathyamoorthy M. Nonlinear vibration analysis of plates: a review and survey of current developments [J]. *Applied Mechanics Reviews*, 1987, 40 (11) : 1553–1561.

[86] Lengoc L, Mccallion H. Wide bandsaw blade under cutting conditions, Part I:

Vibration of a plate moving in its plane while subjected to tangential edge loading [J]. *Journal of Sound and Vibration*, 1995, 186 (186) : 125–142.

[87] Lengoc L, Mccallion H. Wide bandsaw blade under cutting conditions, Part Ⅱ: Stability of a plate moving in its plane while subjected to parametric excitation [J]. *Journal of Sound and Vibration*, 1995, 186 (1) : 143–162.

[88] Lengoc L, Mccallion H. Wide bandsaw blade under cutting conditions, Part Ⅲ: Stability of a plate moving in its plane while subjected to non-conservative cutting forces [J]. *Journal of Sound and Vibration*, 1995, 186: 163–179.

[89] Lee H P, Ng T Y. Transverse vibration of a plate moving over multiple point supports [J]. *Applied Acoustics*, 1996, 47 (4) : 291–302.

[90] Lin C C. Stability and vibration characteristics of axially moving plates [J]. *International Journal of Solids and Structures*, 1997, 34 (24) : 3179–3190.

[91] Wang X. Numerical analysis of moving orthotropic thin plates [J]. *Computers and Structures*, 1999, 70 (4) : 467–486.

[92] Marynowski K, Kolakoeski Z. Dynamic behaviour of an axially moving thin orthotropic plate [J]. *Journal of Theoretical and Applied Mechanics*, 1999, 37 (1) : 109–128.

[93] Kim J, Cho J, Lee U, Park S. Modal spectral element formulation for axially moving plates subjected to in-plane axial tension [J]. *Computers and Structures*, 2003, 81 (20) : 2011–2020.

[94] Luo A C J. Resonant and stationary waves in axially travelling thin plates [J]. *Proceedings of the Institution of Mechanical Engineers, Part K: Journal of Multi-body Dynamics*, 2003, 217 (3) : 187–199.

[95] Hatami S, Azhari M, Saadatpour M M. Stability and vibration of elastically supported, axially moving orthotropic plates [J]. *Iranian Journal of Science and Technology*, 2006, 30 (B4) : 427–446.

[96] Hatami S, Azhari M, Saadatpour M M. Exact and semi-analytical finite strip for vibration and dynamic stability of traveling plates with intermediate supports [J]. *Advances in Structural Engineering*, 2006, 9 (5) : 639–651.

[97] 殷振坤，陈树辉．轴向运动薄板非线性振动及其稳定性研究 [J]．动力学与控制学报，2007，5（4）：314–316.

[98] Kartik V, Wickert J A. Parametric instability of a traveling plate partially supported by a laterally moving elastic foundation [J]. *Journal of vibration and acoustics*, 2008, 130(5): 051006.1–051006.8.

[99] 刘金堂，杨晓东，张宇飞，等．变速轴向运动正交各向异性板横向振动的直接多尺度分析 [J]．机械强度，2010，32（4）：531–535.

[100] 刘金堂，杨晓东，张宇飞，等 . 轴向变速运动正交各向异性板的动态稳定性［J］. 应用力学学报，2010，1：49–52.

[101] Banichuk N, Jeronen J, Neittaanmäki P, and Tuovinen T. On the instability of an axially moving elastic plate [J]. *International Journal of Solids and Structures*, 2010, 47: 91–99.

[102] Guo X X, Wang Z M, and Wang Y. Dynamic stability of thermoelastic coupling moving plate subjected to follower force [J]. *Applied Acoustics*, 2011, 72: 100–107.

[103] Ghayesh M H, Amabili M. Non–linear global dynamics of an axially moving plate [J]. *International Journal of Non-linear Mechanics*, 2014, 57 (4) : 16–30.

[104] Liu J J, Li C, Fan X L, et al. Transverse free vibration and stability of axially moving nanoplates based on nonlocal elasticity theory [J]. *Applied Mathematical Modelling*, 2017, 45: 65–84.

[105] Tang Y Q, Zhang D B, Gao J M. Vibration characteristic analysis and numerical confirmation of an axially moving plate with viscous damping [J]. *Journal of Vibration and Control*, 2017, 23 (5) : 731–743.

[106] 周银锋，王忠民 . 轴向运动黏弹性板的横向振动特性［J］. 应用数学和力学，2007，28（2）：191–199.

[107] Zhou Y F, Wang Z M. Transverse vibration characteristies of axially moving viscoelastic plate [J]. *Applied Mathematics and Mechanics* (*English Edition*), 2007, 28 (2) : 209–218.

[108] Zhou Y F, Wang Z M. Vibrations of axially moving viscoelastic plate with parabolically varying thickness [J]. *Journal of Sound and Vibration*, 2008, 316: 198–210.

[109] Zhou Y F, Wang Z M. Dynamic behaviors of axially moving viscoelastic plate with varying thickness [J]. *Chinese Journal of Mechanical Engineering*, 2009, 22 (2) : 276–281.

[110] 周银锋 . 运动黏弹性板的横向振动及稳定性研究［D］. 西安：西安理工大学博士学位论文，2009，2.

[111] Hatami S, Ronagh H R, Azhari M. Exact free vibration analysis of axially moving viscoelastic plates [J]. *Computers and Structures*, 2008, 86: 1738–1746.

[112] 周银锋，王忠民，王砚 . 考虑随从力作用的运动黏弹性板的动力稳定性［J］. 工程力学，2009，26（1）：25–30.

[113] Marynowski K. Free vibration analysis of the axially moving Levy–type viscoelastic plate [J]. *European Journal of Mechanics A/Solids*, 2010, 29: 879–886.

[114] 唐有绮 . 轴向运动梁和面内平动板横向振动的建模与分析［D］. 上海：上海大学，2011，3.

[115] 李映辉，吕海炜，李中华，等 . 轴向运动黏弹性夹层板动态分叉与混沌行为

[J]. 重庆理工大学学报（自然科学），2013，27（7）：23-28.

[116] Tang Y Q，Chen L Q. Stability analysis and numerical confirmation in parametric resonance of axially moving viscoelastic plates with time-dependent speed [J]. *European Journal of Mechanics A/solids*, 2013, 37 (37): 106-121.

[117] Tang Y Q，Chen L Q. Nonlinear free transverse vibrations of in-plane moving plates: without and with internal resonances [J]. *Journal of Sound and Vibration*, 2011, 330: 110-126.

[118] Tang Y Q，Chen L Q. Parametric and internal resonances of in-plane accelerating viscoelastic plates [J]. *Acta Mechanica*, 2012, 223 (2): 415-431.

[119] Tang Y Q, Chen L Q. Primary resonance in forced vibrations of in-plane translating viscoelastic plates with 3∶1 internal resonance [J]. *Nonlinear Dynamics*, 2012, 69 (1-2): 159-172.

[120] 李红影，郭星辉，王延庆，等. 轴向移动局部浸液单向板的 1∶3 内共振分析 [J]. 力学学报，2012，44（3）：643-647.

[121] Wang Y Q，Yang Z. Nonlinear vibrations of moving functionally graded plates containing porosities and contacting with liquid: internal resonance [J]. *Nonlinear Dynamics*, 2017, 90 (2): 1461-1480.

[122] 张宇飞，王延庆，闻邦椿. 浸液轴向运动板的非线性自由振动和内共振分析 [J]. 振动与冲击，2017，36（18）：36-42.

[123] Tang Y Q, Zhang D B, Rui M H，et al. Dynamic stability of axially accelerating viscoelastic plates with longitudinally varying tensions [J]. *Applied Mathematics and Mechanics (English Edition)*, 2016, 37 (12): 1647-1668.

[124] 刘延柱，陈立群. 非线性振动 [M]. 北京：高等教育出版社，2003.

[125] 陈树辉，黄建亮，佘锦炎. 轴向运动梁横向非线性振动研究 [J]. 动力学与控制学报，2004，2（1）：40-45.

[126] 陈树辉，黄建亮. 轴向运动梁非线性振动内共振研究 [J]. 力学学报，2005，37（1）：57-63.

[127] Sze K Y，Chen S H，Huang J L. The incremental harmonic balance method for nonlinear vibration of axially moving beams. *Journal of Sound and Vibration*, 2005, 281, 611-626.

[128] Huang J L，Su R K L，Li W H，et al. Stability and bifurcation of an axially moving beam tuned to three-to-one internal resonances. *Journal of Sound and Vibration*, 2011, 471-485.

[129] Ghayesh M H. Nonlinear forced dynamics of an axially moving viscoelastic beam with an internal resonance [J]. *International Journal of Mechanical Sciences*, 2011, 53, 1022-1037.

[130] Ghayesh M H，Kazemirad S，Amabili M. Coupled longitudinal-transverse

dynamics of an axially moving beam with an internal resonance [J]. *Mechanism and Machine Theory*, 2012, 52: 18–34.

[131] Sahoo B, Panda L N, Pohit G. Stability, bifurcation and chaos of a traveling viscoelastic beam tuned to 3 : 1 internal resonance and subjected to parametric excitation [J]. *International Journal of Bifurcation and Chaos*, 2017, 27 (2) : 1750017.

[132] Mao X Y, Ding H, Chen L Q. Forced vibration of axially moving beam with internal resonance in the supercritical regime [J]. *International Journal of Mechanical Sciences*, 2017, 131–132: 81–94.

[133] Tang Y Q, Chen L Q. Primary resonance in forced vibrations of in–plane translating viscoelastic plates with 3 : 1 internal resonance [J]. *Nonlinear Dynamics*, 2012, 69 (1–2) : 159–172.

[134] Stylianou M, Tabarrok B. Finite element analysis of an axially moving beam, Part I: time integration [J]. *Journal of Sound and Vibration*, 1994, 178 (4) :433–453.

[135] Stylianou M, Tabarrok B. Finite element analysis of an axially moving beam, Part II: stability analysis [J]. *Journal of Sound and Vibration*, 1994, 178 (4) : 455–481.

[136] 张国策，丁虎，陈立群 . 两端固定超临界轴向运动梁横向平衡位形与振动 [J] . 振动工程学报，2011，24（1）：8–13.

[137] Ding H, Chen L Q. Equilibria of axially moving beams in the supercritical regime [J]. *Archive of Applied Mechanics*, 2011, 81 (1) : 51–64.

[138] 吕海炜，李映辉，李亮，等 . 轴向运动软夹层梁横向振动分析 [J] . 振动与冲击，2014，33（2）：41–51.

[139] Panda L N, Kar R C. Nonlinear dynamics of a pipe conveying pulsating fluid with parametric and internal resonances [J]. *Nonlinear Dynamics*, 2007, 49 (1–2) : 9–30.

[140] Panda L N, Kar R C. Nonlinear dynamics of a pipe conveying pulsating fluid with combination, principal parametric and internal resonances [J]. *Journal of Sound and Vibration*, 2008, 309 (3–5) : 375–406.

[141] Kar R C and Dwivedy S K. Non–linear dynamics of a slender beam carrying a lumped mass with principal parametric and internal resonances [J]. *International Journal of Non-Linear Mechanics*, 1998, 34 (3) : 515–529.

[142] Mote C D. A study of band saw vibrations [J]. *Journal of the Franklin Institute*, 1965, 279 (6) : 430–444.

[143] Malik M, Bert C W. Implementing multiple boundary conditions in the dq solution of higher–order pdes: application to free vibration of plates [J]. *International Journal for Numerical Methods in Engineering*, 1996, 39 (7) : 1237–1258.